岭南庭园

微气候与空间布局

薛思寒　王琨　著

化学工业出版社

·北京·

内容简介

岭南庭园是湿热气候下形成的特定的园林形式，探究岭南园林的传统造园思想与地域气候的关联性，有助于深入地挖掘岭南庭园的地域性价值。本书重点围绕传统岭南庭园夏季室外环境微气候热舒适性问题展开探索，采用现场实测、问卷调查、数值模拟及数理统计相结合的方法，在厘清庭园空间要素与室外热环境的定量化关系、建立岭南庭园室外热环境评价标准的基础上，探讨景观要素协同作用下的典型岭南庭园空间要素布局模式，探索基于气候适应性的岭南庭园优化布局新方法与策略。旨在推动传统庭园与现代建筑的融合，促进生态智慧在当代景观、建筑与城市规划实践中的应用，为湿热地区小尺度园林空间设计及建筑室外环境设计提供新思路。

本书适合高等学校建筑学、风景园林学、城乡规划学专业的本科生、研究生以及相关从业人员参考，也可供园林建筑爱好者阅读。

图书在版编目（CIP）数据

岭南庭园微气候与空间布局/薛思寒，王琨著. —北京：化学工业出版社，2022.6

ISBN 978-7-122-40933-1

Ⅰ. ①岭… Ⅱ. ①薛…②王… Ⅲ. ①庭院-微气候-研究-广东②庭院-空间规划-研究-广东 Ⅳ. ①TU986.626.5 ②P463.2

中国版本图书馆 CIP 数据核字（2022）第 039492 号

责任编辑：邢启壮　王文峡　　文字编辑：林　丹　沙　静
责任校对：杜杏然　　装帧设计：韩　飞

出版发行：化学工业出版社（北京市东城区青年湖南街 13 号　邮政编码 100011）
印　　装：北京天宇星印刷厂
710mm×1000mm　1/16　印张 13　字数 222 千字　2022 年 7 月北京第 1 版第 1 次印刷

购书咨询：010-64518888　　售后服务：010-64518899
网　　址：http://www.cip.com.cn
凡购买本书，如有缺损质量问题，本社销售中心负责调换。

定　　价：69.00 元

前　言

随着我国社会经济的快速发展，能源形势与环境问题日益严峻。当前，在可持续发展理念的指导下，以建成环境设计适应于气候条件来实现经济节能与健康舒适双赢效果的思路已日趋明朗。岭南庭园是湿热气候条件下形成的特定的园林形式，探究岭南园林的传统造园思想与地域气候的关联性，有助于更深入地挖掘岭南庭园的地域性价值。

本书研究内容立足于我国岭南地区特有的湿热气候，以气候适应性为切入点，运用设计与技术相结合的手段，重点进行景观要素协同作用下的岭南庭园空间要素优化布局模式研究。深入发掘岭南人居环境中的生态智慧，将其古为今用；探究如何使景观要素协同作用，更好地发挥庭园改善微气候的效应；将传统经验与原理转化为具有可操作性的设计指导方法，促进传统庭园空间与现代生活相结合。这不仅有益于传统岭南庭园的气候适应性经验的传承，而且为通过景观微气候设计，解决园林室外环境舒适性问题，提升园林空间品质提供参考，为庭园在当代绿色建筑规划中的合理运用提供指导，对营造节约能源的绿色社区和城市具有现实意义。本书从以下几个方面来进行论述。

首先，结合史料文献调研及现场实测分析，考证岭南庭园气候适应性特征的成因、发展及表达。明确研究与利用岭南庭园气候适应性特征，对地域性现代建筑创作具有现实意义。并在此基础上，根据庭园空间的差异性，将庭园基本空间单元进行分类，提取两类具有代表性的庭园空间抽象模型。

其次，对现存传统岭南庭园典型案例进行现场实测及热舒适问卷调查，通过整理分析所得结果，探讨湿热气候下的岭南庭园夏季室外环境的热舒适性，并结合统计学的相关方法，计算岭南庭园夏季室外环境热舒适指标 PET 阈值范围，建立适用于岭南庭园夏季室外热环境的评价标准。

接着，以原理分析结合实证研究，厘清景观要素与庭园微气候的关联机制，论证庭院空间要素配置在调节庭园微气候、营造庭园舒适性方面所发挥的作用，明晰要素配置对庭园微气候调节的重要性。在此基础上，以两类典型“庭”空间的代表案例余荫山房和可园为研究对象，利用ENVI-met软件进行庭园景观要素配置的量变模拟，结合庭园室外热环境评价标准，定量分析不同的景观要素水平对庭园室外热环境舒适度的影响。明晰微气候效应的作用原理，既有利于指导设计师进行合理的景观设计、营造舒适的室内外环境，又有助于对后续获得优化方案、策略的可信性进行评估和判断。

最后，运用正交试验设计法对庭园空间抽象模型进行分组模拟试验。量化分析设计因素对庭园室外空间热环境的影响程度。针对庭园不同使用功能，考虑各时段权重，结合室外热环境评价标准，重点研究景观要素协同作用下两类典型岭南庭园的空间要素优化布局模式，并为优选方案进行舒适度评级。在此基础上，整合提炼基于气候适应性的庭园优化布局方法。进一步从庭园空间布局与景观要素配置两方面，总结提出适用于湿热地区的庭园室外热环境优化布局策略。

本书提出了湿热地区庭园夏季室外环境热舒适指标PET阈值；搭建了要素协同作用下小尺度园林室外热环境的整体性预测工具与分析方法；建立了满足夏季热舒适性的典型庭园空间要素配置多样化组合模式。为园林空间设计方案舒适性比选提供了客观的定量化评价依据；为厘清园林空间要素与微气候环境的关系、实现园林空间要素的动态优化配置提供了科学的可视化分析工具；为湿热地区景观微气候设计提供了便捷、有效的指导。对实现通过技术手段量化园林景观微气候设计、高效发挥庭园设计在绿色建筑室外环境中的调节作用具有现实意义。对湿热地区气候适应性设计理论体系的完善，为传统生态智慧在当代景观、建筑与城市规划实践中的应用起到了促进作用。

由于作者的水平所限，书中难免存在不妥之处，恳请广大专家和读者提出批评和指正，以便今后进一步完善和提高。

著者

2022年2月

目 录

第1章

岭南地区气候特征与设计发展趋势

1.1 岭南地区独有的地域气候

“岭南”又称“岭表”“岭外”，是指中国五岭（越城岭、都庞岭、萌渚岭、骑田岭、大庾岭）以南的地区。《晋书·地理志》首次明确了岭南的区域范围，将秦代所立的南海郡、桂林郡、象郡称为“岭南三郡”。后随朝代变迁，岭南的范围有所变动。今“岭南”大致包括广东、闽南、海南和广西桂林以东大部分地区，是中国一个特定的环境区域，这些地区地理环境、气候条件相似，且人们生活习惯也有很多类似之处。岭南地形西北高、东南低，山地、丘陵、台地、平原交错，其中山地较多，地貌复杂多样。水系主要由珠江的北江、东江、西江组成，三江汇流形成三角洲后流入中国南海。在中国建筑气候区划图中，岭南地区属于夏热冬暖地区。同时，岭南地区纬度低，属于东亚季风气候区南部，具有热带、亚热带季风海洋性气候特点，其中大部分区域属亚热带湿润季风气候。其气候特征以高温多雨为主。春季受东南沿海暖湿气流的影响气温回升，空气湿度接近饱和，使该地区“泛潮”现象时常发生。夏季太阳高度角大，太阳辐射强，空气湿度大，这种湿热气候一般从5月持续到9月，且常伴有雷雨和台风天气。直到秋高气爽的10月、11月来临，这时天朗气清，温湿适宜，是一年中最好的季节。由于南岭山脉阻挡了大部分来自北方的寒流，岭南地区冬季短暂且不会很冷，但由于湿空气传热快，人的体感温度往往会更低。岭南独特的气候特征使得许多应对湿热气候的地域性设计手法在岭南大地上应运而生，是塑造岭南建筑文化特色的客观物质条件。

1.2 地域建筑特色的逐渐消失

岭南文化源于两千多年前的百越文化，在发展过程中受到秦汉以来不断向南扩展的中原文化的影响，包括宋元时受到荆楚文化、闽越文化和吴越文化以及近代西方文化的影响，伴随着对外来文化的吸收和融合逐渐形成了当代岭南文化的面貌。岭南文化是外来文化与本土文化的交融，它既有承袭中原文化、吸纳海外文化的一面，又有保持本土文化特色的一面，体现着经世致用、开拓创新、开放融通、崇尚自然的基本精神。

岭南传统建筑是岭南文化的有机组成部分，也是最能体现岭南文化基本特征与时代精神的部分。它是一种特殊的地域性建筑文化，也是中国建筑文化的重要组成部分。岭南建筑文化既体现了对近代西方建筑文化的吸纳和融合，也体现了对古代岭南建筑文化的继承和发展。在保持岭南建筑个性和人文品格的同时，塑造了近代岭南建筑的文化地域性格。海洋文化所带来的开放性使岭南建筑文化具有兼容并包的特征；岭南传统重商求利的思想使岭南建筑文化具有务实性的特点；岭南文化经世致用的特点决定了岭南建筑文化具有世俗性的特质；岭南建筑师对新材料、新技术、新思想的积极探索与运用体现了岭南建筑文化开拓性的特色。这些特征促使岭南传统建筑一直秉承“顺其自然，改善自然”的设计原则，形成了如骑楼、竹筒屋等，一系列具有明显地域性特征的建筑空间类型。

岭南庭园作为岭南传统民居建筑的重要分支，融合并发展了岭南传统建筑特征，同岭南传统建筑一样是人与自然强烈互动后的产物，是岭南人民在适应当地气候条件的聚居过程中经验的积累与智慧的结晶，具有鲜明的岭南地域性特色。传统岭南庭园的精髓在于将建筑与园林相结合，巧妙地处理了建筑与自然的关系，不论在平面布局、空间组合，还是在构造处理、景观配置等方面，都特殊地体现了岭南传统建筑“顺其自然，改善自然”的设计原则，凝聚了岭南传统建筑的精华，展示了古代先贤卓越的智慧，实现了人与自然的和谐共生。

新中国成立以来，老一辈岭南建筑师在岭南新建筑创作与研究中，为人们呈现了岭南地域建筑特色的传承与创新。如，夏昌世先生将现代建筑物理方面的研究应用于新建筑，通过建造技术的革新来解决岭南建筑遮阳、挡雨、通风、降温等问题，巧妙应对当地湿热的气候；莫伯治先生将传统的园林造园手法融入现代建筑空间中，理论与实践并进，推动岭南建筑和岭南园林的同步发展。

然而，伴随经济全球化背景下的城市化浪潮，城市空间、城市景观、城市建筑趋同而缺乏个性，千城一面的现象日趋严重，传统城市和历史建筑的逐渐消失，已经成为当代中国城市的一个核心问题，岭南地区亦然。虽然近年来各种有关文物保护的措施相继出台，但类似“维修性拆除”的悲剧在岭南地区依然反复上演，岭南历史文化建筑正逐渐消失，岭南传统庭园更是已所剩无几。伴随这些承载着历史的古建筑、古园林的消逝，传统建筑文化亦会随之消弭殆尽。因此，如何恰当地古为今用，将岭南地域特色保存并延续，将岭南建筑文化传承并创新，迫切需要深入研究。

1.3 设计结合气候的发展趋势

早在远古时期，人类的祖先就已开始尝试根据不同的气候环境特点选址和建造相适应的居住形式，抵御不利的自然气候，营造适宜居住的空间环境。如，处于气候潮湿的长江流域的河姆渡人选择“巢居”方式来远离低洼潮湿，通风散热，躲避虫蛇野兽的侵袭；而处于气候干旱的黄河流域的半坡人则选择“穴居”方式来营造冬暖夏凉的居住环境。18 世纪 60 年代，工业革命推动了生产力发展和技术革新。空气调节系统的发明，使人类开始通过技术来改善生活工作环境。这种违背气候环境的高能耗建筑，虽然使人类看似摆脱了气候的束缚，但也为此付出了巨大的能源代价，加重了环境污染，造成了居者与自然环境的人为分离。同时，建筑与气候的关系逐渐淡化，使许多建筑丧失了自身独有的地域特色。20 世纪 70 年代初，全球性能源危机给人们敲响了警钟。全球气候变化会带来难以估量的损失，使人类付出巨大代价，这一观念已为世界广泛接受，并成为广泛关注和研究的全球性环境问题。为了应对全球性能源危机和生态环境恶化给人类生存和发展带来的威胁，人们开始反思自身的发展模式，探索科学的发展观，提出了可持续发展的设计理念。伴随可持续观念的发展，设计结合气候的思路日益受到人们的关注，越来越多的专家学者认识到蕴含在传统建筑中的气候适应性经验对当今气候设计的价值，并开始发掘传统设计经验，结合当今技术手段，根据当地的气候和地域条件积极开展气候设计的相关研究，以期获得经济节能、健康舒适双赢的效果。目前，已有不少针对城市街区、居住区、开敞空间等展开的微气候研究，并提出了相应的设计策略；也有许多关于传统民居等历史建筑的微气候设计的研究，并取得了不少指导性的经验；而在园林方面，虽然绿色植被对气候环境的改善作用早已被关注，且进行了大量的实验研究，但在园林设计方面尚较少涉及，关于园林微气候的研究是顺应气候设计的发展趋势。

1.4 绿色建筑设计的迫切需求

近年来，绿色建筑成为全球性热点议题，同时也推动着建筑学地域性的发展。在实施“绿色建筑”的过程中，由于对绿色建筑理解的片面性与误解，导致盲目追求满足《绿色建筑评价标准》相关条目的数量，过度依赖甚至滥用技术的现象屡见不鲜。如此仅依靠设备和技术拼贴出的绿色建筑，容易割裂建筑节能的系统性，忽视传统建筑立足地域气候的生态本质，违背《绿色建筑评价标准》倡导的自然生态实质[1]，难免使绿色建筑设计走入误区。设计是个系统行为，当代设计应当在可持续观念的指导下，积极回应生态节能及绿色建筑的理念，采用以被动式节能优先并与主动技术相结合的技术思路，把建筑放在环境系统中去理解，将建筑与环境进行系统性整合，重点针对地域气候寻求切实有效的设计方法，在传承传统地域设计的同时，推动技术的创新与发展，通过“设计”来实现对绿色建筑“地域性”的真实把握，实现真正的生态与节能。

1958 年，夏昌世先生在《亚热带建筑的降温问题——遮阳、隔热、通风》一文中首次提出“岭南建筑”这一名词，并将岭南建筑的气候设计经验归结为解决遮阳、隔热、通风等方面的问题，这与绿色建筑提倡的因应气候环境、与自然和谐共生的理念相呼应[1]。传统岭南建筑无固化的建筑风格与形式，无特定的建筑材料与构造，但在适应地域气候环境、表现地域文化特征方面的设计思想却一脉相承。其核心设计理念是应对地域环境的气候适应性技术和空间策略，冷巷、天井、敞厅、庭院等经济有效的微气候调节空间，常结合使用于传统岭南建筑中，形成一套完整的兼具自然通风、遮阳、隔热功能的空间体系，是具有代表性的传统岭南建筑气候适应性设计手法。伴随岭南建筑的发展，庭园成为岭南现代建筑创作历程中多样特征下的一条似隐又现的主线，庭园与建筑的有机结合成为岭南新建筑的标志性地方风格之一。将传统的园林造园手法融入现代建筑空间中，除美化环境、丰富空间、节约投资外，同时能起到创造良好的建筑环境和改善建筑小气候环境的效能。可见，岭南建筑具有诸多绿色建筑特质，庭院是其空间体系中重要的一环，而建筑与园林的有机结合亦是其绿色建筑理念的体现。

奇普·沙利文[2]将城市中的庭院称作是非常好的对气候进行调整和满足

私密性要求的设施。功能上，庭院作为组织空间的方式，具有很强的活力，可适用于多种类型的建筑中；技术上，庭院要素具有同现代材料与结构技术灵活结合的可能性；情感上，庭院建筑封存了中国人世代累积下来的记忆与体验，可广泛引起共鸣[3]。上述特性，使庭院能够融入各种层次的空间系统，更好地服务城市设计及绿色建筑。当庭院得到扩展，融入自然景观，建筑与园林相结合的庭园便应运而生，庭园空间是传统建筑景观化空间最主要的一种空间类型，被赋予更广泛的气候调节作用。美国颁布的《绿色建筑评估体系（第二版）》中就明确指出要“利用园林绿化和建筑外部设计以减少热岛效应”[4]。建筑与园林的结合，让建筑设计回归景观思考，摆脱以往建筑与景观相对孤立的状态，让二者关系更紧密和谐，符合当代可持续价值标准，为当今绿色建筑的发展提供了重要启示。

第2章

相关基础概念与已有研究概况综述

2.1 相关概念的界定

2.1.1 岭南庭园

侯幼彬先生在《中国建筑美学》[5]中将传统建筑庭院分成居住型、宫殿型、寺庙型、园林型和过渡型五种基本类型，并指出园林型庭院是传统庭院中最为活泼、与自然要素结合最密切的一种庭院形态，其主要特性是在人工建筑环境中融入较多的生态景观要素，如种植树木、开凿水池、叠山立石等，构成人工建筑与自然要素的合成体。这些绿化、水体、山石不仅使庭院空间更富生命力，在心理和审美上增添了自然情趣，提供令人赏心悦目的游赏环境，而且在生态上起着净化空气、遮蔽烈日、调节温度等改善小气候的作用，提供了良好宜居环境。

“岭南庭园”实际上是园林型庭院和居住型庭院的结合体，是在岭南地区复杂地势、湿热气候、杂交文化等多种因素共同作用下形成的一种独具地域特色的空间类型。岭南庭园历史悠久，最早可追溯至南汉时期。但“岭南庭园”的定名则是20世纪60年代初，夏昌世先生于教育部直属高等学校“建筑学和建筑历史”学术报告会上首次提出。随后他与莫伯治先生一同首次限定了岭南庭园的区域范围主要是广东、闽南和广西南部，提出岭南庭园具有“畅朗轻盈”布局特点，并且对庭园与园林进行了辨析。认为庭园与园林两者虽同系属于造园的范畴，但在空间组织上是有所差异的。园林的规模较大，其功能以游憩观赏为主，空间结构以自然空间为主，建筑从属于自然环境，是园内景色的点缀，园内布景通过游览路线组织起来；而庭园规模较小，其功能以适应生活起居要求为主，在人工围合的建筑空间内，适当引进自然之物，如水石花木，以增加其自然气氛，提高观赏价值，将人为空间自然化，故庭园中自然空间从属建筑环境[6]。

岭南文化经世致用的特点决定了岭南庭园同岭南绘画、岭南音乐、岭南建筑一样具有世俗的特点，与岭南人民的日常生活紧密联系。它与江南园林追求“怡情写意，隐逸超脱”的文人山水画意境所不同，更注重园林与生活的联系，在建筑的布局、花木的配置、水石景观的营造上都具有注重生活享受的特点。因而岭南庭园这种融宅居与园林于一体的小尺度庭园，能够巧妙解决建筑通风、降温、防热等问题，适应岭南湿热气候。岭南庭园的功能以适应生活起居要求为主，即以建筑空间为主，将居室空间和自然空间融为一体布局，适当地结合一些水石花木，增加内庭的自然气氛和提高它的观赏价值，使人工美与自然美结合，解决人与自然的矛盾[7]。岭南庭园这种以建筑为主体、与日常生活紧密相连的实用倾向，是其异于北方皇家园林和江南私家园林的关键特点之一，使其对现代生活具有较强的适应性，从而易于在现代建筑中获得生存发展的空间。

2.1.2　庭园要素

2.1.2.1　建筑空间要素

传统岭南庭园大多规模较小，多与居住建筑相结合。庭园中的建筑物一般体量较小，体型轻快，且通透开敞，有利于通风散热。以“清空平远[7]”为主要基调的岭南庭园，空间一般起伏不大。“庭”是庭园空间的基本单元，通过由建筑、水石、绿化等构成的不同“庭”单元的组合、排列形成完整的庭园，其中以双庭最为常见。主体建筑的组合，不同于分散布局的北方园林和江南园林，多相对集中布置。

从庭与建筑的空间方位划分，岭南庭园布局形式主要可分为中庭（内庭）、前庭、后庭、侧庭四种。若单纯从二者的布局关系来看，又大致可以归纳为包含关系和并列关系，庭园的布局关系往往决定着庭园建筑围合程度的差异。

其中，中庭属于庭与建筑呈包含关系。即，建筑物结合园墙、游廊沿庭园四周布置，形成“庭为中心，建筑绕庭”的围合式布局形式。该种布局形式常见于粤中私家庭园[8]。其优点在于，围合性较强，在有限的面积内布置较多的建筑，却不显局促，且形成相对开阔的庭院，庭园空间与生活空间紧密结合。庭院虽开阔，但却并不单调，更非空无一物，而是通过适当景观的设置，形成一定的视线遮挡，营造出庭园深邃的气氛。使用通透的景观要素，如敞廊、桥等，将庭园划分出不同的景观空间。如此，既创造了良好的自然通风条件，又形成了丰富的空间景观效果。

庭与建筑呈并列关系的有前庭、后庭和侧庭等。即，宅居与庭园相对独立，各自成区，庭园一侧与建筑空间相接，其他边界绕以园墙。该类庭有后花园、东花园、西花园等别称，围合性相对较弱。宅与庭之间多不设置实墙间隔，常以平面组织或园景划分空间，使二者既分又合。景墙、廊亭、花木、池水等都常被用作处理宅、庭的过渡和分隔。庭园的布置经营，以实用为度，多考虑当地的气候条件。如，主体建筑大多朝南设置，面向夏季主导风向；前庭后宅布局时，庭南宅北较为常见，形成前疏后密、前低后高的态势，有利于促进夏季通风、缓解湿热气候带来的不适；前宅后庭布局时，前面的宅居建筑多环绕天井院布置，来解决通风、采光问题，该种布局方式常见于福建等地，建筑空间多沿轴线对称布置，尤其在有多进院落组成的大型宅居更为常见。

园墙、廊亭、建筑等作为重要的空间要素，对空间起到限定作用，与自然景观要素共同形成各异的空间界面，同时还具备多样性功能。如，园墙上多设通花景窗、月洞门等，不但用于装饰、便于观景，还有利于通风，为缓解岭南的湿热气候起到一定的作用；建筑山墙间形成的窄而深的冷巷，既对相邻建筑起到遮阳作用，又能提供阴凉的行走空间；曲折通透的连廊、檐廊贯穿建筑群间，形成独特的连房广厦之势，为不大的庭园增添了幽深别致的气氛，同时将建筑连通，有利于遮阳避雨，提供了舒适的游赏空间。通过这些建筑空间要素的配置，结合划分、组合、过渡、连接等不同空间处理手法的运用，营造出的庭园空间无论在封闭程度或是功能形式上均具有差异性，对庭园微气候环境的调节也会产生一定差异。

2.1.2.2 自然景观要素

与单纯为采光、通风而设的天井院不同，庭园空间兼具观赏效能。为了形成完整的庭园构图，除了以建筑布局限定庭园大体轮廓外，还需要配合景物的填充与点缀。因此，自然景观要素也是庭园中不可或缺的庭园要素。庭园造景常结合花木、灌丛、散石、水景等自然景观要素，而庭园中自然景观要素的存在，除了配合庭园组景，满足观赏作用外，又往往具有调节微气候的功效。

(1) 植物

自古以来，植物一直是最重要的造园要素，是给庭园增加自然韵味的有效手段。植物千变万化的色彩形态、灵活多变的组合方式，能呈现出各异的景观氛围；与建筑交替布置，能形成互相渗透、虚实相应的空间效果，有利于丰富庭园空间层次，给人带来不同的感受。由于岭南地区大部分属于亚热带湿热气候区，高温多雨、光热充足、温差较小、夏长冬短等气候特征，使得岭南地区拥有丰富的植被资源，尤其是常绿植物种类较多，构成了该地区四季皆绿的环境特色，为庭园植物多样化配置创造了良好的条件。早在明清时，岭南私家园林在植物配置方面，不管从形态布局，还是色彩质感，就已形成了针对不同种类植物的配置模式[9]，如“草木不可繁杂，随处植之，取其四时不断，皆入图画”[10]，“桃、李不可植于庭除，似宜远望”[11]等，岭南佳果也常作为骨干树种，孤植或两三株丛植于庭园。庭园中植物的配植，应根据栽植环境和空间结构的需要，结合植物本身的习性、生长状况、形态色彩等来进行选择，才能获得疏密有致、和谐自然的舒适感。

乔木、灌木和草本地被作为最常见的植物类型，被运用于植物配置时，会对庭园环境形成不同的影响，从而使庭园舒适性产生差异。高大的乔木遮阳效果显著，能对环境起到降温作用，与环境舒适性的关系密切。乔木种类众多，其叶面积指数、郁闭度、冠幅等指标往往有所差异，从而会产生不同的遮阳效果。低矮的灌木层主要起观赏作用，虽对近地面也有一定的遮阳作用，但由于高度限制，无法形成有遮蔽的活动空间。另外灌木对近地面的阻风作用较为明显，若数量位置布置不当，会对庭园通风产生不利影响。草本地被植物也能够通过蒸腾作用，降低近地面空气温度，同时对风的阻力也很小，但却无法起到遮阳作用。另外，由于岭南地区雨水较多，硬质铺装能避免泥泞难行，在岭南庭园中下垫面多为硬质铺装，大面积的草地较为罕见。由于庭园组景的需要，不同类型的植物常结合配置。

除了植物的种类外，不同的植物组织方式，也会影响遮阳、通风的效果，给空间环境带来差异。夏昌世先生和莫伯治先生在《岭南庭园》一书中将庭园绿化组织分为孤植、丛栽、行栽、植林四种方式。其中，孤植以配置乔木为多，指在规模较小的庭园中只栽植庭树一棵，或于较开阔庭园中某棵庭木的栽植位置与其他庭木较远，在植物配置的整体关系中形成独立的构图。丛栽分树丛和灌丛两种，其中树丛常以多株为一组，或与灌木混杂组合，丛栽的组织方式有利于丰富空间层次，有助于实现以小见大的庭园空间效果，在岭南庭园中较为常见。行栽指植物成线性排列栽植，多沿建筑边界、池岸、苑道布置，有一定的导引指向性。植林一般是大面积的成块、成片栽植，由于岭南庭园面积较小，植林的栽植方式多为呈现以“林”为主题的景物，如：小山园的“竹林鸟语”、杏林庄的“蕉林应月”等，多以观赏为主，以低矮的小型植物成片栽植，高大的乔木成林栽植的方式在岭南庭园中较为鲜见。

另外，由于传统岭南庭园规模较小，在有限的绿化空间中，花台、花架等形式常结合游赏路线布置应用，不但能够方便灵活地装点庭园空间，对观赏路线起导向作用，也对庭园近地面空间形成了一定遮挡，使太阳对地面的热辐射影响减弱，在引导观赏的同时，尽可能提供舒适的环境。

（2）水体

水体也是庭园景观构成的重要因素，在园林中往往是画龙点睛之笔。与其他自然景观要素相比，水往往更能给人带来亲切感。值得注意的是，在岭南庭园中，水体除了充当组景的重要角色外，其实用价值也不可忽视。

水本无形，园林中的理水往往根据其驳岸的处理来表达各类水体的形态特征。与江南园林的自然叠石池岸不同，岭南庭园中的水体多为规则几何形驳石池岸，其中重要原因之一在于岭南文化的务实精神。由于岭南地区多雨，雨季更是暴雨频频，为了适应当地气候，防止池水暴涨，岭南庭园中水体多与园外活水相通，可蓄可排、畅而不滞，能较好地保持园内池水水位，因此庭园中水池多为深凿的驳石池岸[12]，深度多在1.5～2m。同时，驳石池岸又可避免雨后泥泞，滋生蚊蝇。也因此，庭园中多采用大面积硬质铺装。另外，由于岭南庭园多占地不大，在有限的空间内采用规则的几何形池岸，既能较好地节省用地，又能达到增大空间的视觉效果，同时也能与建筑空间更好地结合。

另外，水体的物理性质及其物态变化决定其具有明显的降温调湿作用，能一定程度地缓解夏季高温，对庭园微气候环境的调节具有一定效用。但不同的水体面积、深度、形状等形态参数以及水体的布局位置等，都必然会对其降温增湿效果产生一定的影响。对于湿热的岭南地区来说，高温和高湿同样会给人体带来不适感，是亟需解决的气候问题，因此水体布局得当十分必要。

岭南庭园中常见建筑物紧贴水面或伸出水面的理水手法。如此处理，既能利用建筑打破规整单调几何形池岸，增强池岸界面的活跃性，又能开阔建筑临水的景观面，达到更好的景观视觉效果，同时通过水面的降温，伴随空气流动，使凉风入室，有利于夏季营造凉爽舒适的建筑室内环境。如，余荫山房四周环水的玲珑水榭；可园临湖而建的可堂、雏月池馆、观鱼簃；清晖园凸出方池池岸、架于水中的澄漪亭、六角亭等都巧妙地利用了周围的水体，达到引清凉入室的效果。另外，在岭南造园中植物与水体亦常常配合使用，不仅有助于丰富空间层次、营造幽深意境，而且有利于对微气候环境发挥调节作用。

岭南庭园无论是造园风格、整体布局，还是景观配置、细部构造，都巧妙地回应着地域气候。庭园是空间要素共同构成的有机整体。不同的要素组合方式，造就各异的庭园空间，从而形成不同的庭园微气候环境。因此，探讨庭园的气候适应性特征，必然离不开庭园的构成要素。上述对岭南庭园空间的主要构成要素的描述，为本书后续从气候适应性视角探讨庭园布局模式作以铺垫。

2.1.3 微气候

"气候"在《中国大百科全书》中被解释为"地球上某一地区多年的天气和大气活动的综合状况。它不仅包括各种气象要素的多年平均值，而且包括其极值、变差和频率等"。可见，气候是大气物理特征的长期平均状态，具有稳定性，很难被改变。根据当代的气象学研究，将"气候"按照尺度划分为大气候、中气候、地区气候及微气候。其中小范围内的地区性小气候，即微气候，由于与人类生活密切相关且可以较容易地通过依靠人工手段加以控制，近年来成为专家和学者关注的重点。

1947年H. Landsburg定义了"微气候"为地面边界层部分，其温度和湿度受地面植被、土壤和地形影响[13]。在此基础上，专家学者对"微气候"概念进一步诠释。A. W. Meerow和R. J. Black认为微气候是指小范围地方性区域的气候，该范围的气候特征一致并且易改善[14]。M. Santamouris和D. Asimakopoulos则认为微气候是指"在几千米里特定区域内，由于气候的偏差形成的不同地块的小尺度气候形式"[15]。虽然微气候至今没有统一的标准定义，但从各国学者对微气候的描述可以看出微气候是小范围区域内近地表空间的气候状况，具有地方性和可变性特征。微气候是与生物最直接相关的生活环境，受到温度、湿度、风速、辐射等气象参数的共同影响，它源于大气候、中气候、地区气候，相比之下，因范围有限，受空间下垫面环境影响更大，从而常具有特殊性与可塑性[16]。

近年来，由于城市化快速发展、下垫面结构的改变、交通排热和建筑排热等因素的影响，城市热环境逐渐恶化，不仅影响人们的生活质量，而且损害人们的身心健康。建筑气候学集中关注室内气候以满足建筑使用者的需要，城市气候学主要研究整个城市地区对较低大气层的影响，而介于两者之间的小尺度室外环境微气候常被忽略，而这些空间往往是上述两个物理尺度的衔接，与人的关系十分密切，了解其具有的微气候特征，才有可能通过调整空间来创造出宜人的小气候。由于微气候与人密切相关，其对环境舒适度的影响常被作为考察微气候的重要指标。虽然人类改变大气候状况的力量十分微弱，但根据不同气候范围内的气候特征，利用技术手段和生态气候设计策略，可以营造适应当地气候且健康、舒适的微气候环境，提供良好舒适的人居环境，这也成为研究设计与气候关系的出发点。

2.1.4 气候适应性设计

“气候适应（adaptation）”最早出现于达尔文的进化论以及自然选择的过程，在有关科学讨论中只是偶尔出现。1992年，《联合国气候变化框架公约》（United Nations Framework Convention on Climate Change）将“气候适应”作为应对气候变化的战略之一。虽然“气候适应”一词在公约里没有准确定义，但多个条款里均有涉及。联合国政府间气候变化专门委员会（Intergovernmental Panel on Climate Change，IPCC）在2001年的报告中，将“气候适应”释义为生态、社会或者经济系统对现实或者未来气候状况的适应，并提出“适应性可以减小气候变化的负面影响，并且常常可以很快产生附加效益，但不能避免所有的危害”[17]。

“气候适应性”是指对气候适应的特性和能力。适应性设计强调的是当外部条件变化时系统自我反馈、调节和恢复[18]。气候适应性设计是指在设计中合理利用当地具体气候资源，尽量采用非机械手段，因地制宜地发挥气候的有利作用，营造健康舒适环境，最终实现被动式节能减排和保护生态环境的目标。园林作为城市的开放空间、绿色空间，构成了城市生态环境的主体，与现代人居环境息息相关。具有气候适应性的园林设计有助于提升空间绿色品质、改善城市微气候和提高城市环境的整体效益，并为城市整体节能的实现提供保障。因此，气候适应性设计在园林设计中显得十分重要。气候湿热的岭南地区是本书研究的地域背景，其气候特征明显，具备开展园林气候适应性设计和实践的有利条件。

2.1.5 室外热环境评价

“热环境”是指由太阳辐射、气温、周围物体表面温度、相对湿度与气流速度等物理因素组成的作用于人，影响人的冷热感和健康的环境。而“热舒适”则是人对周围热环境所作的主观满意度评价，是评价人体对热环境的主观热反应的重要指标。选取热舒适作为评价指标，既可以更直观地评价室外热环境质量，又遵循了以人为本的价值观。影响人体热舒适的因素很多，其中空气温度、平均辐射温度、相对湿度、气流速度等四个环境变量与人体活动量、衣着两个人体变量是主要因素。学术界专家学者对此关注已久，他们将其中几个变量综合成单一定量参数对热环境评价，用以预测人的主观热感觉。

贝德福（Bedford）于1936年提出了热舒适的7级评价指标。根据美国堪萨斯州立大学等长期研究结果，产生了美国供暖、制冷与空调工程师协会的

ASHRAE 55-74 标准——“人们居住的热舒适条件”以及 ASHRAE Standard 55-81 标准——“人们居住的热环境条件”。并在 1996 年开始使用 7 级热感觉指标：冷（−3）、凉（−2）、微凉（−1）、中性（0）、稍暖（+1）、暖（+2）、热（+3）。国际标准化组织（ISO）根据丹麦工业大学方戈（Fanger）教授的研究成果在 1984 年制定了 ISO 7730 标准，即“适中的热环境——PMV 与 PPD 指标的确定及热舒适条件的确定”。这些研究成果成为热环境设计的依据。

中国古典园林中的造景是以人的活动类型为出发点，建构生活和审美的场所[19]。相比皇家园林与江南园林，岭南庭园的功能更以适应生活起居为主，行为活动发生在室外、半室外的频率更高，气象要素的分布状态和变化规律会直接影响庭园的舒适性，从而影响使用者对室外活动环境选择的自由度，且室外气候对室内环境的关系密切。因此，评价岭南庭园室外热环境可以更具代表性地反映庭园的热舒适状况。

Nakano 和 Tanabe 对半室外热舒适性的研究显示，相比利用 PMV-PPD 模型预测的结果，半室外环境的居民可以承受 2～3 倍宽的温度范围[20]，这表明室内外热环境评价指标存在差异性。目前国内外常用的室外热环境评价指标有湿球黑球温度（WBGT，Wet Bulb Globe Temperature）、标准有效温度（SET*，Standard Effective Temperature）、生理等效温度（PET，Physiological Equivalent Temperature）等。

WBGT 是综合评价人体接触作业环境热负荷的一个基本参量，指标仅描述环境的冷热程度，不涉及个人变量，偏重于评价室外热环境的安全性，以不妨害人体健康，不影响人体自我热调节系统稳定，不导致人体生理机制失衡为评价标准，故标准较为宽泛，多用于高温作业或户外运动的重要热负荷评估指标。一些欧美国家用此法评价高温车间热环境气象条件。我国也采用 WBGT 指数制定了高温作业分级（GBZ/T 229.3—2010）。

SET* 是指在封闭等温热环境中，风速为 0.125m/s（即静风状态），空气相对湿度为 50%，人体身着标准服装（即服装热阻 0.6Clo，相当于室内穿的薄衣衫），其活动量对应于新陈代谢率为 58W/m^2（相对于伏案工作）时，其皮肤湿润度和通过皮肤的换热量与实际环境下相同这一标准环境中的环境温度。该指标综合了室外热环境参数及人体着装状况，考虑了人体热平衡，可以比较完善地评价热环境舒适性，它被美国采暖制冷及空调工程师协会（ASHRAE）所采用且为大量实验及理论研究所验证，并且建立了系统的热舒适图表方便查阅。其优势是综合空气温度、相对湿度、平均辐射温度、风速和服装的作用，且指标同时适用于室内、室外热环境评价，但这一标准没有考虑人体的活动量。

PET 是由 H. Mayer 和 P. Höppe[21] 在 1987 年基于慕尼黑人体热量平衡模型 MEMI（Munich Energy Balance Model for Individuals）提出的热指标，它表示在某一室外环境中，当人体处于热平衡时，其体表温度和体内温度达到与典型室内环境同等的热状态所对应的气温。相较于其他热指标而言，PET 具有较明显的优势特征，以往对热指标的研究大都如标准有效温度（SET*）一样建立在气象参数的基础上，不考虑人的活动量，缺乏热生理相关性，而 PET 弥补了这一缺陷，它除了考虑了空气温度、相对湿度、风速、平均辐射温度等气象参数，同时关注人的活动产热、新陈代谢率、服装热阻等个体参数，适用于综合评价室外热环境质量。已被相关研究证实，在室外热舒适评价中 PET 较 SET* 更为准确[18]。同时，PET 以通用的摄氏度（℃）为单位，更便于各行业学者理解[22]。目前，PET 已成为被德国工程协会（Verein Deutscher Ingenieure，VDI）认可的对不同气候的室外热舒适评价指标[23]。

建立室外气候和人体热舒适指标之间的关系是进行气候适应性研究的关键问题，是涉及气候学、建筑学、生理环境学等多方面的综合性学科。综合衡量上述几种常用的室外热环境评价指标，本书选择考虑因素相对全面且对室外热舒适评价更为准确的生理等效温度 PET 作为评价指标，来展开对岭南庭园室外热环境的研究。

2.2 国内外研究概况

2.2.1 国外研究现状

早在公元前 1 世纪，建筑师马可·维特鲁威就在其《建筑十书》（*The Ten Books on Architecture*）中提到有关建筑朝向与气候设计原理方面的论述，可说是史载最早的气候建筑观。

近几十年来，由于城市化飞速发展，导致建成区下垫面结构的改变，伴随着交通排热和建筑排热等因素的影响，城市热环境逐渐恶化。建筑室外热环境的恶化，不仅影响到人们在室外的生活质量，而且有害人们身心健康。随着气候问题的严重恶化，人们对微气候的关注程度也逐渐提高。自从 1818 年 L. Howard[24] 第一次观测到城市热岛（Urban Heat Island，UHI）的现象，越来越多的学者开始从不同角度对微气候进行研究。早期研究主要关注于气候设计理论基础研究和气候设计分析方法研究两方面。

2.2.1.1 气候设计理论基础研究

1947 年，H. Landsburg[13]定义了“微气候”为地面边界层部分，其温度和湿度受地面植被、土壤和地形影响。在此基础上，专家和学者对“微气候”概念进一步诠释，虽表述不一，但均认可其小尺度特征。1969 年，伊恩·伦诺克斯麦克哈格（Ian Lennox McHarg）在其著作《设计结合自然》（*Design with Nature*）[25]中，向世人展示了他对新观念和研究方法的探索成果，阐述了人与自然环境不可分割的关系、大自然演进的规律及人类认识的深化，强调人与自然相结合的生态设计理念，提出了一套从土地适应性分析到以因子分层分析和地图叠加技术为核心的土地利用规划方法和技术——“千层饼模式”。这一理论与方法的提出将景观规划提升到了一个科学的高度，建立了当时景观规划的准则。1987 年，T. R. Oke[26]提出城市冠层（Urban Canopy）概念，把城市冠层与城市边界层明确地划分开来，将从地面到建筑物屋顶的这一部分定义为“城市冠层”，它与建筑物高度、密度、几何形状、建筑材料、街道宽度和走向、绿化面积等密切相关。1990 年，E. N. 莫里斯和 T. A. 马克斯[27]以经济节能为出发点，探究满足最佳传热舒适条件的建筑物设计原理方法，把人对热环境的反应、气候与微小气候条件、建筑构造结合起来。1996 年，P. Matiasovsky[28]对室外热环境对建筑热反应过程进行研究，强调室外的太阳辐射和空气温度对建筑热过程的影响。1998 年，M. Hough[29]对运转中的自然过程以及它们如何在城市环境中发生改变进行了讨论，并由此提出一个设计框架，以形成一种替代性的、更接近环境本质的城市视角，建立自然和人文之间的建设性关系，指明探讨城市设计时必须以环境观点为基础，对城市设计和环境规划方面的研究与实践提供重要的参考，对发挥城市的可持续提供了重要的借鉴。上述研究为设计与气候的结合奠定了坚实的理论基础。

近 20 年来，各国学者立足于不同气候区，开始从不同视角展开对建筑与气候、城市与气候的研究。在城市设计中，作为城市设计的学者，Golany[30]教授于 1996 年将城市气候学的研究成果作为城市设计工具加以应用，提出了处于不同气候区的城市存在不同的微气候问题，并由此形成了不同的城市肌理形态，根据城市形态和其热性能的关系，建立了有关城市形态的气候适应性设计的基本框架，揭示了城市形态与微气候之间紧密的内在联系，也暗含着人类活动空间营造与自然环境的联系。2001 年，S. Yannas[31]研究了影响城市规划和室外热环境的城市微气候参数，并从伦敦、达卡和雅典的大量实例研究中提出了改善室外热环境的建议。2005 年，M. R. Emmanuel[32]结合理论与实践探讨了热带具有气候适应性的城市设计的策略与方法。2011年，建筑气候学领军人物巴鲁克·吉沃尼[33]在对建筑气候学和城市气候学相关内容分析阐释的基础上，将人体舒适度的相关研究运用到建筑气候学、空间规划对城市气候和室内气候的影响，并提出不同地区的设计导则。埃维特·埃雷尔等[34]认为反映气候条件的城市设计对城市的可持续发展具有根本性的意义，他们将城市气候学研究与城市设计实践联系起来，全面理解建筑和建筑周边开放空间之间的相互作用，分析了小气候与每一种城市景观元素之间的关系。上述研究对本书的研究思路具有借鉴意义。在建筑外环境与园林中，A. Hoyano[35]很早就开始通过实验研究不同种类的绿色植物对于控制太阳辐射，降低空调负荷，改善室内和室外热环境中的作用。2002年，H. Koch-Nielsen[36]研究了干热气候区和湿热气候区的热气候特点与建筑环境以及建筑外部环境的关系，其中对于湿热气候条件下建筑外部环境总结的设计原则对于本课题有指导作用。奇普·沙利文[2]则将视角关注于各国古典园林，探究古人造园中利用“土”“火”“气”“水”四要素营造微气候、控制热环境、节约能源的方法，该研究对于岭南传统庭园室外微气候营造具有借鉴意义。2010年，加拿大圭尔夫大学景观建筑学教授R. Brown[37]指出热舒适的小气候是优秀设计的必备条件，也是营造好用的室外空间的基础，气候的恶化让微气候设计变得越来越重要，结合微气候的设计方法对风景园林、建筑设计、城市规划领域都相当重要。并向世人展示他是如何通过复杂的气候数据、经验、场地评估、小气候修正、设计及评价等方法进行设计，为设计者提供了有用的指导。

2.2.1.2 室外微气候舒适度研究

随着微气候研究的开展，微气候舒适度的研究也成为研究者们关注的热点，由于人的活动行为经常于室外发生，室外热舒适的研究十分必要。1987年，H. Mayer和P. Höppe[21]基于MEMI模型提出了生理等效温度PET (Physiological Equivalent Temperature)，作为室外热舒适的评价指标。1999年，A. Matzarakis等[22]进一步论证了PET较于其他室外热指标的优越性，即考虑人体活动量与热生理的相关性，并将生理等效温度划分为9个等级，来表征不同程度的人体舒适度，从人体舒适度的角度，为室外热环境的优劣提供了评价标准。随后，M. Nikolopoulou等[38,39]证实了气象要素和人体舒适度有很强的相关性，而空气温度和太阳辐射是舒适性的重要决定因素。随着研究的不断深入，研究者们发现虽然相同的PET表明人体与外界的热交换一样，热生理反应相同，但不同的空间功能[40]、文化氛围[41,42]、地区气候[43]、场地环境[44]、季节变化[45]、心理适应[46]等都会使人体对热环境的感知产生差异，即产生不同的热感觉，进而影响人体舒适程度。因此，应用时要因地制宜地选取针对性的热环境评价指标才有意义。

2.2.1.3　气候设计分析方法研究

在气候设计与分析方法方面，1953 年，V. Olgyay 和 A. Olgyay[47]两兄弟开创性地提出“生物-气候设计学”的思想，强调通过自然方式而非机械手段来实现人体的热舒适的核心观念，并率先提出了建筑气候系统的分析方法，即生物-气候分析（bio-climatic chart），推动了气候设计方法向科学、理性的方向迈进。1976 年，B. Givoni 的研究成果《人·气候·建筑》（*Man*，*Climate and Architecture*）[48]出版，他对 Olgyay 的生物气候设计方法进行了改进，发展了“建筑气候设计图”（building bioclimatic design chart），从技术角度系统地论述了气候环境对人的影响以及气候与建筑之间的关系，将气候、人体热舒适和建筑设计方法结合在一张图表上，并按照不同气候类型提出设计原则和设计细节。此后，很多建筑师与工程师开始关注气候设计，发展衍生一系列气候设计方法，如 Mahoney 列表法[49]，Arens 的新生物气候法[50]，Wantson 的建筑-气候图法[51]，Evans 的热舒适三角图法[52]等，这些方法都尝试为气候设计提供可视化工具，但均存在一定的局限性。

伴随计算机技术的发展，一系列 CFD（Computational Fluid Dynamics）仿真模拟软件被开发，它利用计算机求解描述流体流动、传热和传质的各种守恒控制偏微分方程组，并将各种求解的流动或传热现象进行可视化，成为辅助微气候研究者们理论分析、实验研究的有利分析工具。随后，德国的 M. Bruse 等[53]于 1998 年通过研究建筑外表面、植被和空气之间的热应力关系，开发了适用于中小尺度微环境模拟的软件 ENVI-met。该软件专门模拟城市环境中构筑物表面-植被-空气的相互关系，使室外热环境分析可视化，为本书研究提供有力的技术支持。

总的来讲，气候设计的基本思路是通过设计控制一些气象要素来改善人所居住的生活环境。国外关于气候适应性的研究主要涉及了人类建造活动与气候关系的历史演进、影响建筑的气候因素、建筑微气候与人体热舒适性、全球气候分区与地方乡土建筑及其气候策略、适应气候的建筑技术这五方面的内容。对室外微气候环境的研究大都建立在现场实测的基础上，其研究方法及结论对岭南庭园室外微气候研究有参考意义。其中，在城市与建筑层面的气候适应性研究成果颇丰，虽然现有研究成果对园林的气候适应性研究有一定借鉴意义，但并不能直接应用于园林营造。园林的气候适应性尚有很大的研究空间。

2.2.2 国内研究现状

2.2.2.1 岭南庭园的相关研究

关于岭南庭园的研究，最早当属夏昌世先生和莫伯治先生发表于1963年《建筑学报》第4期的《漫谈岭南庭园》[6]一文，随后二人就岭南园林的艺术风格、设计手法等方面展开研究，为岭南园林的研究奠定了良好开端；1976年以后到20世纪80年代，岭南园林的历史沿革、空间布局等研究成果先后被发表；90年代以后，随着对园林研究的投入增大，对园林史料的整理和收集工作增多，岭南园林研究工作也逐步深入多个层面，大到岭南园林文化、造园艺术，小到植物配置、理水造景，皆有所涉及。同时期，几本权威性著作相继出版。其中1995年出版的《园林述要》[54]是夏昌世先生作为岭南新建筑拓荒者的思想及创作珍贵资料和三十多年关于中国古典园林乃至岭南庭园研究的重要成果。2003年由曾昭奋先生整理成的《莫伯治文集》[55]问世，文集收录了莫伯治院士将近半个世纪的创作实践和理论探索成果，展示了他对当代建筑和园林艺术的重要贡献。对岭南庭园的研究最有影响力的著作当属夏昌世、莫伯治两位先生合著的《岭南庭园》[7]一书，该书由于当年国内政治气候和社会环境等因素搁置了将近半个世纪终于在2008年问世，是关于岭南庭园最早、最全面的学术著作。该书简述了岭南庭园概况，在回顾粤中庭园艺术风格与国外交流史实的同时，介绍了建筑创作中对新建筑与庭园结合所进行的探索。建筑学方面的著作还有陆琦教授的《岭南园林艺术》[56]《岭南造园与审美》[8]《岭南私家园林》[57]，图文并茂，系统、全面地论述了岭南造园的形成、发展与特点。此外，刘庭风教授的《广东园林》[58]《广州园林》[59]，周琳洁女士的《广东近代园林史》[60]是从林业学方面对岭南园林进行探究的；陈泽泓教授的著作《岭南建筑志》[61]从历史学方面梳理岭南园林建筑的历史源流；唐孝祥教授著作《近代岭南建筑美学研究》[62]从美学方面对近代岭南建筑特征进行归纳，该著作虽不是针对岭南庭园的专著，但也对岭南庭园有所提及，认为在近代岭南建筑中，庭园建筑是最富文化意蕴和审美感染力的建筑类型，并从美学视角梳理了近代岭南园林的发展过程。可见，这个时期岭南园林研究工作已从多视角深入。经过统计（图2-1），岭南园林相关论文年发表数至2012年到达顶峰。虽然相较南方，北方的园林学家涉足岭南地区较晚，著作多为系统、条理地研究中国传统园林体系，对岭南园林描述的篇幅比例较少，尚未深入探讨岭南园林中的“庭园”。但从近年来学位论文来看，对岭南地区的研究已逐渐突破了地域的限制，可见岭南园林研究已逐渐成为学界关注的热点，研究亦愈见全面和深入，各位学者专家逐步意识到岭南园林研究是一个跨学科的综合性研究课题。另外，该时期的研究已不仅仅是对园林遗存的整理，老一辈建筑师如夏昌世、佘峻南、莫伯治等认识到岭南庭园的价值所在，极力把岭南园林引入新建筑，开始在研究的基础上进行创作，建筑与园林相结合的优秀作品不断涌现，使传统岭南园林重新焕发生机。

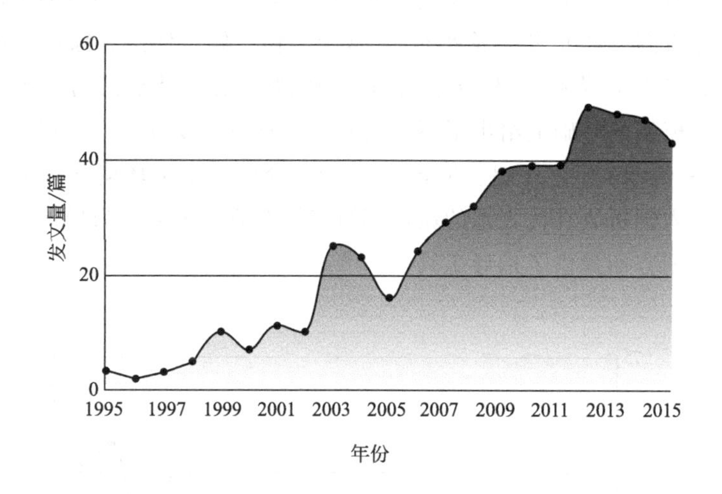

图 2-1　国内近 20 年有关岭南园林的论文数量统计

2.2.2.2　气候适应性相关研究

我国关于城市气候的研究起步略晚。1980 年在杭州召开的气候学术会议对我国城市气候研究工作起到了积极推动作用，明确了城市气候研究对于城市规划的重要意义。随后不久，第一届全国城市气候会议于 1982 年在厦门召开，指出城市气候研究与城市规划、建设脱节，提出城市气候研究应密切结合各气候区特点深入研究，且向应用方向发展。随后，我国相继颁布了《建筑气候区划标准》(1994 年)、《民用建筑节能设计标准》(1995 年)、《采暖通风与空气调节设计规范》(2001 年) 等一系列有关气候设计的规范、标准，但这些规范、标准注重的是宏观管理和设计指导原则，缺乏在方案设计阶段，便于建筑师分析利用的、系统完整的第一手气象数据资料。

国内学术界对气候适应性的研究始于 20 世纪 90 年代。早在 1997 年，林其标先生[63]就提出将气候因素与建筑设计相关联，使建筑气候适应方面的研究与建筑学结合更加紧密的观点。随后，学界纷纷从各视角展开对气候与设计问题的研究，相关研究数量基本呈递增趋势（图 2-2），清华大学江亿院士等[64]于 2000 年从规划、建筑室内外物理环境和环境控制系统等方面对城市住区微气候环境进行整体研究，提出绿色住区的设计理念和方法。2001 年，王鹏[65]对气候与建筑生态化、气候与建筑地方化等理论问题深入研究，并将研究成果运用于教学实践，形成《建筑与气候》课程的基础。2003 年，杨柳[66]首次系统地研究了我国建筑气候设计的分析方法，绘制了我国典型城市的建筑气候设计分析图。2005 年，徐小东[67]基于生物气候条件探究绿色城市设计生态策略。2007 年，茅艳[68]建立了我国不同气候区的人体热舒适气候适应性模型，并在该模型的基础上给出了不同气候区的舒适温度范围，制定了被动式气候设计策略。2012 年，任超、吴恩荣[69]全面介绍了城市环境气候图的研究发展历程，深入剖析具有代表性的城市环境气候图研究案例，为局地气候环境评估和城市规划方面提供了指导工具。

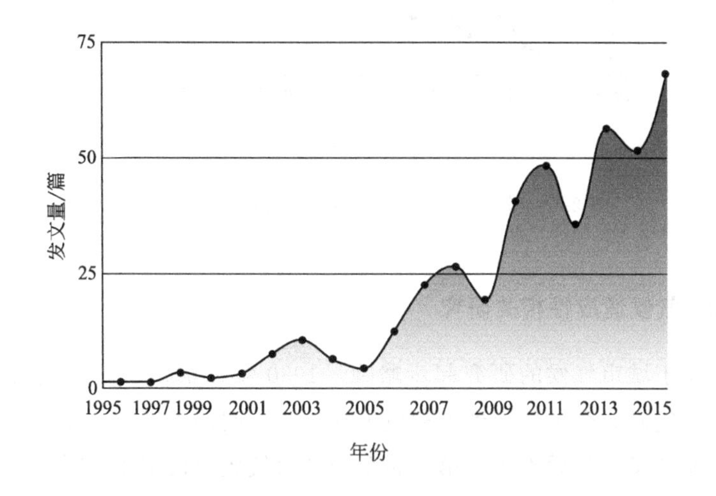

图 2-2　国内近 20 年有关气候适应性的论文数量统计

（1）城市方面

研究中不乏立足于当地气候区进行的专门性研究，其中以夏热冬冷地区和夏热冬暖地区研究成果居多。夏热冬冷地区，郑洁[70]对影响居住小区微气候的户外空间构成要素进行研究。陈飞[71]对风环境与建筑设计的关系进行研究。王振[18]借助数值模拟的方法对城市街区层峡微气候进行研究。黄媛[72]研究了城市形态对街区尺度采暖和制冷负荷的影响。张乾[73]对鄂东南传统聚落的空间特征与气候适应性的关联性进行研究。夏热冬暖地区，华南理工大学建筑节能研究中心在国家重点项目的资助下开展了一系列以“湿热地区”为对象的城市微气候研究，如，“湿热地区城市微气候调节与设计”“湿热地区城市微气候环境现代实验方法与应用基础研究”“居住区风环境和室内自然通风评价方法和标准研究”“亚热带室外空间热环境调节机理与应用基础”等，其中一些与美国、英国、日本、马来西亚以及我国台湾、香港等地的多家科研单位合作，建立了城市微气候的现代观测实验方法，系统、定量地分析了规划设计因子，如组团布局、建筑密度、容积率、首层架空率及绿地率对湿热地区城市微气候及建筑能耗的影响规律，探讨了规划设计因子对城市微气候及能耗的影响权重，建立了城市微气候的评价模型，提出了城市居住区规划设计控制指标等，可谓成果丰硕，从多个角度的尝试建立微气候与人居空间设计之间联系[74]。高云飞[75]、李坤明[76]先后针对村落微气候展开系统研究，并分析典型村落的热环境和建筑能耗状况。2010年，曾志辉[77]从传统民居群组布局、民居单体及细部三个层面对广府传统民居通风方法与技术进行研究。2014年，杜晓寒[78]对影响广州生活性街谷热环境的设计要素进行分析，并提出相应设计策略。2015年，王频[79]通过分析湿热地区城市中央商务区热环境影响要素作用，探究其热环境优化的规划设计方法。肖毅强研究团队[80]受岭南传统建筑空间启发，于2015年提出“气候空间”概念，从历史发展中提炼出3类典型的岭南传统建筑类型空间：传统村落的“街巷＋内院”空间[81]、城镇中竹筒屋的“通廊＋天井”空间[82]，以及近代城市建筑的“外廊”[83]或“骑楼”[84]的热缓冲空间，运用实测与模拟相结合的研究方法，对上述气候空间尺度进行定量分析，从而获得对建筑设计具有指导性价值的空间类型尺度，为湿热地区现代建筑空间设计提供借鉴。

（2）园林方面

气候空间不仅仅存在于建筑中，也是风景园林的重要组成部分。西亚炎热干燥的气候促使人们修建园林来改善气候环境，于是园林在西亚最早出现[85]。所以，从某种程度上说，园林最初出现的主要目的之一是营造舒适的微气候。约翰·O. 西蒙兹[86]在他的著作《景观设计学》中提出，如果规划的中心目的是为人或人们创造一个满足其需要的环境，那就必须首先考虑气候。古往今来，历史上许多杰出的园林设计实例中，造园要素同时整合了功能、美学以及微气候设计多方面的需求，气候和地理特征共同影响着风景园林的形式。反过来，风景园林对气候的不断适应也使之确立了自己的特色。而且往往气候环境愈恶劣的地方，就愈会产生精巧的适应和改良微气候的设计手法。可以说，气候是塑造各种园林风格的重要原因之一，园林中也往往体现着对地域气候的适应。

在建筑外环境和园林领域的研究成果亦层出不穷。早在 20 世纪 70 年代末，我国学者就开始了绿化环境效应的研究，早期研究多是通过连续观测对绿化降温效果进行的定量研究，证实了绿色植物对调节室外微气候的重要性[87]。随后，王丹妮、狄洪发[88]论述了园林绿化和人居环境的关系，指出绿化对节约建筑能耗、改善小区微气候以及城市的可持续发展有重要意义。2004 年，林波荣[89]对绿化与热环境的关系展开系统研究，研究了不同绿化形式对室外热环境的影响效果及特点，提出以湿球黑球温度 WBGT 和有效标准温度 SET* 相结合评价室外热环境的安全性和热舒适状况，并给出相应的简化算法以方便工程应用。2010 年，赵彩君[90]将科研成果、设计实践和应对策略相结合，研究在气候变化影响下，风景园林师如何应对气候变化，营建适应气候变化的、符合园林美学的、可持续发展的人居环境。2012 年，倪小漪[91]根据太阳辐射、风、土壤、植被、水等几大影响室外微气候的因素，分析讨论温暖湿润的气候条件下园林中常用的微气候设计手法，同时借助计算流体力学(CFD) 的方法来辅助景观规划设计，以量化比较不同种植方式与布局对微环境的影响。2013 年，郝熙凯等[92]探讨地形、植物、水体等因素对微气候的影响，提出微气候的营造在未来景观设计中将成为一种最重要的设计手段和评价标准。同年，王欢[16]对北京传统园林的庭园空间及微气候进行研究，归纳不同层面空间营造中微气候的营造方法与模式。陈睿智、董靓等[93-96]提出在国内园林规划设计研究中应加强园林微气候舒适度研究，完善评价标准，重视多学科融合，并对风景园林微气候进行量化研究，初步得出湿热地区风景园林微气候舒适度阈值。董芦笛、樊亚妮等[97]揭示了传统聚落绿色基础设施建设的地形气候空间生态调节机制，解读了绿色基础设施建设的中国传统智慧和科学机理，提出气候适宜性聚落环境空间单元是绿色基础设施构成的一种基本生境空间单元。刘滨谊[98-100]带领团队开展了一系列城市滨水带小气候的研究，发现城市滨水带风景园林设计要素的空间布局形态对于滨水带环境小气候影响的环境物理规律，进一步提出以调节改善小气候为导向的风景园林规划设计的技术对策。赵晓龙等[101]系统梳理了国内外关于风景园林规划设计对城市微气候优化方面的研究，提出深入研究城市景观元素改善微气候环境的机制，通过优化城市景观空间格局和选择最佳景观元素来改善微气候环境是一种非常有效的途径，指明了该领域研究的现状问题，并对进一步的研究进行展望。在岭南地区，陈卓伦[102]针对湿热地区常见的两类四种住宅组团布局形式，系统地研究不同绿化体系及其设计参数、组合方式等对室外热环境质量及建筑能耗的综合作用，并得出绿化体系设计常用参数与室外热环境评价指标之间的关系。杨小山[103,104]先后对湿热地区不同地表类型对室外热环境的影响，及室外微气候对建筑空调能耗影响的模拟方法展开研究。方小山[105]通过对亚热带湿热地区郊野公园室外环境微气候的热舒适性的研究，提出亚热带湿热地区郊野公园气候适应性规划设计策略。

2.2.2.3 庭园气候适应性研究

在对岭南庭园的研究过程中，已有一些学者注意到了岭南庭园的气候适应性的现象和特性。1981年，邓其生先生便提出[106]庭园能够创造良好建筑环境、改善建筑小气候环境、净化空气，以及提供生活休闲的环境。刘管平先生[107,108]认为岭南庭园的营造从整体空间布局到庭园造景，从建筑结构到装修构件都具有适应南方气候的特色。陆元鼎和魏彦钧两位先生[109]认为，粤中庭园同样具有结合气候条件进行布局的特点，如注意朝向、通风条件和防晒、降温，以及布置连续相通的敞廊等。肖毅强[12]从发展史的角度分析岭南园林发展过程和岭南园林特色，提出岭南园林特色源于对地方自然环境、气候风物的顺行和地方世俗文化的融合。汤国华[110,111]多年来致力于岭南湿热气候与传统建筑的研究，他从防晒、遮阳、隔热、散热、通风、防潮、绿化等几方面总结岭南传统建筑的防热经验，并扩展到对岭南自然气候适应的理论分析，对岭南传统建筑适应气候的较全面、较深入地分析和总结，让岭南传统技术和历史文化能在新时代得到继承和发展，其中从热环境设计方面系统研究岭南传统庭园的方法可资借鉴。林广思[112]通过分析山庄旅舍、兰圃及桂林风景建筑的设计思想和技法，提出岭南早期现代园林是现代建筑思想融合地区气候因素、植物景观和人文传统而形成的地域性园林。冯嘉成[113]以广东清代四大名园中保存最完好的余荫山房为研究对象，首次借助计算机软件的模拟，描述分析岭南传统庭园四季昼夜室外热环境的舒适性，并提炼传统岭南庭园气候适应性策略。这些研究思想均秉承于自20世纪50年代以来，对于亚热带气候条件下的人居环境营造的整体性研究。然而，上述对岭南庭园气候适应性的研究总体而言，是以定性研究为主，较少涉及定量研究，研究深度及精度均有待提高。

2.2.3 研究现状评述

综合国内外研究现状可以发现：

目前，虽然有关气候适应性方面的研究成果颇丰，但针对园林气候适应性特征的研究尚显匮乏。虽然已有研究学者开始从技术的角度关注城市微气候的量化研究，但对于园林微气候的量化研究尚缺。国外关于气候适应性的研究主要涉及了人类建造活动与气候关系的历史演进、影响建筑的气候因素、建筑微气候与人体热舒适性、全球气候分区与地方乡土建筑及其气候策略、适应气候的建筑技术这五方面的内容。在城市与建筑层面的气候适应性研究成果颇丰，虽然现有研究成果对园林的气候适应性研究有一定借鉴意义，但并不能直接应用于园林营造。园林的气候适应性尚有很大的研究空间。

以往园林设计多从建筑学角度出发，讲究立意、意境，是设计者主观意志的体现，缺乏定性、定量化的判断与定则。而杰出的岭南庭园不仅是美学的载体，在满足舒适度的功能性上亦有所建树，其中蕴藏的生态智慧价值尚有待开发。将传统的园林造园手法融入现代建筑空间中，使建筑与园林有机结合，共同发挥调节微气候效用，符合当代可持续价值标准，为绿色建筑发展提供新的契机，因此关于岭南庭园的气候适应性研究十分必要。目前在岭南地区，针对岭南庭园微气候，特别是从技术的视角对适应气候的园林空间系统的定量研究也依然存在空白。园林作为一个协同作用下产生的空间系统集合，对其内部各景观要素之间的相互关系也有待进一步研究。

第3章

庭园微气候及其空间布局研究框架

3.1 研究目的与意义

“创造良好的栖息地，需利用自然法则加上传统的智慧，现代科学和优秀的规划”——（加）Michael Hough《都市和自然作用》。

当今，建成环境的设计适应于气候条件、实现被动式节能减排的方式，日益受到人们的关注。在城市层面，已有不少研究，对城市街区、居住区、开敞空间等的微气候进行分析并提出相应的设计策略；在建筑方面，也有许多关于传统民居等历史建筑的微气候设计的研究，并取得了不少指导性的经验；但是在风景园林设计方面，对于传统园林的研究仍集中在空间营造和艺术效果上，较少涉及微气候设计的内容。

然而，园林作为城市的开放空间、绿色空间，构成了城市生态环境的主体，与现代人居环境息息相关，为城市健康、可持续发展提供了保障；园林绿化对建筑外部气候环境起着十分重要的作用，它能够改善环境温度、调节碳氧平衡、减轻城市大气污染、缓解城市热岛效应，是调节建筑室外微气候、改善建筑室内热环境、实现室内持续自然通风，从而节约建筑能耗的有效措施。微气候的营造在未来风景园林设计中将成为一种重要的设计手段和评价标准。同时，风景园林微气候的研究对改善建筑环境、降低建筑能耗具有借鉴意义，对营造绿色社区、创建低碳城市起到积极的推动作用，对城市的可持续发展具有重要意义。古往今来，气候和地理特征共同影响着园林的形式。反之，园林对气候的不断适应也使之确立了自己的特色，往往气候环境愈恶劣之处，就愈会产生精妙的适应气候的设计手法，可以说，气候是塑造各种风景园林风格的重要原因之一，中国的岭南庭园即是其中的一种。

岭南地区属于亚热带湿热气候区，炎热和潮湿是其最主要的气候特征，隔热、遮阳、通风、防潮、防风、防水灾是人居环境建设的重要内容。长期历史过程中，睿智的岭南人本着“顺其自然，改善自然”的原则，在适应地区气候条件的聚居过程，总结气候适应性经验，将建筑与园林结合在一起，建造了一大批被实践证明是成功和优秀的庭园建筑，它们形成了与气候环境的良好关联性。而岭南庭园对湿热气候的精明应对，恰是对岭南造园理念的体现，对岭南园林文化内涵的表征。杰出的岭南庭园不仅要是美学的载体，更要在满足舒适度的功能性上有所建树。随着气候设计成为全球主流，岭南庭园的气候适应性特征的价值更加突显，但目前对于岭南庭园的研究主要集中于对庭园历史、景物类型、空间构成和组织、人文特色等方面的定性分析，关于岭南庭园气候适应性方面的研究较少，亦缺少量化分析。随着科学技术的不断进步，当今风景园林学科与数字化技术的结合日趋密切，数字技术不止于提高工作效能，更有助于定量化地解析复杂的园林空间系统。因此，借助数字技术定量地研究岭南庭园的气候适应性特征，具有传承和创新价值。

本书立足于我国湿热地区的特有气候，以气候适应性为切入点，以改善庭园夏季室外热环境为核心，综合解决建筑室外气候环境舒适性问题。发掘传统岭南庭园顺应气候的思想，结合技术视角，审视岭南庭园设计与地域气候的定量化关系，在阐明庭园室外热环境特征及各景观要素在室外热环境中的作用原理的基础上，建立岭南庭园室外热环境评价标准，重点探讨景观要素协同作用下的岭南庭园空间要素布局模式，提炼岭南庭园气候适应性景观要素空间优化配置模型，提出岭南庭园的气候适应性设计策略，探索基于气候适应性的岭南庭园优化设计新方法，增强庭园优化设计的可操作性，辅助当代绿色建筑规划设计工作。旨在充分发挥庭园改善微气候的效应，优化园林室外环境、提升园林空间品质，创造既具视觉美感，又具舒适性的庭园空间环境；指导庭园在当代绿色建筑中的运用，推动传统庭园与现代建筑的融合，提高绿色建筑能效；使古代先哲蕴藏于传统岭南庭园中的生态智慧得到传承与发扬，赋予传统气候适应性造园思想新的时代意义，同时促进生态智慧在当代景观、建筑与城市规划实践中的应用。

3.2 研究框架与内容

本书研究内容主要包括以下四个方面。

① 验证岭南庭园的气候适应性特征，并对典型的庭园空间进行分类。

第 4 章主要采用史料文献调研及现场实测分析相结合的方法，考证岭南庭园气候适应性特征的成因及发展，梳理分析传统岭南庭园适应地域气候环境的特征在传统造园思想及营造经验方面的表达。同时，从理论分析及实证研究两方面入手厘清景观要素与庭园微气候的关联机制，论证景观要素配置在调节庭园微气候、营造庭园舒适性方面所发挥的作用，明晰景观要素配置对庭园微气候调节的重要性。在此基础上，根据庭园空间的差异性，将庭园基本空间单元进行分类，提取具有代表性的“庭”空间抽象模型，为后续在相似的空间背景环境下分类开展庭园气候适应性的定量化研究奠定基础。

② 建立岭南庭园室外环境舒适性评价标准。

在室外热舒适指标研究方面，目前国际上公认的评价热舒适的指标主要是以欧美等国家为研究对象，这些指标未必完全适用于中国人，也未必适用于处于湿热气候区的岭南庭园，因此岭南庭园室外热舒适指标的阈值界定存在较大的研究空间。第 5 章通过对现存传统岭南庭园典型案例进行现场实测及热舒适问卷调查的结果进行整理分析，探讨湿热气候下的岭南庭园夏季室外环境的热舒适性，并结合统计学的相关方法，计算岭南庭园室外环境热舒适指标阈值范围，建立岭南庭园夏季室外热环境评价标准，以此作为后文衡量庭园室外热环境优劣的标准。评价标准的建立，使园林设计可以用技术的手段量化变得可操作，这也是该研究中将建筑技术研究与园林设计研究相结合的关键点。

③ 厘清景观要素与庭园微气候效应的关系，明确庭园微气候关键性景观设计要素及水平。

基于第 4 章对庭园气候适应性特征和景观要素与庭园微气候效应关系研究，以及第 5 章室外热环境评价标准研究，第 6 章以典型“庭”空间的代表案例余荫山房为研究对象，利用 ENVI-met 软件进行庭园景观要素配置的量变模拟，结合第 5 章建立的庭园室外热环境评价标准（PET），定量分析不同的景观要素水平对庭园室外热环境舒适度的影响，初步证实不同景观要素配置对庭园热环境有不同程度的调节作用，明确影响庭园微气候的关键景观设计要素，为后续庭园优化设计研究确定主要景观设计要素及水平。

④ 建立不同类型“庭”空间的气候适应性优化配置模型，提出岭南庭园气候适应性设计策略，总结基于气候适应性的岭南庭园优化设计方法。

第 7 章以“庭”空间抽象模型（第 4 章）为研究对象展开岭南庭园优化设计研究，结合与庭园微气候密切相关的景观设计要素，确定主要设计要素对应的变量水平（第 6 章），运用正交试验设计法对庭园空间抽象模型进行分组模拟试验，确定影响因素及其交互作用对庭园热环境的影响程度及优劣排序，以岭南庭园室外热环境评价标准（第 5 章）为筛选依据，确定景观设计要素协同作用下的“庭”空间优化方案，建立庭园空间景观要素优化配置模型。从庭园空间布局及景观要素配置两方面提炼庭园气候适应性优化设计策略，为园林空间的规划建设提供指导；并进一步总结基于气候适应性的岭南庭园优化设计方法，增强庭园优化设计的可操作性，对实现基于气候适应性的庭园空间景观配置动态优化，高效发挥庭园景观设计在绿色建筑中的作用具有现实意义。

3.3 庭园微气候观测

3.3.1 测试对象介绍

时过境迁，现今遗留下来的古代岭南庭园已寥若星辰，保存完好者更是少之又少。选取其中保存较为完好的番禺余荫山房、东莞可园、顺德清晖园、佛山梁园群星草堂作为主要研究对象。此四园被誉为“岭南晚清四大名园”，是传统岭南庭园的代表作，突显了岭南造园“顺其自然，改善自然”的设计原则，是岭南生活环境的真实写照，为研究传统岭南庭园的标本性案例。

3.3.1.1 番禺余荫山房

余荫山房位于广州市番禺区南村镇东南角北大街，为清代举人邬彬的私家花园，始建于清同治六年（公元 1867 年），占地 1598m^2，庭园以小而精著称，门口的楹联“余地三弓红雨足，荫天一角绿云深”淋漓尽致地描绘了该园的特色[114]。庭园现状如图 3-1 所示，其功能布局见图 3-2，在有限的空间里布置

图 3-1 余荫山房现状

了深柳堂、卧瓢庐、临池别馆、玲珑水榭、来熏亭、孔雀亭和浣红跨绿桥等主要建筑，集会客、憩息、游览、观景、书斋等多功能于一体。此园建成约五十年后，园主第四代孙在园东南隅加建瑜园，主要为生活起居空间，面积 415m²。

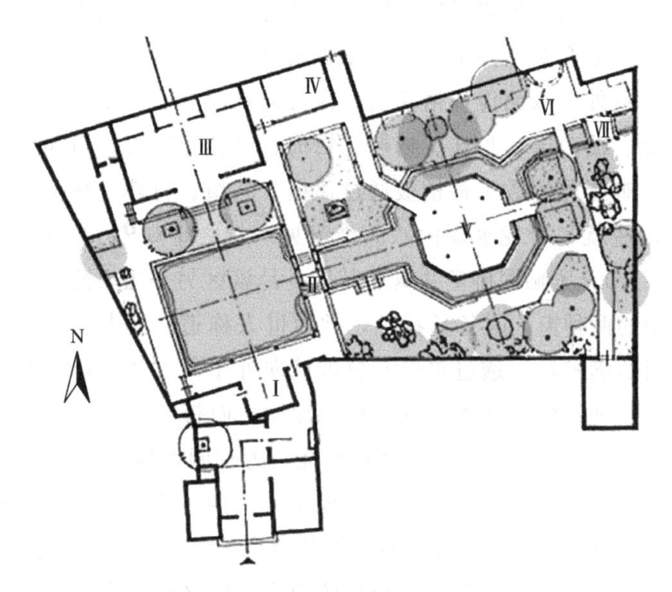

图 3-2　余荫山房功能布局

Ⅰ—临池别馆；Ⅱ—浣红跨绿桥；Ⅲ—深柳堂；Ⅳ—卧瓢庐；
Ⅴ—玲珑水榭；Ⅵ—来熏亭；Ⅶ—孔雀亭

余荫山房老园为并列的双庭结构，布局围绕水体展开。浣红跨绿桥飞架南北，将庭园分为东西两水庭，廊桥集连接空间、分隔空间、观景休憩等多种功能于一体，成为全园平面构图中心，也是重要的景观趣味核心，丰富了空间层次，同时约束了水面，起到锦上添花的效果。桥西的方池水庭，以池（面积约 130m²）为中心，建筑物绕池而建。主体建筑临池别馆和深柳堂分坐方池南北，形成水庭南北向轴线及对朝厅的空间格局。其中，歇山顶的深柳堂是园主会客之所，外表华丽，内饰精细，堂前檐廊（约 2.3m 宽）与花架形成室内外的自然过渡，既获得丰富的空间层次，又能够有效地遮阳避雨，巧妙地应对湿热多雨的气候；硬山顶的临池别馆是园主人书斋，内外皆古朴典雅，体量比深柳堂偏小，建筑高度略低，檐廊（1.8m）亦略窄。二者一大一小、一高一低，用对比的手法增强了园景的韵律感，同时形成常见的南低北高的岭南庭园布局模式，有利于形成良好的风环境。该庭植被较少（尤其是乔木），方池西北角有白玉兰一棵，旁有翠竹一排，深柳堂前铸铁花架上攀附着浓密的炮仗花，两旁各有榆树一株，仅此而已。方池水庭布局简单、规则，整体形成畅朗开阔水庭景色。桥东的八角水庭，水面较窄（宽约 2.5m，面积约 150m^2），环玲珑水榭一周，水从园区东北角流出，汇入园外河涌。池边密布高大乔木，遮天蔽日，与开阔的方池水庭形成对比。核心建筑玲珑水榭居于八角水庭中央，古时为园主人集文人墨客对饮挥毫之所，水榭玲珑通透，为八角卷棚歇山顶建筑，有两个门通向室外，八面设棂格花窗，窗可向八面开启。由于该水庭内植被种类繁多，苹婆、菠萝蜜、丹桂、杨柳、蜡梅、兰花、银杏、南洋杉、蒲葵、崖州竹、紫荆、鸡蛋花等数十种植被通过孤植、丛植、行栽、林植等组合出风格各异的景观，造就了玲珑水榭内八面推窗见八景之奇观❶。水榭西北面的卧瓢庐（又称榄核厅），紧贴深柳堂并退居其后，是该区另一主要建筑，专为宾客憩息而设。庐中的两种窗，因各具特色，常为世人称道。其中，面向庭园的窗是蓝白玻璃相间的满洲窗，透过单层蓝色玻璃向外望，可见雪花散落于枝头假山之上；透过双层则看到蛮熟的红叶，犹如深秋；而打开窗即可看到自然的春夏景象，即有“一窗景色分四时”的奇特功能，为庭园增趣不少。后排的百叶窗，通过调节窗叶，可将屋后冷巷里的自然风引入室内，改善通风采光的效果。对比方池水庭，该庭布局层次更加丰富，景色聚合幽深。两水庭虽水体面积相近，却形成了截然不同的空间效果。整个余荫山房老园区可谓布局小巧玲珑，狭小的空间内曲径回廊，幽深广阔，包罗万象，充分体现了岭南园林小中见大的特征。

3.3.1.2 东莞可园

东莞是古代岭南文化的策源地之一，不少文人雅士出生或寄居于此，造园之风素来兴盛。据《东莞县志》及相关文献记载，明、清时的东莞园林众多，有兰陔园、南溪小隐、竹庭、桥东草堂、榄山书屋、可园、道生园、欣遇园和学圃等，这些古代园林今多已无存，仅剩下最负盛名的可园，至今尚保存完好。

可园园主张敬修（1823—1864 年）是唐代宰相张九龄之弟张九皋的后人，为官十八年间三起三落，其间曾罢官归里，修筑可园，广邀文人墨客雅集于此。岭南画派宗师“二居”、才子郑献甫、名士陈良玉等皆是园中常客，对可园的筹划建造皆有一定影响。造园时，张敬修请来当地能工巧匠，凭借多年在广西、江西一带为官的见闻，吸取当地园林之精华，融会贯通、相得益彰，形成了可园独特的风格。从张敬修自撰的对联“十万买邻多占水，一分起屋半栽

---

❶ 八景从东面起顺时针依次命名为“丹桂迎旭日”“杨柳楼台青”“蜡梅花盛开”“石林咫尺形”“虹桥清晖映”“卧瓢听琴声”“果坛兰幽径”“孔雀尽开屏”，景点命名与所见景色一一对应。

花”，便可知其建造开支不菲。

可园位于东莞市区西博厦村，旧址为冒氏宅园，地理位置优越，自然风光幽雅，明代诗人祁顺曾有诗描述附近景象，“绿杨芳草遶晴川，台枕平沙一望园。隔岸楼台烟雨里，谁家舟楫水运边[115]”。园占地约 2200m²，始建于清道光三十年（1850 年），历时 14 年才基本建成，后经历几次改扩建，现存格局为 1961 年修复后的情况[115]。“可园”的得名及园中多处以“可”字命名的园筑（如，可楼、可轩、可堂、可亭、可舟等）皆表达了园主张敬修“纯任自然、乐天知命”的人生态度[116]。其《可楼记》中云：“居不幽者，志不广；览不远者，怀不畅。吾营可园，自喜颇得幽致”[117]以“幽”“远”两字奠定了可园的基调。园中“幽”不在于植被繁茂，而在于多处使用“折”的手法，如“长廊引疏阑，一折一殊赏”[118]的环碧廊，“开径不三上，回旋作之折”[118]的花之径，“小桥如野航，恰受人三两”[118]的曲池小桥，都增加了可园“幽”的意境。“亭馆绿天深，楼起绿天外”[118]的可楼，“荡胸溟渤远，拍手群山迎”[118]的邀山阁则体现了可园“远”的匠意。

可园虽占地不大，但建筑众多。将住宅、书斋、厅堂、庭院整合于一体，采用岭南庭园常见的“连房广厦”形式将建筑沿外围布局，形成高低错落、回环曲折、虚实有度的建筑群，一条半边廊（环碧廊）串联起整个建筑组群。从庭的组合方式来看，可园由错列排布的东西两平庭共同组成，错列式布局使庭园空间结构更加深远且富有变化。庭园现状见图 3-3，园内按建筑功能布局大

图 3-3　可园现状

致分为三个区，如图 3-4 所示：入口所在的东南区，作待客和交通枢纽之用，主要由门厅、两侧的临时待客厅（草草草堂和葡萄林堂）及门厅后面的半六角亭擘红小榭组成。西区为游赏眺望、宴客消暑之所，主要包括全园制高点邀山阁及周边建筑组群。四层高（约 17.5m）的邀山阁，是当年东莞县城最高的建筑，在庭园的构图上起到统领全局的作用，登楼远眺，可将园中胜景、园外秀色尽收眼底。阁旁深邃阴暗的小天井，有助于室内通风纳凉。阁下的可轩，因门口种植桂花，且以桂花为装饰纹样，故又名桂花厅，原为园主人奉母之所，也作待客之用，在这里设计者借助天井及地冷通风系统形成“人工空调”，为雅致的厅堂增添了清凉。可轩旁接双清室，名取“人境双清”之意，平面四角设门，呈“亞”字形，室内装饰纹饰也以“亞”为主，故又称亚字厅，是宴请宾客、吟风弄月之所。三座建筑高低错落，有机地联系在一起，使高耸的邀山阁显得高而不孤，挺而不傲，同时巧妙地形成了自然通风系统。北区是沿湖的一组建筑，以日常居住为主，读书抚琴、吟诗作画皆于此。其中“可堂”是园中主体建筑，三开间，坐北朝南，为园主起居之处。可堂楼上原为可楼，今已不存。临湖设置游廊，名曰“博溪鱼隐”，有隐居江湖之意，在此可饱览湖光秀色。廊尽端通过曲桥连接水中的“可亭”。可堂西为壶中天小院，小院西接绿绮楼，北临船厅雏月池馆，此处为宾客居所，楼上为书房。西北角有一栋

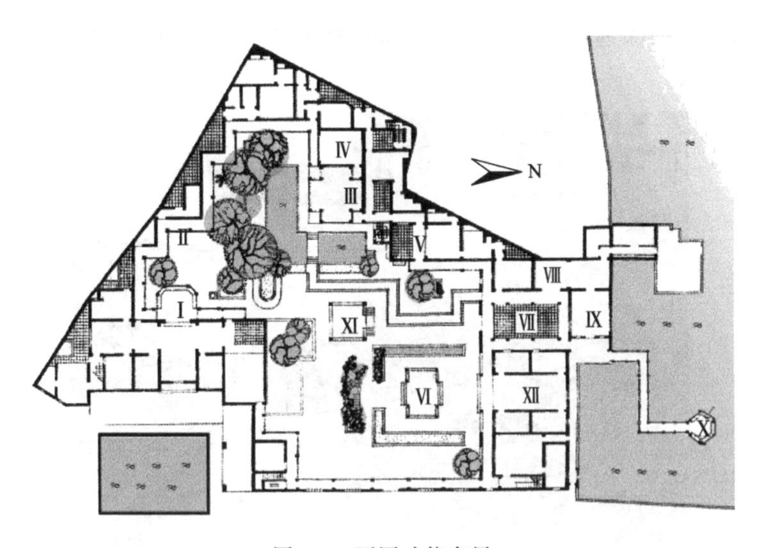

图 3-4　可园功能布局

Ⅰ—擘红小榭；Ⅱ—环碧廊；Ⅲ—双清室；Ⅳ—可轩（邀山阁）；Ⅴ—问花小院；Ⅵ—拜月亭；Ⅶ—壶中天小院；Ⅷ—绿绮楼；Ⅸ—雏月池馆；Ⅹ—可亭；Ⅺ—滋树台；Ⅻ—可堂

三面环水类似船形的建筑，上书“观鱼簃”三字，但据诗文❶记载推测，该屋宇当是旧时的可舟。而据《东莞张氏如见堂族谱》记载“公经营可园，最后乃筑观鱼簃，实为可园最胜概，雏月池旁建小屋，筑平台，可为夏天避暑之地……前为雏月池馆……今已不存矣”，推测观鱼簃应在雏月池馆后，绿绮楼北侧，今已毁。

整个可园的设计运用了“咫尺山林”的手法，在有限的空间内再现了大自然的景色，达到小中见大的效果。居巢在《张德甫廉访可园杂咏》道：“水流云自还，适意偶成筑”，恰贴切地描绘出了可园气韵。与其他三园相比，可园园中水体面积最小，建筑物最高，也因此形成了独特的热环境[110]。

3.3.1.3 顺德清晖园

清晖园位于佛山市顺德区大良华盖里，其前身是明朝万历丁未状元黄士俊宅第，清乾隆年间，黄家败落，庭园荒废，后由清乾隆年间进士龙应时购得，传于其子龙廷槐和龙廷梓，庭园被划分为三部分。左右两侧为龙廷梓所得，命名为“龙太常花园”和“楚芗园”。中间部分归龙廷槐，清嘉庆五年（1800年）龙廷槐将其所得部分改建，取名“清晖园”，意取“谁言寸草心，报得三春晖”，以喻父母之恩如日光和煦照耀。园林经多次改扩建，历经几代才逐渐形成了格局完整的、富有特色的岭南园林，是四大名园中历史最为悠久的庭园。随着历史变迁，庭园荒废，直到1959年对清晖园重修，将其与东西两侧原同属龙氏家族的园地进行整合，后又经1996年修缮扩建，形成今日之规模[119]。当年清晖园，地处城郊，远离闹市，三面环山，僻静而幽远，可谓处于风水形胜之地。现清晖园（图3-5）中旧园保留下来的面积约五亩多（3000多平方米），整个庭园从布局上大致分为三个部分，见图3-6。

南部是入口所在，该区建筑不多，以开阔的长方形荷花池为核心，池约占全园面积四分之一，亭榭边设于池长短两边且突出池岸，既打破了方池岸线的单调，又可分别观赏开阔、深远的水景，两亭夹角处是隐匿在池岸后的碧溪草堂，园中最古老的建筑（1846年），草堂前临池安设美人靠，凭栏而坐，微风拂面，与澄漪亭和六角亭相映成趣，游廊绕池串联整个区域，构成庭园的迎客区，避暑消夏极为合适。

---

❶ 张敬修《可舟记》载“张思光以屋为舟，张志和以舟为屋，皆是吾家故事。今可园之有可舟，窃谓数典不忘其祖。”居巢《张德甫廉访可园杂咏》的《可舟》载“渔父不浮家，何可无此屋？省却买邻钱，邻此烟水窟。”从以上诗文分析，可舟是一件似船且临水的房屋。可园中唯一三面环水且顶圆似船的屋宇便是雏月池馆西北角的“观鱼簃”。

图 3-5　清晖园现状

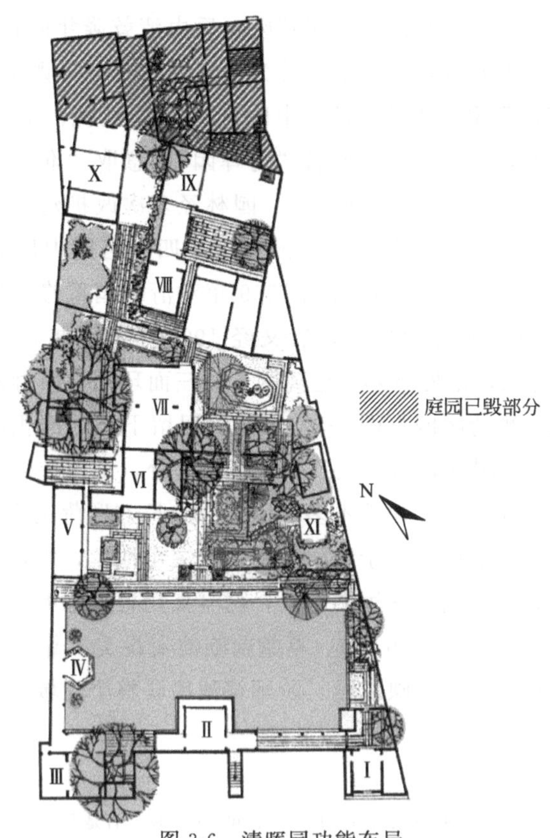

图 3-6　清晖园功能布局

Ⅰ—门厅；Ⅱ—澄漪亭；Ⅲ—碧溪草堂；Ⅳ—六角亭；Ⅴ—船厅；Ⅵ—惜阴书屋；Ⅶ—真砚斋；Ⅷ—归寄庐；Ⅸ—小蓬瀛；Ⅹ—笔生花馆；Ⅺ—花纳亭

中部是由船厅（小姐楼）、惜阴书屋、真砚斋、花纳亭等建筑所组成的平庭，南临池水，敞厅疏栏，叠石假山，树荫径畅是园主与家人日常生活起居之所。其中，两层的小姐楼属于船楼式船厅，是园中的主体建筑之一，供小姐太太们赏景休憩之用；壁瓦相连的惜阴书屋与真砚斋，外观格调简朴，皆供园中子弟读书治学之用，书屋正对方池，屋前空旷，以麻石铺装，方池围栏低且有漏窗，待到荷花盛开，于屋内便可将池中美景尽收眼底；真砚斋檐廊较宽，斋前浓荫密布，斋内通透凉爽，相比惜阴书屋环境更为幽隐静谧；花纳亭是书屋南侧高地上的一座木结构四角凉亭，造型轻盈古雅，憩于亭中可纵览方池水景，亦可赏亭旁假山。

北部是安静优雅的后庭，由归寄庐、小蓬瀛、笔生花馆等建筑组成，通过巷道、院落、敞厅、廊子、天井来组织空间，布局紧凑、环境幽深，是园主人生活起居的地方。“竹苑”入口处月洞门上的一副对联“风过有声皆竹韵，明月无处不花香”道明了这一区域雅致素静的风貌。月洞门里翠竹夹道，尽头的“笔生花馆”，以李白妙笔生花的典故取名，表达盼望儿孙成才之意，是砖木结构的一层建筑，内分一厅两房，风格清雅古朴，可供亲朋探访时小住；与之相对的是“归寄庐”和“小蓬瀛”，二者以短廊连接，两侧布有翠竹、石山，与旁边的木楼组合成另一个幽静清凉的庭园。“归寄”表达了园主辞官归里、寄居园林之意。“蓬瀛”指神话传说中的仙岛“蓬莱”“瀛洲”，隐喻了园主人清逸脱俗，追求美好生活的心迹。这组建筑一侧是封闭性较高的幽幽竹苑，另一侧则是开阔明朗的庭院，形成了鲜明对比，为园中生趣不少，后成为园主款待宾客之所。

整体来看，园中三个区域布局由疏到密、氛围由动到静，相对独立又相互渗透[120]。形成了“园中有园”的格局，达到了“以有限面积，造无限空间”的效果。园中建筑开敞通透，连廊曲折迂回，有利于园中的通风遮阳，巧妙地应对了岭南湿热多雨的气候特点。本次观测的关注重点即为清晖园保留下来的旧园部分。

3.3.1.4　佛山梁园群星草堂

佛山梁园是由梁氏叔侄四人于清嘉庆、道光年间（公元 1796—1850 年）陆续建成的庭园组群的统称，共历时四十余年，后陆续扩建。极盛时，总建成面积曾达 122880m^2[121]。其中，道光末年梁九图兴建的十二石山斋，因园中十二块形态各异的奇石闻名遐迩，与余荫山房、可园、清晖园并称为“粤中四大名园”，成为当时文人雅士挥毫泼墨的主要场所。同一时期，梁九华兴建的群星草堂，集生活与休闲功能于一身，使宅第、祠堂、园林浑然一体，被传为一时佳话。随后，梁九图紧邻群星草堂开辟汾江草庐，占地1万多m^2，气势宏大，成为梁氏家族又一觞咏之地。后几经乱世，十二石山斋和汾江草庐早已湮灭在历史长河中，现今唯一尚存的只有多番易主的群星草堂，故作为本次研究主要对象之一。

梁园原址是沙洛铺陈家大塘，位于现佛山市禅城区松风路先锋古道93号，占地约1600m^2，现状如图3-7所示，庭园布局见图3-8，园中主要有群星草堂、秋爽轩、船厅、日盛书屋、壶亭、半边亭等，庭园由水庭、石庭和山庭组成。整个园林布局紧凑，亭堂楼阁，错落有致，秀水奇石，绿林修竹，掩映其间。

图3-7 梁园现状

群星草堂主体建筑为三开间布局，采用彩色玻璃屏风门进行空间划分，使整个厅堂显得华丽雅致、通透明亮、舒适宜人，减少了面积小带来的局促感。前后厅堂之间采用岭南园林建筑中比较少见的过厅做法，两侧天井以饰墙与外花园相隔，建筑装饰淡雅自然，形成了群星草堂独特的风格。秋爽轩紧邻群星草堂，建筑朴素典雅，轩前敞廊特意加宽抬高，可放置桌椅，供人休憩，旧时为聚会之所。轩正面朝向的绿树成荫、奇石罗列的石庭，环境幽雅，为文人墨客创作营造了良好的氛围。秋爽轩西侧是临水的船厅，船厅前

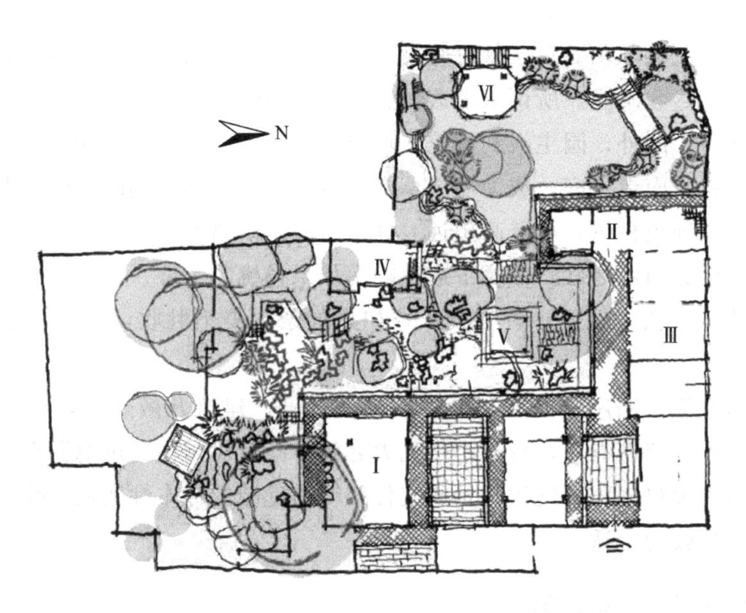

图 3-8　梁园功能布局

Ⅰ—群星草堂；Ⅱ—船厅；Ⅲ—秋爽轩；Ⅳ—日盛书屋；Ⅴ—壶亭；Ⅵ—半边亭

为平屋，后端有楼，属于舫屋形船厅，外形古朴，像一艘画舫幽静地泊于水面，一楼是品茗休憩之处，二楼为读书观景之所。秋爽轩和船厅虽在功能上有所不同，但两座建筑外观上浑然一体，建筑形体的错位，增添了庭园的空间趣味，同时保证了建筑的通风采光，突出的船厅还为秋爽轩厅堂阻挡了西晒阳光的直射，保证了夏季室内的舒适凉爽。船厅斜对面旧时为梁九华的书斋，四周鸟语花香，夏季雨打芭蕉，冬日寒梅幽香，是写诗作画好去处。1985 年梁家第十七代后人梁日盛之子梁知行捐款修缮梁园，将书斋命名为“日盛书屋”。

在群星草堂、秋爽轩、船厅、书屋围合出的空间里，园主人构建了石庭。庭内巧布太湖、灵璧、英德等奇石，组成各种形状，并以其形状命名立意，如“苏武牧羊”“童子拜观音”“倚云”等，或立或卧，或俯或仰，极尽丘壑之胜，顺着园中小径迂回其间，有步移景换之效。此外，石庭植被密布，植被种类繁多，其中芒果、洋蒲桃、茶花等均为当年园主人梁九华亲手栽种，至今已有约 200 年历史。石庭中央原立壶亭，休憩纳凉、赏石观景位置极佳，现已不存。在船厅的西面是与石庭风格迥异的水庭，水庭岸线曲折，是四园中唯一不是成规则几何的亲水池岸。池岸对面矗立着形制独特的半边亭，是水庭中画龙点睛之笔。此亭分两层，下层是八角半边亭，上层四角亭，屋顶平缓，飞檐斗拱。首层既可驻足小憩，又可饱览水庭景色，拾级而上更可将园外美景尽收眼底。所谓玉因瑕而美，据说是园主人即是抱着“求缺”的思想而筑此亭。此外，园主人利用挖土堆山的方法，因地制宜地让庭园向高处发展，在石庭之南造山庭，成为群星草堂的后花园。山庭尽端的小山丘上有四角山亭，周围种植松树，可登高望远。登山之路，以错落石片为阶，嶙峋怪石散落两旁，极具山矶之胜。山脚下遍植岭南佳果杨桃、苹婆、大蕉等。四周遍植桂花、茶花，秋来花开，香气袭人，如火如荼，美不胜收，是群星草堂秋景所在。

总体来说，四座庭园布局紧凑、张弛有度，建筑开敞通透，连廊曲折迂回，景观配置疏密有序，皆现小中见大之效，同时对园中通风遮阳有利，能巧妙应对岭南湿热多雨的气候，是研究传统岭南庭园的标本性案例，作为本次实测研究对象较为合适。

3.3.2 现场测试内容

由于湿热地区气候的季节变化很小，使得在生理上的热舒适要求以及为满足此需要所要求的建筑环境性能在全年内相仿[122]。故本研究重点关注岭南湿热气候的典型代表季节——高温高湿的夏季，对四大名园的现场测试工作于7～9月份❶进行。测试主要分为庭园微气候观测和庭园热舒适问卷调查两部分内容。参考本书2.1.3描述的特征性庭园要素，以人活动、聚集、停留频率较高的室外、半室外空间作为核心研究空间，并综合考虑景观要素的配置与分布情况，合理布置测点。在各选定测点1.5m高度处架设测试仪器，定点逐时记录（每60分钟或30分钟记录一次）园内气象参数，后文测试结果分析均采用该高度处数据。同时，对园中游客及工作人员进行热舒适问卷调查。从客观和主观两方面，评价分析庭园局部空间热环境优劣。此外，自然景观要素（植被、水体等）和人工景观要素（连廊、亭榭等）在不同的组合方式和各异的空间布局下对庭园室外热环境状况的影响也是本次观测的考察重点。

为保证测试结果具有代表性，研究选取与广州夏季典型气象日天气条件

❶ 气象学以候温作为划分四季的标准：候温小于10℃为冬季，10～22℃为春、秋季，高于22℃为夏季。因广州历年候均温（连续5日的平均气温）均在10℃以上，广州应无冬季。但广东省常以阳历2～3月为春季，4～9月为夏季，10～11月为秋季，12月至翌年1月为冬季，故广州四季亦以此标准划分，本研究测试时间7～9月属于夏季。

相似的天气进行测试。《中国建筑用标准气象数据库》[123]中定义广州夏季典型气象日白天云量为7或8，对照广东省气象台云量规定[78]，夏季典型气象日的天气条件应为多云到阴或阴天。故选择无雨的多云天或阴天进行现场测试。

测试日期分别为：余荫山房第一次测试时间2014年7月22日，余荫山房第二次测试时间2015年8月2日；可园第一次测试时间2014年7月30日，可园第二次测试时间2015年8月9日；清晖园测试时间2014年9月27日；梁园测试时间2014年9月28日。测试时段为9：00～18：00（根据各园开园、闭园时间不同略有浮动），测试时段天气情况均为多云天。

3.3.3 测试仪器介绍

本次测试采用意大利德尔特（Delta OHM）公司生产的HD32.3热指数仪，配套TP3276.2黑球温度探头和AP3203.2万向型热球式风速探头，记录不同测点的黑球温度（Tg）和风速（Va）；采用美国Onset公司生产的HOBO温湿度自记仪，记录空气温度（Ta）和相对湿度（RH），为防止探头受太阳辐射影响导致温湿度数据偏差，测试时将温湿度自记仪放置于百叶防辐射箱中。测试时，利用三脚架将两种仪器固定于测点上方，离地面约1.5m高处，在测试时段内，逐时记录不同测点的空气温度、相对湿度、黑球温度及风速。

采用瑞士徕卡公司生产的Leica DISTO A5测距仪，测量各园中重要尺寸，如，建筑物高度、廊宽、檐高、水面大小等，为后期数值模拟建模提供准确数据。测量时，保证所需测距范围内无障碍物阻断激光，将测距仪底部贴紧所需测距的一端，点击发射激光，当观测到激光点出现在另一端时，再次点击读数即可，过程中保持机器稳定。

采用Hemiview冠层分析系统中的佳能Cannon EOS 60D单反相机，配合Sigma EX-DC 4.5mm鱼眼镜头，拍摄均匀天空条件下❶各测点天空鱼眼照片，用于分析测点遮挡情况。拍摄时，通过支架上的罗盘将仪器朝北固定，借助自平衡架调整平衡螺钉使相机水平后，采用相机自拍功能拍照即可。将采集到的照片用自带分析软件进行分析。

❶ 为保证数据分析的准确性，拍摄照片时一定要避免太阳直射光，在均匀的天空条件下进行拍摄，拍摄时间为接近日出或日落，最好的拍摄条件是在阴天的条件下进行拍摄，会得到更好的天空对比度。

测试所用仪器如图 3-9 所示，各仪器性能见表 3-1。

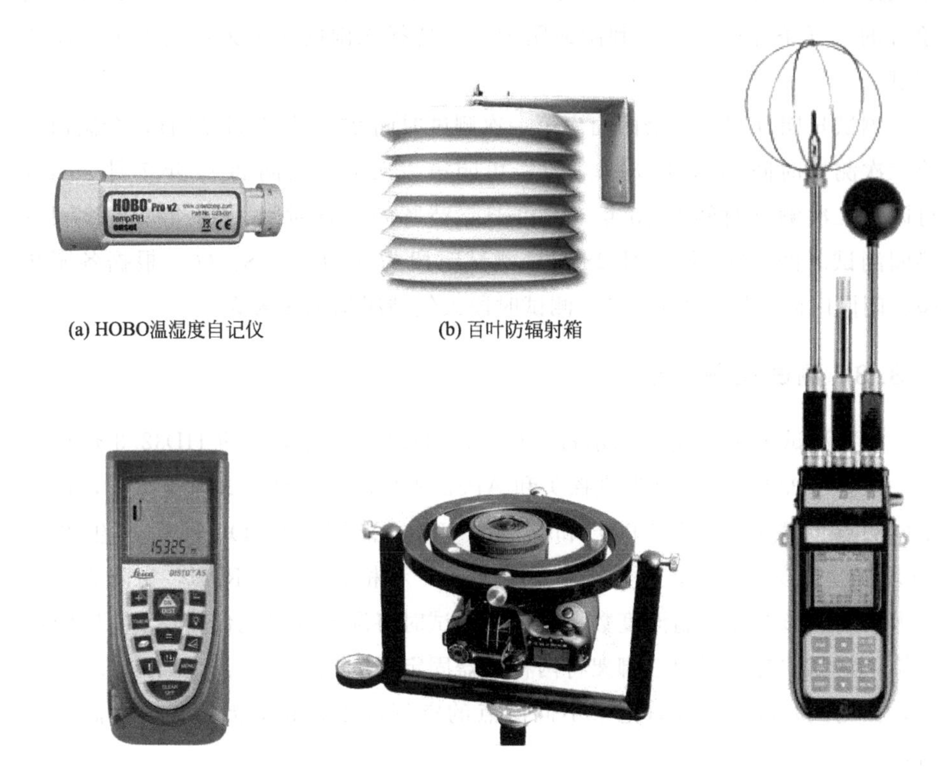

(a) HOBO温湿度自记仪 (b) 百叶防辐射箱

(d) Leica DISTO A5测距仪 (e) Hemiview冠层分析系统 (c) HD32.3热指数仪

图 3-9 测试仪器

表 3-1 测量仪器性能

仪器名称	测量参数	测量范围	准确度	分辨率
HOBO 温湿度自记仪	空气温度/℃	−40～70	±0.18(25℃)	0.02(25℃)
	相对湿度/%	0～100	±2.5 (10%～90%)	0.03
HD32.3 热指数仪	黑球温度/℃	−10～100	±0.3	0.1
	风速/(m/s)	0～5	±0.05(0～1m/s) ±0.15(1～5m/s)	0.01
Leica DISTO A5 测距仪	距离/m	0.05～200	±2mm	0.001

3.4 微气候数值模拟

3.4.1 模拟软件的选用与校验

要定量分析景观要素与庭园热环境的关系，实现通过景观要素的合理配置来优化岭南庭园热环境的目标，势必需要对建筑与自然相结合共同形成的庭园热环境的组成参数（空气温度、相对湿度、平均辐射温度和风速）进行量化分析和研究。现场实测的方法能获得真实可信的数据结果，是理论分析的基础，其重要性不容置疑，但是现场实测往往受到天气因素、测试环境、人为影响等不确定因素的干扰，难以保证理想化的实验条件及实验对象，同时对于多变量模型，现实中难以找到适合的模型进行比对实验，使研究受限，所以多数实测结果往往只能用作相对定量的判断和分析。因此，要真正了解景观要素配置对微气候的作用，还需结合具有集灵活性、适应性与可视化于一体的数值模拟方法，做进一步的量化分析。所选用的庭园热环境模拟软件需要具备以下特征：

① 模型分辨率能够描述庭园空间特征；

② 模型包含植被、水体等自然要素模块/环境要素；

③ 涵盖较为全面的气象要素并考虑各气象要素的相互作用；

④ 能够对动态气象条件下的庭园热环境进行模拟。

室外微气候环境影响因素众多，之间的交互作用、传热传质及空气流动过程皆极为复杂。目前专门针对室外微气候的模拟分析软件较少，大多软件只偏重关注热环境某一方面，综合考虑不够。如，CTTC 模型主要考虑热环境中的空气温度；GOSOL 主要分析太阳辐射的空间分布及对建筑能耗的影响；MI-SKAM 主要针对风场及污染物扩散；而通用的商用流体力学软件 Fluent、Phonics、Star-CD 等由于缺少针对室外热环境的子模型，从而无法直接对室外微气候进行动态模拟[103]。

本研究选用的 ENVI-met 是一款德国开发的三维城市微气候模拟软件，可以进行城市中小尺度微气候的风环境、热环境、湿环境及日照环境模拟的耦合计算，在城市微气候学和城市环境设计研究领域已开始较为广泛地应用。该软件基于热力学和流体力学原理，较为全面地考虑气象要素及其相互作用，能够动态模拟城市中小尺度范围内的表面、空气和植被之间相互作用，分析室外环境气候参数及热舒适状态的分布情况，满足上述本研究的功能要求。因此，研究将采用 ENVI-met 模拟岭南庭园热环境，分析由于不同的景观建筑布局及景观要素配置而引起的室外热环境舒适度变化。

3.4.1.1 ENVI-met 软件介绍

ENVI-met 是德国的 Bruse 和 Fleer 等在 1998 年开发的一款三维城市微气候环境模拟软件，是首个采用旨在再现城市大气主要进程的动态数值计算模式的软件[18]。该软件基于计算流体力学、热力学及城市生态学相关原理，对城市微气候环境的影响因子进行全面整体的数值模拟，并充分考虑小尺度空间内地面、植被、建筑和大气之间的相互作用过程，包括建筑周围的空气流动、地面及建筑表面的热量和水汽交换、湍流、植物与周围环境的热量和水分交换、微粒扩散等[103]。

3.4.1.2 模型结构及尺度范围

ENVI-met 主要由三维主模型、土壤模型、一维边界模型三个独立的子模型，以及嵌套网格共同构成，模型结构如图 3-10 所示。该模型空间网格分辨率 0.5～10m，ENVI-met 3.1 版本提供三种网格数 100×100×30、180×180×30、250×250×30，可对水平方向不超过 2.5km，竖直方向在 200m 尺度范围内的空间进行模拟，连续模拟时长不大于 4 天，时间步长不大于 10s。根据所需尺度选择适当的网格分辨率、网格数及时间步长，可以有效缩短模拟计算时长。

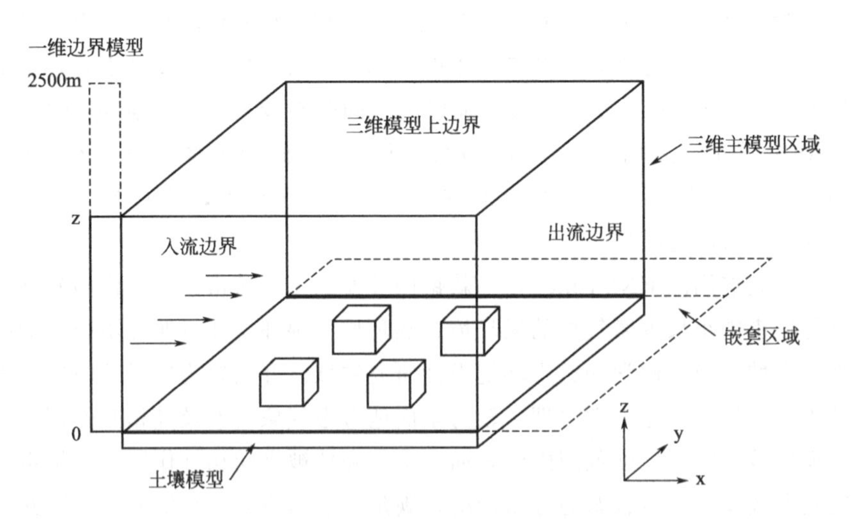

图 3-10 ENVI-met 模型结构示意图

3.4.1.3　边界条件及计算参数

通过对相应坐标网格赋值的方式，确定建筑位置、建筑高度及架空情况、植被位置及类型、下垫面类型等，模型建立完毕后，运用ENVI-met进行数值模拟前，需要定义背景气象参数初始值及模型控制参数作为边界条件，详见表3-2。ENVI-met的计算结果可以ASCII二进制代码形式输出，通过提前设置“接收器”或坐标筛选的方法提取各点任意标高的计算结果；也可以色块图形式输出，直观反映整个模拟区域某一时刻的计算结果分布情况。主要计算参数详见表3-3。整个模拟过程操作简单，定义相对较少的边界条件即可输出大量环境参数。

表3-2　ENVI-met主要边界条件

类别	输入量
初始气象参数	地理位置(确定太阳位置及运动轨迹)、10m高风速风向、初始空气温度、2500m高含湿量、2m高相对湿度、云量
模型控制参数	地表粗糙度、不同深度土壤初始温湿度、建筑室内温度、围护结构导热系数及反射率、模拟起始时间、模拟时长及记录间隔时间、不同太阳高度角对应时间步长、嵌套网格数、自定义参数(植被、下垫面等)

表3-3　ENVI-met主要计算参数

子模块	输出量
微气候参数	风速及风向、空气温度、相对湿度、含湿量、直射及散射短波辐射、短波反射辐射、环境长波辐射、地表温度、土壤温度、叶面温度、蒸发蒸腾量
微环境空气质量	污染物浓度、CO_2分布
构筑物参数	表面温度、LAD分布、天空可视系数(SVF)
生物气象参数	预计热指标(PMV)、平均辐射温度(MRT)

3.4.1.4　软件优势及选用原因

鉴于ENVI-met对本研究有如下优势，选用该软件进行本书庭园模型的数值模拟。

① 对气候因子考虑较全面，可用于动态模拟日循环的微气候，且用时相对较短。

② 模型空间网格水平向最小分辨率可为0.5m，为小尺度庭园室外热环境模拟研究提供了相对适合的网格尺寸及模型尺度。

③ 时间步长较短，保证模型计算的正确性。由于庭园环境的复杂性使其受高角度太阳辐射影响时，容易引起庭园局部热环境的剧烈变化，时间步长过长会导致模型无法正确解析。该软件时间步长可设置较短，降低了模型出错率。

④ 定义较少的边界条件便可输出大量的环境参数，如：空气温度、相对湿度、风速、风向、平均辐射温度等。其中包含影响室外热环境的关键变量，便于对庭园室外环境的热舒适性进行相关分析。

⑤ 模型包含多个模块，可以对复杂的庭园室外环境进行相对精准的解析。其中，植被与水体模块为研究景观配置在岭南庭园中的作用提供了技术支撑。植被模块通过对各层的叶面积密度（LAD）和根面积密度（RAD）赋值来定义不同种类植被。主要模拟植物通过热量和水蒸气的交换与周围环境相互影响的过程，同时考虑植被对来流风及太阳辐射的阻挡作用，用直接换热热流、表面水的蒸发强度和植物本身的蒸腾作用强度来表示植物与周围空气间的相互作用。水体作为下垫面的特殊类型，所用 ENVI-met 3.1 版本模型只计算水体对太阳辐射的吸收和透射及水体蒸发过程，而不能考虑水体对流对温度分布的影响。这些模块支撑模型能够用来模拟岭南庭园中植被、水体对环境的作用。

3.4.1.5 软件已有应用与验证

随着 ENVI-met 在不同地区城市微气候、建筑设计、环境规划等方面的广泛应用。不少研究者针对各种类型尺度的空间对 ENVI-met 进行软件校验。

2001—2004 年进行的欧盟 BUGS（Benefits of urban green space）研究项目运用现场实测与数值模拟相结合的方法来研究绿化对城市环境的改善作用，ENVI-met 软件的研发者 M. Bruse 参与其中，曾将实测与 ENVI-met 模拟数值进行对比，证实二者结果基本吻合，ENVI-met 模拟能够反映室外热环境的时空分布特征[124]。

2007 年，Samaali 等[125]分析了 ENVI-met 的长波和短波辐射模块，结果显示 ENVI-met 能够合理模拟地面入射长波辐射通量以及地面和植物冠层的长波辐射收支，较好地模拟太阳直射辐射分布。

2008 年，王振[18]通过详细对比武汉某街区冬季和夏季实测与模拟所得的室外风、热、湿环境相关气象参数及室外平均辐射温度，校验 ENVI-met 软件的准确性。认为 ENVI-met 适合进行日循环式的微气候参数计算及室外热舒适性评价，对室外街区热环境模拟有较好的适用性。同时指出在运用该软件模拟时需预留足够的边界空间，保证模拟中心区域数值与真实情况保持较好的一致性。

随后，杨小山[103,104]对BUGS研究项目进行重复模拟实验，再次验证了ENVI-met适用于微尺度室外热环境模拟分析，且较稳定可靠。并在此基础上，从时间变化规律和空间分布特征两方面详细校验ENVI-met模拟结果与广州两所大学校园实测数据的吻合度，证实了模拟能够大致反映近地面空气温度的日变化规律及空间分布特征。随后，又将ENVI-met风环境预测值与风环境模拟软件MISKAM比对，证实了该软件对风环境预测的合理性。ENVI-met可作为亚热带室外微气候的有效预测工具。

2010年，陈卓伦[102]从各气象要素空间分布规律及测点间关系、时间变化规律以及各测点测试平均值与模拟值的日平均差三个方面，来验证ENVI-met在湿热气候条件下的适用性。结果证明，模型采用的理想化背景天气条件，使其在全晴天时模拟与实测吻合度较高，当天气变化剧烈时二者差异较大。因此，该软件较适用于模拟云量变化幅度较小、天气情况稳定的状态。

2011年，Chow等[126]采用自行车流动观察法对美国某校园近地面空气温度的时空分布进行测试，通过对比较近地面空气温度对模型预测的准确性进行评估，证明了模型的合理性，从空间分布来看，中间部分模拟精度较高，边缘部分由于缺少相邻区域环境设置而误差较大。故使用ENVI-met模型时需合理设置网格数量，将研究区域集中放置于网格中央，模拟结果较为可靠。

同年，Krüger等[127]将气象站记录的风速作为ENVI-met模拟的边界条件，对比分析城市街道中2.1m高度处的风速实测值和模拟值，发现当输入风速小于2m/s时，模拟值与实测值吻合度较高；当输入风速大于2m/s时，模拟值偏高。从岭南庭园实测情况来看，庭园风速皆小于2m/s，适合用ENVI-met模拟。

2012年，Ng（吴恩荣）等[128]分别采用地面多点短时观测和屋顶自动气象站长期观测的方式监测香港某小区空气温度的变化，然后利用实测数据对ENVI-met进行验证，结果表明短时观测和长期观测的模拟值与实测值之间的相关性系数R^2分别为0.765和0.625。

同年，Huttner[129]用德国弗莱堡市区两个不同地点的室外热环境实测数据对最新的ENVI-met 4.0进行了验证。实验期间弗莱堡气象站记录的数据被用于生成全强迫气象文件，对比距地面2m处的空气温度、风速、相对湿度、平均辐射温度和热舒适指标PET，对比结果表明模拟值与实测值吻合较好。

2013年，Peng等[130]研究亚热带绿色屋顶对周边微气候及人体热感觉的影响，软件校验结果显示模拟和观察到的空气温度显示类似的水平模式，相关性显著（$R^2\approx0.95$）。ENVI-met 模拟结果日间偏低 3～4℃，夜间偏高 1℃左右。原因主要是实测环境受到人为热影响，模拟环境不能满足模拟人为热的可能导致实际温度急剧上升但不能体现在建模过程。

2014 年，詹慧娟[131]利用 ENVI-met 对三维植被场景的土壤表层温度和叶片温度进行验证分析，结果表明 ENVI-met 能够有效模拟植被场景的三维温度场的分布规律。为本书对庭园植被的研究提供了技术保障。

2016 年，Yang 等[132]分别对比冷、热两个季节阴影区和非阴影区在三种不同短波衰减率（$SRR=0.5$，0.8，1.0）下模拟与实测所得平均辐射温度（MRT）的差别。结果表明，SRR 调整至 0.5，ENVI-met 预测的 MRT 最接近实测值，但由于潮湿的亚热带气候区，天气状况不稳定，云、雾覆盖情况日间可能产生较大变化，会带来 MRT 预测值与测量值有一定程度偏离。

上述研究基本证明了 ENVI-met 模型在不同气候区的有效性，也验证了 ENVI-met 模型针对多种尺度空间类型（如街区、住区、校园等）的可靠性，但对于岭南庭园这种复杂的小尺度园林空间的验证依旧缺失。鉴于岭南庭园是专属于湿热气候区的特有的小尺度建筑形式，在运用 ENVI-met 模型对其展开深入研究之前，有必要再次对模拟软件进行验证。

本书作者所在研究团队[113,133]近年来以岭南名园余荫山房为研究对象，进行 ENVI-met 软件校验，首次将 ENVI-met 运用于小尺度庭园热环境模拟。根据庭园不同的空间布局和景观配置针对性地在园内选取 7 个代表性测点测试夏季庭园室外热环境状况，同时以实测当天气象数据为初始气象条件对庭园热环境进行模拟，将关键时刻的实测数据与模拟结果进行校验。除表面温度、空气温湿度、风速等气象要素外，增加综合指标标准有效温度 SET* 的比对（图 3-11），结果表明超过 80%的 SET* 模拟与实测数值相差在 1.5℃范围内。模拟初始条件增加了当天实际云量后，模拟结果能够更好地反映出近地面热环境的真实状况。初步验证了 ENVI-met 在小尺度庭园中的适用性。

3.4.1.6 模拟与实测对比校验

由于后续研究涉及庭园室外热环境日间变化规律及空间分布特征，故有必要对 ENVI-met 预测庭园环境日间逐时变化过程的准确性进行进一步验证，以此分析模拟结果所反映出的庭园室外热环境特征是否具有现实意义，便于后续章节展开深入研究。

校验对象为上文现场实测的四座岭南庭园（余荫山房、可园、清晖园、梁

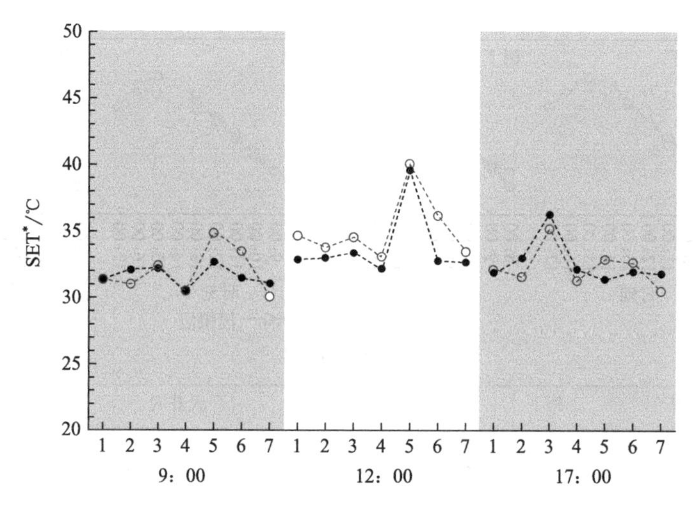

图 3-11　余荫山房各测点 SET* 实测与模拟比较

--●--表示实测；--○--表示模拟

园），根据气象站提供的测试当日气象数据设置模拟边界条件，详见表 3-4。根据现场测点位置相应在模型网格中设置接收器，以便从模型中提取与实际测点位置对应的数据进行对比。

表 3-4　主要边界条件

岭南庭园	模拟时间段	初始气象参数					
		风速/(m/s)	风向	初始大气温度/℃	2500m 含湿量/(g/kg)	2m 相对湿度/%	云量
番禺余荫山房	起 2015. 08. 02/3:00 止 2015. 08. 03/3:00	1. 8	140° SE	27. 0	17. 3	90	3/8
东莞可园	起 2015. 08. 09/1:00 止 2015. 08. 10/1:00	3. 2	292. 5°WNW	33. 5	21. 6	49	3/8
顺德清晖园	起 2014. 09. 27/0:00 止 2014. 09. 28/0:00	2. 2	135°WNW	28. 3	18. 9	78	3/8
佛山梁园	起 2014. 09. 28/0:00 止 2014. 09. 29/0:00	2. 9	157. 5°WNW	28. 0	18. 8	77	3/8

图 3-12 为四园中代表性测点近地面空气温度模拟与实测日间逐时数据对比情况[1]，四座庭园模拟值变化趋势与实测值基本一致。总体来看，模拟值略

[1] 由于可园在实测时中午部分时段天气情况不稳定，故该园主要校验上午时段数据。

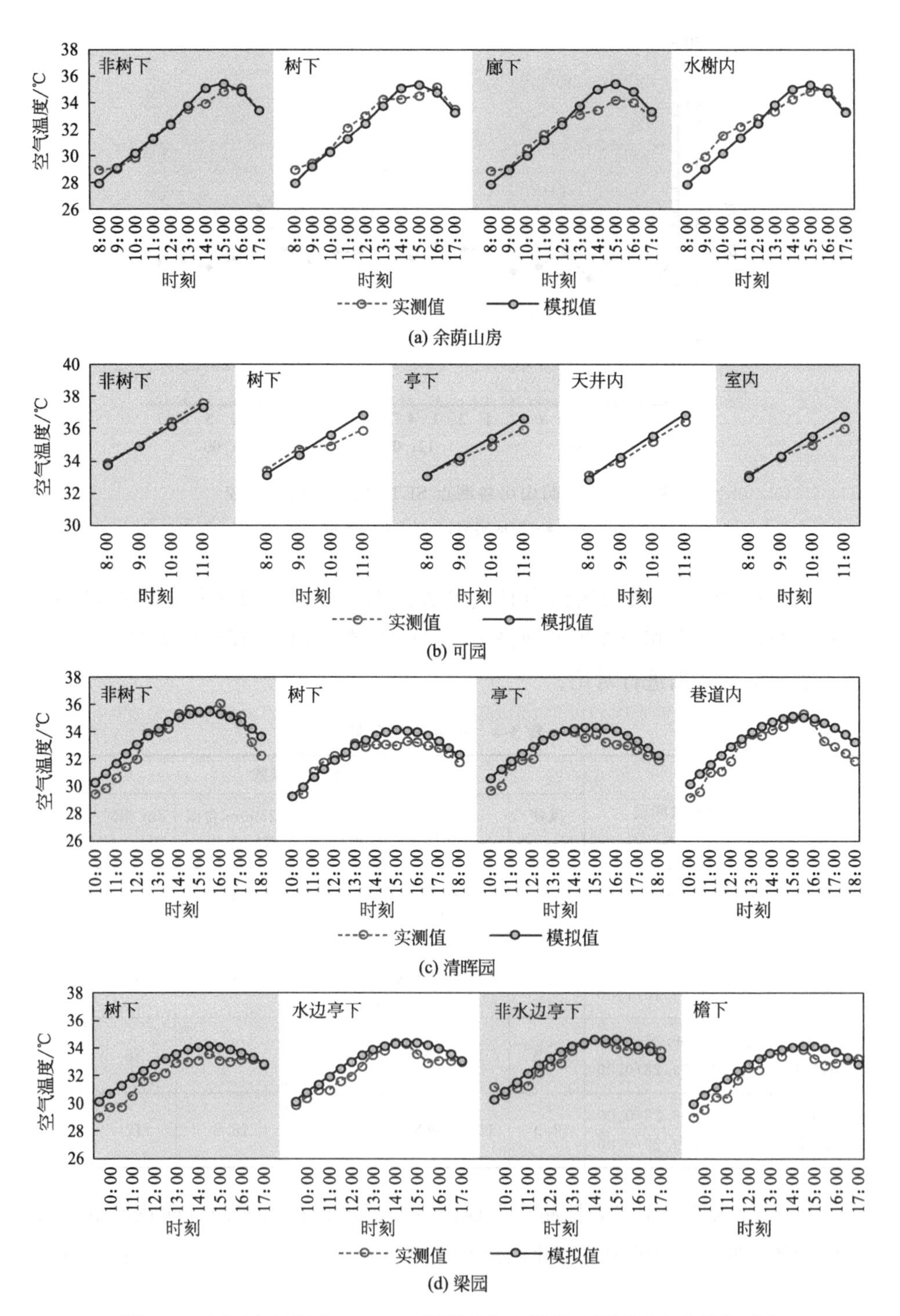

图 3-12 四园空气温度（1.5m）模拟值与实测值日间逐时变化规律对比

偏高，这是由于测试时段内天气状况不稳定（主要是云量变化），而模拟在稳定气象条件下持续进行造成的，与已有研究相符。四座庭园各点日间平均空气温度模拟值与实测值差异在 1℃范围内。由此可见，ENVI-met 对庭园各类型空间模拟与实测差值相近。

引入均方根误差（root-mean-square error，*RMSE*）和一致性指数(index of agreement，*d* 值)[134]分别定量评价整体数值模拟的绝对误差和相对误差。*RMSE* 和 *d* 值的计算方法如式(3-1)、式(3-2)：

$$RMSE=\sqrt{\frac{\sum_{i}^{N}(C_i-M_i)^2}{N}} \tag{3-1}$$

$$d=1-\frac{\sum_{i}^{N}(C_i-M_i)^2}{\sum_{i}^{N}(|C_i|+|M_i|)^2},\quad 0\leqslant d\leqslant 1 \tag{3-2}$$

式中　C_i——模拟值；

M_i——实测值。

综合四园的计算结果来看，模拟预测的均方根误差 *RMSE* 约 0.96℃，一致性指数 *d* 约 0.99。由此可见，模拟与实测的吻合度相对较好，ENVI-met 能够适用于对小尺度庭园的模拟，可作为本书模拟研究的工具。

3.4.2　夏季典型模拟日的选择

为了使研究更具普适性及现实意义，选择最能反映岭南地区湿热气候特点的典型模拟日，确定初始气象条件，进行庭园实例中景观要素作用的验证及展开后续庭园热环境模拟实验。

根据典型气象年统计数据分析，广州 7 月份太阳辐射量最高（图 3-13），是一年中的最热月。高温高湿的夏季是该区典型气候的代表，故初步确定选取夏季 7 月份中具有代表性的典型气象日作为庭园热环境模拟日。

根据《城市居住区热环境设计标准》中典型气象日的定义及计算方法❶，将《中国建筑热环境分析专用气象数据集》中建筑用典型气象年 7 月份数据进行整理，求出各气象数据月平均值，并将日较差、温度、湿度、太阳辐射照度的日平均与该月平均值进行对比，结果显示 7 月 11 日各数据最接近月平均值，

❶ 根据 JGJ 286—2013 城市居住区热环境设计标准中的定义，典型气象日（typical meteorological day）是在典型气象年中所选取的代表季节气候特征的一日。以典型气象年最热月（或最冷月）中的温度、日较差、湿度、太阳辐射照度的日平均值与该月平均值最接近的一日，称为夏季（或冬季）典型气象日。

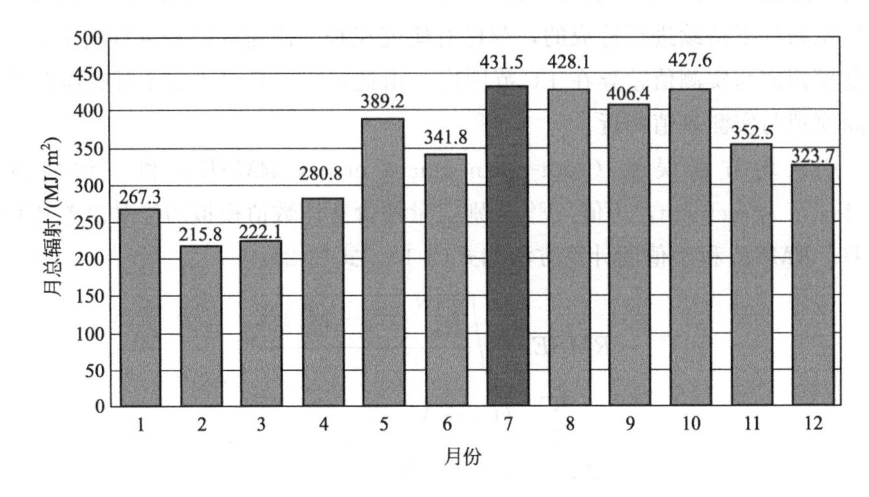

图 3-13　广州月总太阳辐射

（图片来源：《中国建筑热环境分析专用气象数据集》）

即以该日作为广州地区夏季典型气象日，各气象参数逐时平均值见表 3-5。本研究以 7 月 11 日 00：00 气象参数作为初始气象条件进行模拟，共运行 24 个小时，每小时记录一次数据。由于《中国建筑热环境分析专用气象数据集》中风速并非逐时记录，每日只采集四次风速数据，日间、夜间各记录两次，将夏季 7 月份夜间采集到的 62 个风速值进行平均，平均值为 1.3m/s，以该值作为模拟初始风速。另外，根据中国中央气象局农业气象板块网站获得广州夏季土壤湿度。初始土壤温湿度参考已有文献[104,135]并结合经验值设定。ENVI-met 模拟初始条件设定详见表 3-6。后续模拟实验均在该初始条件下进行。

表 3-5　夏季典型气象日 7 月 11 日各气象参数逐时平均值

时间/h	干球温度/℃	相对湿度/%	水平总辐射照度/(W/ m²)	水平散射辐射照度/(W/ m²)	含湿量/(g/kg)	风速/(m/s)
0	27.6	91	0.00	0.00	21.79	—
1	27.2	92	0.00	0.00	21.42	0.0
2	26.7	93	0.00	0.00	20.87	—
3	26.2	93	0.00	0.00	20.30	—
4	26.0	92	0.00	0.00	19.96	—
5	26.4	91	34.78	20.34	20.23	—
6	27.4	89	69.09	69.09	21.00	—
7	28.5	86	232.59	136.02	21.65	1.0

续表

时间 /h	干球温度 /℃	相对湿度 /%	水平总辐射照度 /(W/ m²)	水平散射辐射照度 /(W/ m²)	含湿量 /(g/kg)	风速 /(m/s)
8	29.3	82	339.88	198.77	21.66	—
9	29.9	77	434.30	253.99	21.17	—
10	30.4	73	501.80	293.47	20.56	—
11	31.1	69	531.79	311.00	20.18	—
12	32.0	66	519.42	303.77	20.45	—
13	33.4	65	466.70	272.94	21.80	0.0
14	34.6	66	382.03	223.42	23.77	—
15	34.2	69	151.57	151.57	24.21	—
16	33.2	73	170.31	99.60	24.15	—
17	31.8	77	71.28	41.69	23.74	—
18	30.5	82	0.00	0.00	23.21	—
19	29.4	86	0.00	0.00	22.86	0.0
20	28.8	89	0.00	0.00	22.89	—
21	28.6	91	0.00	0.00	23.16	—
22	28.6	93	0.00	0.00	23.46	—
23	28.5	94	0.00	0.00	23.53	—

表 3-6　夏季典型气象日主要初始条件设置

模型时间段	风速/风向	初始大气温度	2500m 高处含湿量	2m 高处相对湿度	云量	土壤初始状态		
						0～20cm	20～50cm	50cm 以下
起 2015.07.11/0:00 止 2015.07.12/0:00	1.3m/s; 135°SE	27℃	21.79g/kg	91%	4/8	303K/30%	302K/40%	301K/50%

第4章

岭南庭园气候适应性典型空间模式

“遵循地方气候的特点”[63]被认为是中国传统民居的重要特点之一。经过千百年来的经验累积，岭南传统民居在应对气候问题上逐渐形成了独特的民居特色和成熟的设计经验。诚如麦克·豪福所说：“所有成功的气候控制，则因建筑元素和空间的位置和组构，地形运用，植物和水体共同运作达成理想的生活环境”，岭南庭园亦是如此。将居住功能与自然空间融为一体的岭南庭园，既有别于一般意义的园林，以建筑空间为主，又不同于一般的建筑空间，更加注重与周边环境的融合关系。作为岭南传统民居的重要分支，岭南庭园通过具有地域特色的空间营造方式及景观配置手法，形成了独特的空间微气候环境，对适应大气候、改善微环境，成效显著，对现代岭南地域绿色建筑创作发展具有现实意义。

史料文献是解读岭南庭园发展的必要基础，现场实测是研究室外微气候的重要手段。本章主要采用史料文献调研及现场实测分析相结合的方法，对岭南庭园的气候适应性形成机理和特征加以提炼及验证，在此基础上划分具有代表性的常见庭园空间类别，便于后续庭园定量化研究的展开。

4.1 岭南庭园微气候的史料文献记载

4.1.1 古

4.1.1.1 从庭园的由来观其微气候特征

虽然清代以前的岭南庭园大多已无证可考，但从出土文物、园林遗构、岭南关键人物以及古文献史料中尚可寻得岭南庭园微气候特征的蛛丝马迹。20世纪50～60年代出土的两汉陶屋便是岭南庭园的雏形[107]，可以看出早在两千多年前，岭南民居便具有建筑与庭院相结合调节小气候环境的功效。如图 4-1 中 1957 年广州东山象栏岗出土的汉代陶屋，底层四角为室，中间为厅，厅前后为院，平面呈 H 形。其他陶屋的院子，有的位后，有的居中，院落空间丰富。这些古老的空间形制之所以在民居中沿用至今，是因为其独特的气候适应性特征巧妙地提升了使用空间的实用价值。如，不同方位的院子能在整个建筑中起到通风、采光功效；四周的居室能为院子遮阳，有利于整体环境降温等。对于地处亚热带，热辐射强烈且日照时间长的岭南地区来说，这些简单有效的空间营造手段无疑是改善建筑热环境的好办法。

图 4-1　东山象栏岗出土两汉陶屋

睿智的岭南祖先一早就意识到了顺应自然的重要性，并且在长期的生产实践中逐步总结了一系列适应地域气候和改善居住环境的建造经验。如，在宅地选址上，前临水塘溪流，背靠群山峻岭；在建筑朝向上，主体建筑坐北朝南；在院落布局上，利用连房广厦式的紧凑布局，减少建筑获得辐射热的同时，应对暴雨日晒，解决交通问题；在内部空间上，利用院子结合小尺度空间（天井、冷巷等）加速宅院空气流动，在炎热季节有效降温等。在岭南各地区也形成了一些沿用至今的传统民居形式，如，具有前庭后院、进深多房并间以小院的单开间民居（粤中的“竹筒屋”、潮汕的“竹竿厝”）；双开间的“明字屋”（粤中）、“单佩剑”（潮汕）；三开间的“三间两廊”（粤中）、“爬狮”（潮汕）、“门楼屋”（客家）；以至纵横发展成“双堂屋”“三座落”“四点金”“四角楼”

“围垄”等。当宅地略有宽裕，民居空间随之得到扩展，建筑空间尺度受使用功能限制相对固定，而庭院空间尺度往往不受约束，相对自由。当空间扩展到庭院被赋予居住以外的更多功能，并逐步具有改善起居环境、丰富生活内涵的效用时，以建筑空间为主的岭南庭园应运而生。综上，气候适应性毋庸置疑是岭南民居众多特征中重要的一环，亦是由民居演化而来的岭南庭园不可或缺的内容。

4.1.1.2 由史料记载观庭园微气候特征

岭南庭园是源自生活、根植于民居的一种重要的岭南园林类型。唐宋时期逐步发展起来，到明清达到繁盛，整个过程与社会经济、文化生活的发展密不可分。虽今已罕见，但就其数量和规模，以及独有的岭南特色，使其足以成为中国传统园林的重要分支之一。整理的史料中提及园名的庭园超过 180 座，且随时间发展，呈现出不同的类型特征。

据史料记载，三国时吴国虞翻谪居南海（南海郡治，今广州），在此开园辟池，遍植苹婆诃子树，名曰“虞苑”，后又被称“诃林”[136]，成为古文献中所记载最古老的广州私园。

唐宋两代有关岭南造园的史料逐渐增多。此时的庭园多为仕途不顺、贬谪流放、罢官归里的士大夫们所营造。他们的流入对岭南地区政治经济和文化生活产生了重要影响，也推动了这一时期岭南庭园的发展。他们营建的宅院，除了是栖身之所，同时兼具抒情言志之用。由此，庭园的功能开始逐步走向多样化，发展出觞咏集会等居住以外的其他功能。

明清时，岭南庭园的发展达到鼎盛，多出现于州府所在的富庶之地。仅广州一地的名园，就有五六十处之多，选址多集中于形胜之地，如城北越秀山麓，城南近珠江的太平沙，城西荔枝湾附近的水洲，珠江南岸花埭一带等。此时的园林不但数量庞大且种类更趋多样，有以民居休闲之用的小庭园，有以花木为主的园圃，有兼作接待外商之用的行商庭园，有供文人雅士觞咏集会的书斋诗社等。由于园主人的身份不同，使得庭院园林偏重于不同的功能。

清时广州兴起的行商庭园，便是众多家世显赫的十三行富商在珠江南岸大片购地兴建的。其中，尤以潘家、伍家最为显赫。潘家花园在广州河南乌龙岗（今海珠区同福西路），潘振承以其原籍命名此地为“龙溪乡”，占地约二十公顷，潘家祖孙几代在此大规模兴建，南雪巢、万松山房、六松园、南墅、清华池馆、秋江池馆等皆为当时名园。伍家与潘家一河之隔，地约占百亩，其万松园为池塘式水庭，布局张弛有度，水面虽不辽阔，但景观丰富，盛极一时。此类商贾私家庭院园林，除居住外，还作接待外商之用，具有外交性质，与岭南地区经济的蓬勃发展息息相关。

此外，明清两朝广东诗社的勃兴，也为岭南庭园的发展增添了浓墨重彩的一笔。尤以广州及周边南海、番禺、东莞、顺德诸县最为兴盛。南园诗社、小云林诗社、诃林净社、浮邱诗社、东皋诗社、芳草精舍诗社、西樵诗社、溪南诗社、西园诗社、云泉诗社、兰湖诗社、杏林庄诗社、袖海楼诗社等，大小诗社不胜枚举。这些诗社的活动场所多为诗社成员的私家园林，如李时行的小云林，陈子履的东皋别业，邓大林的杏林庄，许祥光的袖海楼等，都曾为当时著名的觞咏之地；亦或由诗社成员共同营造，如黄培芳、张维屏等人于白云山麓所辟的云泉仙馆。除文人雅士结社吟咏外，书斋、书院也如雨后春笋般层出不穷。诗社书院的振兴，使岭南文化教育得到了飞速发展，同时给岭南庭园注入了更加浓厚的文化气息。

随着岭南庭园的发展，众多与岭南造园相关的重要人物不断涌现。如，唐代名相张九龄（张丞相园园主）、宋代大诗人苏轼（白鹤居园主）、明代驾部李时行（小云林园主）、明末抗清将领陈子壮（洛墅园主人）、著名学者屈大均（祖香园园主人）、清代十三行富商潘家（潘家花园园主）、伍家（伍家花园园主）、画家梁九图（梁园园主）、同治举人邬彬（余荫山房园主）、爱国诗人张维屏（听松园园主）、御史龙廷槐（清晖园园主）、文武双全的可园园主张敬修与其幕宾岭南画派二居（居廉、居巢），等等。

其中，岭南晚清爱国诗人张维屏是研究传统岭南庭园不可忽视的重要人物之一，他出身于书香之家，学识渊博，著述宏富，留下的史料中提及多处对他一生产生重要影响的岭南宅园，为考证传统岭南庭园的微气候特征提供了重要线索。下文通过对张维屏相关文献史料的梳理，对几处具有实证价值的重要庭园进行分别阐释。

南墅是当时富甲一方的十三行之首潘同文行潘有度延聘名师教习子弟之所，位于番禺河南（今珠江以南，海珠区南华西一带，广州人称其为“河南”）龙溪乡，是潘家花园的一部分，张维屏少时曾随父侍读于园中长达九个春秋。在其《回波词》自序中描述道：“髫龄时读书南墅，墅中有轩，阶前双梧，碧覆檐际，风枝雨叶，凉入心脾。轩外数武，一桥见山，万绿饮水”。而据《番禺县续志》[137]所载，“在河南邑人潘恕别墅有老梧两株，浓阴满庭故名，张炳文（张维屏之父）尝授经其中，子维屏随侍”，清代学者许玉彬曾有诗《过双桐圃》记之。从双桐圃的得名及对张氏父子授经侍读的描述来看，双桐圃即为张维屏《回波词》提到的南墅中的“轩”。诗人何桂林曾以《双桐圃题潘鸿轩读书处》中《满庭芳》一词描述双桐圃中的景色，曰：“绿树遮门，清阴满地，池亭尽好幽栖。日长院静，禁得绣云迷。不少花姑石丈，闲相伴、碧砌芳畦。罗衫薄，轻凉袅袅……”张、何二人的描述将“轩外青山绵延、绿水环绕，轩内花石奇美，植被繁茂，环境幽静荫凉”的园中美景展现得栩栩如生，也将舒适宜人的园内生活体现得淋漓尽致。张维屏晚年编纂的诗集《花甲闲谈》开卷第一幅图名曰“桐屋受经”（图 4-2），图中一座雅致的小园，园中有轩，轩前两株高大的梧桐，轩后随风起舞的翠竹，轩外一脉绵延的青山，轩中一位长者正于案前在给一个挽着发髻的孩童授课。又集诗经中的语句成诗题于画旁，画旁题诗曰：“父兮生我，恩斯勤斯，言提其耳，教之诲之，昊天罔极，我仪图之，作为此诗，莫知我哀”，以感谢父亲的教养之恩。从图中描述的场景及诗中表达的情感皆可判断此图描绘的正是张维屏幼时伴读于南墅的情景。图中及诗中提及的园林建筑“前梧后竹”的植物配置方式，亦常见于江南园林中（如，拙政园的“梧竹幽居”），在园林微气候营造方面有其存在的合理性。对于岭南庭园来说，这种植物配置方式，主要用来应对和缓解夏季的炎热。梧桐喜阳，两株高大繁茂的梧桐种于轩前，遮阳的同时又不阻风，保证了轩中的荫凉舒适；翠竹喜阴，成排栽植于轩后，能有效地遮挡西晒。可见，传统造园经验中对植物的合理配置亦是岭南庭园适应地域气候环境的重要体现，也恰恰证明了岭南庭园的确具有气候适应性特征。

图 4-2 “桐屋受经”图

（图片来源：《花甲闲谈》卷一）

东园是张维屏辞官归里后租住的地方，亦属于潘家花园的一部分。园内有亭，亭边有六株古松，故园、亭俱以“六松”为名，后更名东园（图 4-3）。张维屏在《东园杂诗并序》中详细描绘了该园的景色，称其“虽无台榭美观，颇有林泉幽趣，四尺五尺之水，七寸八寸之鱼，十步百步之廊，三竿两竿之竹。老干参天，留得百年之桧；异香绕屋，种成四季之花……枝上好鸟，去和孺子之歌，草间流萤，来照古人之字。蔬香则韭菘入馔，果熟而橘柚登筵……”可见东园虽规模不大，但营造出的景色甚好，翠竹古树，花鸟鱼虫、瓜果时蔬应有尽有，满眼生机勃勃、欣欣向荣的景象，充满了自然的生活气息。除此之外，园内微气候环境舒适，即便在炎炎夏日也能“炎氛消涤，树解招风；夜色空明，池能印月”。为此张维屏特意赋诗《东园夏日》：“雨霁林霏润，潮迴海气凉。柳添临水态，花送过桥香”，赞美园中夏日的美景，“润”“凉”二字传神地表达了园内环境的舒爽宜人。以上种种正是岭南庭园气候适应性的价值体现。

图 4-3　潘家花园之六松亭

（图片来源：《莫伯治文集》之《广州行商庭园》）

此外，听松园亦是岭南庭园佳作。该园是张维屏自建的唯一一处宅园，晚年作养老之用。由张维屏的《听松园诗》序可知，听松园地理位置极佳，园地内外有水且四面环水，内外有松且皆百岁之松，是难得的造园佳所。据《番禺县续志》记载，听松园中有二池，乔木林立，皆百年物，尤以松胜。由于张维屏生性酷爱松，追慕松之风骨，喜听松涛之音，恰园中树木以水松居多，江风吹过，涛声谡谡，故将该园取名为“听松园”。张维屏在《园中杂咏》中记录了园中建筑、植被、水面的大致配比关系，“五亩烟波三亩屋，留将两亩好栽花”，可以看出园中景观所占比重之大。听松园设计精妙雅致，结合了园地有利的自然条件，以百年水松为主景，亭台楼阁掩映其间，池塘碧水环绕其周，楼高可眺望白云山，水远可通达白鹅潭。登楼远望，视野开阔，园外无边无际的江水，江上缓缓移动的小舟，江边炊烟袅袅的村屋，茁壮的稻田菜畦，绵延的白云山，一派美景尽收眼底；园内胜景众多，有松涧、竹廊、烟雨楼、空青道、柳浪亭、海天阁、松心草堂、东塘月桥、万绿堆、观鱼榭、莳花塍、闻稻香处、听松庐、陔华堂、南雪楼、双芙溆、还读我书斋等，其中不少以“松”字命名。园中的生活与他“半农半圃半樵渔，不爱为官爱读书”的追求相适应，张维屏在文中如此描述：“花村花地水湾环，坐对清流意自闲。词客画师来往熟，柴门虽设不须关。海天阁外送天风，叶叶风帆在眼中。我醉哦诗客吹笛，倚栏同看海霞红。远离城市近禅林，树里清溪深复深。莫说小园易岑寂，莺簧蝶板又蝉琴。园中佳果亦多般，池里鲜鱼复可餐”。既展现了园中景色的优美、环境的舒适，又表达了生活的悠然、闲适。另外，在他晚年编纂的诗集《花甲闲谈》中配图“松庐把卷”（图 4-4），图中庐舍背山面水，通透敞亮，庐旁松石嶙峋，水边竹林亭榭，一人把卷于庐中。配诗曰：“我癖爱松，见松必恭。拟结吾庐，饱听松风。”可见在他的脑海中早已构筑了一幅属于自己的

图 4-4　“松庐把卷”图

宅园景象，而这一景象正是听松园的写照。这一点在园建成后，他所作的《听松园》诗中得到了印证。诗中赞美园中景色，“万绿夹松涧，百花围草堂，文窗分紫翠。诗境对沧浪，径曲肱三折。亭庐水一方，临流安枕簟，有梦亦清凉”[138]。此诗与“松庐把卷”图中描绘的景象十分吻合，让人真切地感受到园中环境的舒适惬意。听松园四面环水的择地选址、开阔通透的庭园布局、自然主导的景观配置，皆是其形成宜人环境的因由，亦是庭园适应气候的表现。

类似的资料虽非屡见不鲜，但不管是古迹遗构，还是史料记载，岭南庭园能够应对气候、营造舒适的微环境这一特征尚有迹可循。

4.1.2　今

随着国内对岭南庭园研究的逐步推进，岭南庭园的气候适应性特征亦不断被挖掘。通过文献整理将岭南庭园的气候适应性特征在学界被关注及研究的发展过程分三个阶段进行阐述。

4.1.2.1　庭园气候适应性端倪初见

曾任全国第一个园林协会“广东省园林学会”常务理事长[139]的夏昌世先生被称为岭南传统园林研究的开创者[140]。1954 年上半年，夏先生主持对粤中庭园的普查工作，成为他对岭南园林研究的开端。后莫伯治先生加入。1961 年秋，华南工学院建筑学系和广州市城市建设规划委员会合作，夏、莫二人展开对粤中珠江三角洲地区和粤东韩江三角洲的庭园系统的普查及整理[141]，此次调查和研究无疑成为岭南庭园建筑思想的重要学术背景。在此期间，夏昌世先生于 1962 年教育部直属高等学校“建筑学和建筑历史”学术报告会上首次提出了岭南庭园概念。随后，二人合著发表的一批岭南庭园的研究成果，对后期岭南现代主义庭园及庭园建筑的发展意义重大。

其中，1963 年刊登在《建筑学报》上的《漫谈岭南庭园》[6]是公开发表的第一篇关于岭南庭园的文章，拉开了岭南庭园研究的序幕。文中以“畅朗轻盈”总结岭南庭园风格，区别于北方园林及江南园林，称岭南庭园具有将居室空间与自然空间相结合的布局特色，并强调园景对建筑环境的从属关系，明确建筑空间在庭园中的主导性，发掘庭园建筑体量小、体型轻快且通透开敞的特点，提出不同类型的庭应配置不同的花木，如，广阔的平庭常用一两株椿树或白兰营造浓荫覆盖的清凉环境，岸边植树喜用水松等。从多层面全方位深入研究了岭南庭园的地域性特色，“畅朗轻盈”四字不但精辟地概括了岭南庭园的特点，也恰是气候适应性特征在岭南庭园空间形式上的体现。

此外，《岭南庭园》[7]一书作为夏昌世、莫伯治对岭南庭园研究的成果整合，奠定了岭南现代园林理论基础，其经典价值至今仍无可替代。其中论述岭南庭园“因气候温和，建筑一般比较开敞自由，内外空间相互渗透”，平面处理时应考虑“适应气候条件，极力创造开敞通透”；岭南庭园在布局方面，将居室的空间和自然的空间结合为一体，不能抽离观赏，并提及“结合住宅平面组织，错落穿插若干内庭小院”的综合式庭园布局“既可以增加居室的自然气氛，亦可解决内部的通风采光”；在庭园建筑特点方面，指出走廊作为南方建筑对气候的实用回应，常在庭园建筑的平面布局中与厅堂楼馆结合处理，而庭园厅堂类建筑需要前廊，来避免敞口厅过于暴露，受阳光和辐射影响；在建筑装修方面，“由于地理环境、气候等因素，加上地方手工工艺发达，丰富了其独创性”，具有轻快通透、玲珑剔透的特点，与通风、采光、遮阳的需求相适应，如，满洲窗、活动木百叶等；在造庭木花草配置方面，谈及如白千层之类生长速度快的树种，常见于辟园之初防西晒之用，而攀缘性植物与建筑构造相结合的绿廊（水平）、篱屏（垂直）亦皆有遮阳效果。此外，多次以“清空平远”“疏朗平远”“开朗深远”“通透开敞”等词汇描述岭南庭园。虽未明确提出岭南庭园气候适应性特征，但以上种种均体现了岭南造园对气候的精明回应。

对园林的普查与研究，使夏昌世先生在后来的岭南现代建筑理论研究与实践探索中，将气候跟园林结合，解决功能问题的同时，追求建筑与气候环境的结合，逐步形成了现代岭南风格[142]；也影响了莫伯治先生探索将庭园运用到公共建筑设计中的可能性，最终促成了其现代建筑思想与岭南庭园相结合的建筑哲学的成形[140]；同时，为在现代建筑思想融合地区气候因素、植物景观和人文传统的大背景下，形成具有地域性的岭南早期现代园林奠定了扎实的理论基础[112]。

该阶段是岭南园林研究的萌芽阶段，重点关注园林设计手法、园林风格等方面的研究，岭南庭园的气候适应性特征尚未明确提出，但在研究成果中已初见端倪。

4.1.2.2 庭园气候适应性明确提出

刘管平教授是夏昌世先生培养的风景园林研究和创作的团队中的一员，曾跟随夏先生从事风景园林研究与实践，后一直专注于岭南园林研究。作为岭南园林研究代表性人物，其主要贡献在于对岭南古典园林发展的理论总结和对园林建筑小品及庭园景观的系统归纳，认为任何把建筑与庭园截然分家的设计都不是好建筑[143]。1980 年，刘管平教授的成名之作《关于园林建筑小品》在《建筑师》杂志发表。此文是新中国成立后，国内建筑界第一篇系统研究园林建筑小品的论文[144]，可谓开创先河，对我国园林建筑小品的发展意义重大。该文虽不是对岭南庭园的专门研究，但其中提及气候湿热的南方地区，自古以来就以小院作为房屋之间过渡空间，“园林建筑亦常常利用小院的独特作用来改善室内小气候，并丰富其空间处理”[145]。可见，庭园调节小气候的功能已开始被关注。1985 年刘管平教授发表的《岭南古典园林》一文，是对岭南古典园林系统化的研究。后摘取其中岭南古典庭园相关部分，更名为《岭南古典庭园》收录于 2013 年出版的文集《岭南园林》中。该文对岭南古典庭园的历史脉络、布局特色、造景手段、装饰做法等作了层层深入的论述分析，字里行间都透露着庭园对气候的适应，如，集中式建筑布局能够减少热辐射的同时防台风侵袭；前疏后密、南低北高的布局则能够较好地顺应主导风向；连房广厦的连接方式有利于遮阴避雨；庭园建筑结合水型处理，利用水局生成适宜的小气候，改善庭内环境质量，等等。并指出“规模均小的岭南庭园，并不拘泥于某种固定程式，而是善于将建筑和院落调整到适而宜的布局”，道出了岭南庭园的精髓。此后，刘管平教授于 2009 年广东省园林协会召开的岭南园林 60 年的研讨会上作了《岭南园林特征》的发言，主要内容包括岭南园林特征产生的依据、发展模式（皇家园林、州府园林、寺庙园林、私家园林）、岭南园林特征的表达及延续问题，对岭南园林特征作了框架性总结。认为“岭南宅园的空间和建筑结构都很注重自然通风降温”[108]“岭南园林建筑的功能与形式密切相关”，皆为岭南园林的特征表达。

1981 年，邓其生教授发表《庭园与环境保护》[106]一文，首次明确指出“庭园可改善建筑小气候环境”，论证“通过庭园的布局手法，可以达到安静、避尘、良好的通风、采光、防风、防潮的居住和工作环境”。具体从庭园布局、绿化、水体等多方面阐释了庭园对创造良好的现代建筑环境及改善建筑气候环境的作用，如，庭园式建筑布局有助于解决室内通风采光问题；绿化和水面的降温调湿作用对改善建筑气候起着很大的作用；庭园中的树木、围墙、草地和水面等均有吸滞灰尘和减弱外界噪声反射的作用等。认为当城市无法大面积开辟公园绿地水面时，个体建筑中的小面积庭园绿化和水面的累积效果，亦对调节整个城市的气候有利；在现代建筑中，室内外空间的渗透，自然环境与建筑环境的交融，能使庭园改善建筑环境气候的作用更为显著。并在文末总结了庭园建筑从古至今一直具有很强的生命力的原因，“主要是在于它的巨大功能作用，特别是在于它能创造良好的建筑环境和改善建筑小气候环境”。提出在环境污染日益严重的现状下，应充分认识庭园建筑对保护环境的重大意义，提倡发展庭园式建筑，以保障人民的健康和子孙后代的幸福。在其后续发表的对可园、余荫山房、潮阳西园等岭南名园的研究成果中，亦常针对庭园适应湿热气候的设计手法进行分析。

同年，陆元鼎教授、邓其生教授合作完成的《广东民居》[146]一文在《建筑学报》发表。主旨在于整理总结气候条件和地理环境影响下的广东民居，在气候上、地理上、技术上、艺术上积累的独特传统经验，去芜存菁，为现今借鉴参考。文中提及根据气候条件的特点，通风和防热是广东民居需解决的主要问题，而厅堂和庭院天井的处理成为解决通风隔热问题的关键。广东民居中常见的“厅堂与庭院天井相结合的方式”“既能满足功能使用上的要求，在气候问题上又做到通透凉爽”。文中划分庭院与天井的区别在于大小，庭园与庭院的区别在于有无水石花木。明确指出“庭院、天井有采光、通风、换气、排水、户外生活以及美化环境等作用，它在南方民居中也是不可缺少的重要组成内容之一”，同时强调带有水石花木的庭园布局，“既有调整微小气候的作用，又增加了空间层次，美化了环境”。可见，庭园的气候适应特征此时已逐渐向深入发掘。

随后不久，陆元鼎教授带领学生进行了粤东庭园（岭南庭园的重要分支）调查。经过对 14 个粤东庭园的调查及整理，发现“粤东庭园特点的形成，除社会、经济、文化等一般因素外，主要是气候地理条件和传统的风俗习惯、审美观念等因素起着明显的作用”。“当地人民因气候炎热喜爱户外生活，要求良好的通风条件和减少太阳辐射热”，故常在庭院中栽植花木，将庭园与院落相结合，使院落兼具通风、采光、排水以及户外生活、绿化等多功能性质，庭园和庭院绿化也因此成为当地民居中调节微气候及改善生活条件的重要内容。在此基础上，陆元鼎教授对粤东庭园的特点进行全面总结，并进一步对比分析皇家园林、江南园林及岭南庭园的特点，明确指出岭南庭园（粤中、粤东庭园）具有改善气候的功能性质、岭南庭园的建筑布局及开敞的空间处理皆具有结合本地气候的特点，以示与其他两类园林的区别。该部分研究成果记录于 1983 年《粤东庭园》[147]一文。此后，陆元鼎教授在后续对粤中古庭园的研究中，再次指出庭园结合气候条件布局的特点，强调粤中庭园布局“非常注意朝向、通风条件和防晒、降温”[109]，并总结庭园布局常见的处理手法。

该阶段研究主要围绕岭南园林的历史沿革、园林美学、园林遗构、庭园特征及空间布局等方面展开，以期总结前人经验为我所用。庭园的气候适应性特征被明确提出且逐步受到学界重视。

4.1.2.3 庭园气候适应性衍生发展

20世纪90年代开始，随着研究工作的逐步深入，岭南园林的相关研究从浅尝、摸索向多主体、多层次、多角度发展，逐渐构筑出一个纵横交织的多维研究模式，研究成果亦层出不穷。如，师承于刘管平教授的谢纯、肖毅强、冷瑞华、孟丹、陆琦、高彬等学者，先后从《广州园林建筑研究》[148]（谢纯硕士论文）、《岭南园林发展研究》[12]（肖毅强硕士论文）、《岭南建筑庭园环境水文化研究》[149]（冷瑞华硕士论文）、《岭南园林与岭南文化》[150]（孟丹硕士论文）、《岭南造园艺术研究》[151]（陆琦博士论文）、《广州园林自然要素研究》[9]（高彬博士论文）等不同视角对岭南园林进行深入研究。上述研究虽均不属于针对岭南庭园微气候特征的专门研究，但受到导师刘管平教授及各位前辈学者的影响，对岭南庭园在应对湿热气候方面的作用或多或少有所提及。

陆琦教授在总结岭南园林造园理念时，提出岭南造园体现着岭南文化的务实性特征，“注重园林的实用性、交际性，以适用出发”[57]，而岭南造园时往往结合岭南的地理气候特点，注意朝向、通风与防晒、遮阳，这正是岭南园林务实性的表现。岭南园林喜用庭园或庭院的园林布局方法，除用地限制外，受气候条件的影响是最重要的原因。并归纳岭南庭园布局的两种常用方式“前疏后密”和“连房广厦”的共同特点为“建筑南低北高，迎合夏季主导风”，有利于改善室内的微小气候。可见，作为岭南造园理念的体现，岭南园林文化内涵的表征，庭园的气候适应性特征明显已成为岭南园林研究不可或缺的重要组成部分。

在岭南庭园气候适应性的相关研究中，汤国华教授长期致力于从热环境设计方面系统研究岭南传统建筑。他于2005年出版的《岭南湿热气候与传统建筑》[111]一书，以岭南建筑的防热理论❶为基础，总结岭南传统建筑的防热经验，并扩展到对岭南自然气候适应的理论分析，成为从技术视角审视岭南庭园气候适应性的研究典范。书中将东莞可园作为典型岭南传统建筑实例进行了系统分析，阐释可园的造园者如何利用庭园水体小、建筑高的特点，创造出各种独特的防晒、通风设计手法，营造可园良好的庭园热环境。从原理分析了各种设计手法的作用成效，如，能形成夏季导风、冬季挡风作用的庭园建筑布局；

❶ 1978年，华南工学院亚热带建筑研究室出版了《建筑防热设计》一书，将防热定义为隔热、通风、遮阳、绿化；1980年出版并在1986年再版的全国统编教材《建筑物理》增加了遮阳、散热、防潮，作为防热概念的补充。至此，岭南建筑放热理论涵盖了防晒、遮阳、隔热、散热、通风、防潮、绿化七方面内容。

通过“遮”有效阻挡太阳辐射的设计手法［如图 4-5(a) 所示］；利用“风压通风”［如图 4-5(b) 所示］和“热压通风”引风入室、组织通风的各种手段；以及在窗、外廊的设计和建筑材料的选用上对通风、防热的考量等。充分证明了岭南庭园“顺应自然、改善自然”的设计原则，展示了岭南庭园设计对湿热气候的精明适应。汤国华教授对庭园热环境分析之深入在已发表的文献中已属罕见，但他的研究多关注于定性描述分析，尚未涉及定量分析。

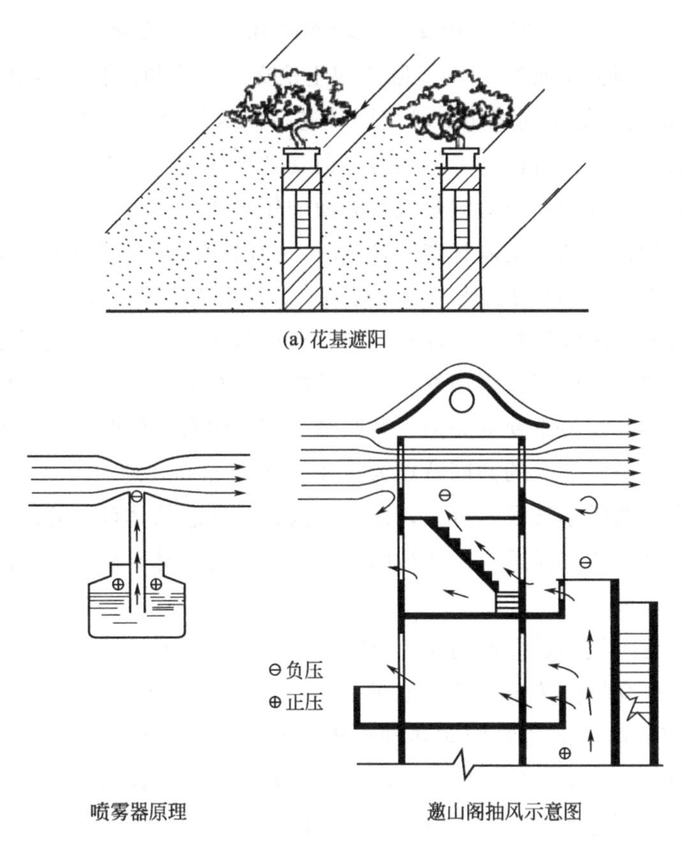

图 4-5　东莞可园防晒、通风设计手法

（图片来源：汤国华《岭南湿热气候与传统建筑》）

此外，曾志辉博士结合热环境实测对广府传统民居通风方法进行专门研究，并将传统通风经验与理论应用于现代规划及建筑设计中，探索广府传统通风技术的现代更新。东莞可园作为广府传统民居群组布局中庭院式布局模式的典型案例被重点探讨。研究表明，“庭院风场顺畅，风压通风起主导作用，植物栽种与中大规模的庭院理水可增加额外的热压动力”[77]，带来降温通风功效，证实了传统岭南庭园中蕴含着丰富的气候适应性营造经验。

该阶段学界已经深刻认识到岭南园林的传统造园思想与地域气候具有微妙的关联性，并呈现出岭南园林微气候研究的多元化发展趋势，尝试将传统营造经验加以传承利用，让传统庭园空间与现代生活相结合。

4.2　岭南庭园微气候效应的形成机理

岭南造园思想的“务实性”决定了庭园的“随意性”[107]特征，同时形成了庭园空间的多样性。庭园设计是系统性行为，通过巧妙地整合建筑和环境，实现庭园空间对气候、对场地的适应，故各种庭园空间都是由建筑实体及周边空间环境共同组成，具有不同的要素搭配、位置经营和环境衬托。庭园空间除自身功能（如会客、休憩、连接等）外，往往兼具观景、调节微气候等附加功能。庭园空间是复杂要素（建筑、景观）和复合功能的载体。建筑和景观在庭园空间中分饰不同角色，庭园建筑限定出庭园边界，围合出院落空间，形成庭园的背景环境，像容器一样承载各种景观要素；而景观要素配合建筑空间构成不同的庭园景观，形成各异的空间特色，从而使局部空间微气候产生差异。二者皆具有影响庭园的微气候的能力，但显然作用原理及影响效果皆不相同。故下文分别对庭园空间布局及景观要素配置在庭园微气候效应中的作用进行阐释。

4.2.1　庭园空间布局的微气候效应研究

庭园空间以建筑空间为主，自然景物（山、池、树、石等）从属于建筑，若建筑环境消失，园景就失去了空间界限和构图依据，虽有水石花木，亦不足成“景”[7]，可见建筑于庭园的重要作用。同时，建筑布局、空间尺度及组合方式的差异皆会对庭园微气候的形成产生影响。故探讨景观要素的微气候效应之前，先从建筑学视角简要阐释庭园整体布局及典型局部空间对庭园微气候的调节作用。

4.2.1.1　整体布局

林其标先生所著的《亚热带建筑：气候、环境、建筑》一书使国内从建筑学视角对建筑气候适应性的研究向前迈出了一大步。书中提出了湿热气候区建筑设计要求，其中明确指出：建筑群体布局要争取自然通风好的朝向，间距稍大，布局自由，注意防西晒，环境要绿化；建筑平面要注意外部较开敞，亦有设内天井，注意庭园布置等[63]。可见，国内学术界在对气候适应性的研究之初，便已经关注到庭园布局对微气候调节的重要性。

对于传统岭南庭园来说，室内空间是人们起居的场所，室外空间是人们活动的场所，室内外环境皆与生活息息相关。岭南庭园通过其独到的布局方式有效地发挥通风和遮阳作用，成为调节庭园室内外环境的重要手段。

20世纪80年代初邓其生先生就提出“当建筑用地拥挤，建筑朝向受限时，采用庭园式建筑布局可以帮助解决室内通风采光问题”[106]的观点。岭南庭园中建筑多呈现南低北高之势，这与我国传统民居布局模式原理相似，南向建筑低，成为夏季迎风入室的有利条件，开阔的庭园环境会使风压通风作用更明显；而北向建筑高，不仅有利于防止冬季风的侵袭，同时对夏季遮挡下午西偏北太阳直射有一定作用。庭园中的绿化和水体不停地蒸腾吸热，使得庭园空气温度始终保持较低，随着屋面受热，室内热空气上升，形成热压，庭园的凉空气随之从靠近庭园的门窗进入室内，将室内的热空气从远离庭园的门窗排出，自然形成庭园风（图4-6），构成空气对流换热，改善了通风环境[111]。可见，风压和热压的共同结果形成了庭园的自然通风效果。在调节庭园室内外热环境的过程中，庭园自身主要作为与建筑物辐射换热和对流换热的冷源存在。

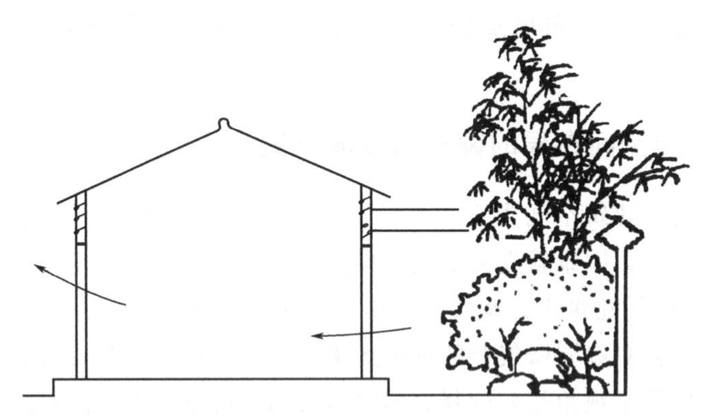

图4-6　庭园风

（图片来源：汤国华《岭南湿热气候与传统建筑》）

前疏后密式和连房广厦式是最常见的两种典型岭南庭园布局方式，它们不仅带来空间上的灵活多变，满足功能上的实用便捷，同时能够使庭园的微气候调节作用得到优化。

(1) 前疏后密式

又称前庭后院式布局，通常将庭园与宅居功能分开。园置于前，开阔疏朗；宅放于后，集中私密，二者相对独立，各自成区，布局特点适应于功能需要，形成前疏后密、南低北高的布局特色，庭与庭之间多呈现串列式结构关系。该种布局方式对庭园通风非常有利，前面开阔的庭园，为夏季风提供了良好的通风廊道，有些庭园还在该区设置大面积水面（如顺德清晖园），减小风阻，使入园的风畅通无阻，不断吹向后宅，经过后宅区的巷道、天井等小尺度空间的加速，使风压通风作用明显，加之室内外温差形成的热压通风作用，共同组织形成庭园良好的自然通风环境；而后宅由于布局密集，形成相互遮挡，多数建筑墙体、天井巷道等长时间处于阴影区，减小了太阳辐射的影响，保证了舒爽的居住环境。顺德清晖园便是最具代表性的前疏后密式布局。

(2) 连房广厦式

又称建筑绕庭式布局，该种围合布局使庭园与宅居功能结合紧密。以庭为中心，主体建筑多成组环庭园四周布置，以廊连接，围合形成“连房广厦”之势，巧妙地在有限面积内容纳较多的建筑，平面布局紧凑，空间却又不显局促拥挤，占地面积较小的岭南庭园十分适用。“连房广厦”的布置方式，往往形成曲折回环的庭园空间，但主体建筑仍多按南北向布置，庭与庭之间多呈现错列式结构关系，虽占地不多，却能形成灵活空间格局和丰富空间层次。该种布局方式亦遵循建筑南低北高的布局原则，主体建筑多退于庭园后部，于夏季风向上围合出较开阔的庭院，获得良好的通风条件；同时集中式布局使建筑外墙减少，有助于减少辐射热的获得；曲折的空间关系能使建筑之间形成相互遮挡，起到遮阳作用；回环的连廊既起到连接作用，又起到空间分隔作用，即使暴雨、日晒亦能通达至庭园各个空间，较好地应对了岭南的湿热气候。东莞可园就是典型的连房广厦式布局方式。

4.2.1.2 气候空间

“气候空间”是指在建筑空间系统中具有调节建筑气候作用的空间[80]。多年来致力于岭南建筑气候设计研究的肖毅强教授受到传统建筑空间启发，结合当前建筑“气候设计”的概念，于2015年首次提出“气候空间”这一概念，并指出岭南传统建筑的气候空间包括与解决湿热地区高热高湿的气候特征相对应的冷巷、院子、天井、凉棚、骑楼、外廊、阳台等。

对于湿热气候地区来说，气候设计的核心问题是最大限度地利用自然能来冷却降温，减少夏季太阳辐射得热，争取自然通风，改善热环境。美国景观设计师奇普·沙利文经研究指出，四面由走廊围合的院落能最有效地改善气候，同时结合被动式设计（如走廊）能为庭院创造良好的热环境、宜人的室外活动空间。可见，除了良好的庭园布局外，配合适当的局部空间处理，使其发挥气候空间效用，二者协同作用，更有利于舒适环境的营造。故在探讨庭园整体布局的基础上，对一些常见的庭园气候空间处理手法的微气候效应原理进行阐述。

炎热的夏季，若室外气温高于室内，来流风向风压通风的同时会把热风带入，反而使室内热环境变得更加恶劣，所以岭南传统民居设计中常结合遮阳防晒形成一些巧妙的热压通风机制，引凉风入室。庭院、天井、冷巷作为岭南建筑中常见的气候空间，在热压通风机制中常起到至关重要的作用。

庭院是传统民居中重要的组成部分，由房屋或墙垣围合而成，多为辅助室内居住功能。天井（院）是庭院的一种变形，主要区别在于天井的空间尺度小而深，多数时候人并不进入，无实际使用功能。庭院和天井皆是辅助居室通风的重要空间，二者配合应用反映出适应当地气候条件的特点。常见方法将庭院置于屋前、天井置于屋后，形成热压通风（图 4-7），由于天井面积较小，四周建筑或墙垣的遮挡，使天井底部长期处于阴影中，白天基本不受太阳短波辐射影响，空气温度较低，形成通风系统中的冷源；而庭院尺度相对较大，开阔的庭院受太阳辐射影响较大，即使配合种植绿化、设置水体，降温作用也不如不受太阳辐射影响的后天井显著，形成热源。由于庭院和天井之间温度差形成的热压力差带动空气流动，前院热空气受热上升，起到排风作用，室内空气随之从前院流出，带动后天井冷空气进入补充室内空气，后天井起到了吸风作用。夜间，由于庭院和天井上部开口大小差异，庭院降温快，天井降温慢，空

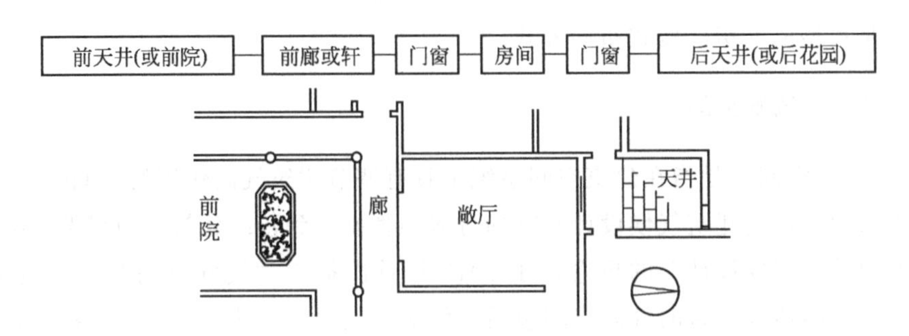

图 4-7 东莞可园可轩前院后天井模式平面示意

（图片来源：汤国华《岭南湿热气候与传统建筑》）

气流动方向与白天相反。传统中东式设计中亦有类似做法（图 4-8），在房屋中设置两种庭园，一个有深度且遮阴的凉爽庭园，另一个尺度大的温暖庭园，因为不同的气压导致气流由冷的传导到热的地方，形成自然通风效果，并常将冷却水箱放置在通路上增加微风冷却作用[29]，该做法与岭南传统建筑中庭院与天井的组合作用如出一辙。

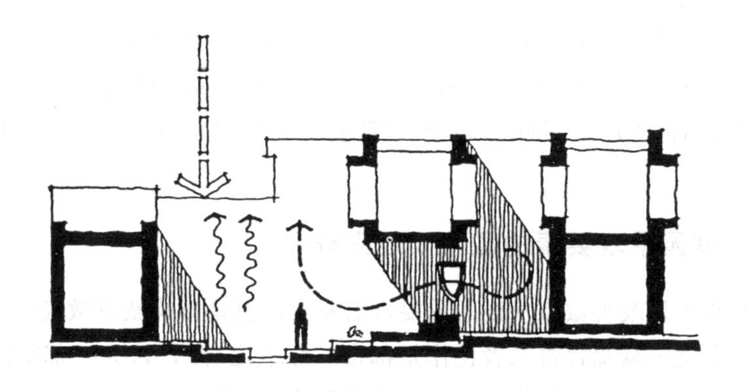

图 4-8　传统中东式设计中的自然通风

（图片来源：Michael Hough《都市和自然作用》）

此外，在屋后设置冷巷也是岭南传统民居中常用的气候调节手段，其作用效果与天井类似，亦常置于屋后与屋前庭院配合组织自然通风（图 4-9），如余荫山房卧瓢庐的前院后巷模式。如是可见，巧妙地调整空间尺度及组合方式，能达到改善室内外热环境的效果。

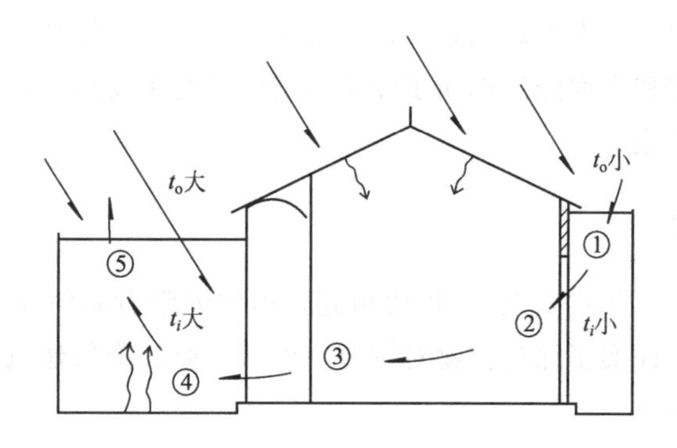

图 4-9　岭南传统建筑前院后天井/冷巷夏季白天热压通风

（图片来源：汤国华《岭南湿热气候与传统建筑》）

已有研究表明，当传统岭南民居中天井面阔固定为院落经典尺度 4m 时，天井进深为 3m 和 4m 时各个重要活动空间（敞厅、冷巷、前廊）的热舒适性最好，天井进深增大会使冷巷和前廊的空气温度和平均辐射温度升高，虽然能使风环境有一定改善，但综合来看，热舒适效果不及小尺度天井[152]。可见，天井的尺度一旦过大，成为普通的庭院，建筑自身对空间微气候调节作用随之减弱，甚至失效，此时需要配置绿化、水体等自然景观要素，借助景观要素的遮阳、降温（蒸腾、蒸发）等作用，辅助改善室内外热环境，即发挥庭园景观要素的微气候效应。也正因为庭园空间附有一定的观赏效能，而与单纯为采光、通风设置的天井不同，必须在满足一定的使用要求的基础上，巧于造景[153]。

4.2.2 庭园景观要素的微气候效应研究

植物和水是改善城市气候的重要自然要素，也是影响城市微气候保持均衡的主因。麦克·豪福曾将二者比作是都市“绿色之肺”，认为“都市的庭院和花园中的植物和水景，提供冷气空调效果和适意性”[29]。

植物和水的合理利用能成为调节庭园微气候的有效措施。邓其生先生早在20世纪80年代就意识到庭园对环境保护的重要性，指出绿化和水面是具有调节气候的效能的庭园要素，对改善建筑气候起着很大的作用。美国学者奇普·沙利文提出在庭园中常“将被动式景观元素融入环境中”[2]，来减少对人工空调的依赖，满足节能的需要。而其中提及的“被动式景观元素”包括有：靠近水面设置的开放式座椅（类似岭南庭园中的美人靠）、能在夏季创造凉爽空间的林荫小径、将植物和建筑构件结合提供荫凉的步道凉棚和廊架等。这些创造了庭园舒适气候的实用性景观元素，往往都离不开与水、植被等自然景观要素的紧密结合。植被和水面降温都属于建筑环境降温的重要组成内容，是调整室外微气候的有效措施。

4.2.2.1 植物

从20世纪70年代末至80年代初起，国内外学者就纷纷开始了对绿化环境效应的研究，证实了绿色植物对调节室外微气候、降低建筑能耗和减少空调负荷具有重大意义[87]。

（1）基本原理

降温是植被调节微气候的功效中最显著的作用。树下温度相对较低主要由于植被能有效控制太阳辐射、形成阴影所致，即树木对周围热环境的影响主要是通过遮阳实现的。植被的树冠层可吸收大量的太阳短波辐射，据统计，森林一年可以吸收90%的阳光，因而避免了树下水平面接收太阳的短波辐射而导致地表附近产生显热，降低了地表气温，温度相对较低的地面向环境中释放较少的长波辐射热，这一部分热大于树冠转换到空中去的显热，由于树冠具有多层结构，所以树下维持一个比周边气温稍低的温度。加州的戴维斯市（Daivs）研究显示，该市气温达38℃时，社区中有树荫的小巷比没树荫的小巷温度低约6℃[29]。此外，植物的蒸腾作用也有助于控温调湿。费德尔经过研究发现，一棵大树每日蒸腾450L水量，相等蒸发作用中23×10^4kcal能量，如果将植物蒸腾作用的效果与冷气空调效果比较，那么450L的植物蒸腾掉的水量相当于约5部冷气空调机器（每部每小时2500kW），每天运作19h，同时也避免了因空调冷却系统而产生不必要的废物、浪费电力[29]。

已有研究证实，不同绿化形式中（树、草、灌木），通常树木改善室外热环境的效果最好[89]。杨士弘[154]对广州市绿化树木进行研究，发现小片绿化树木能减弱太阳总辐射88%～94%，只有6%～12%通过树冠到达树下；林波荣[89]通过大量的模拟实验证实，树木主要通过遮阳影响周围热环境，枝叶繁茂的树冠的遮阳作用非常明显，阳光透过率不足15%；L. Shashua-Bar等[155]结合实地观测数据和绿色CTTC（the Cluster Thermal Time Constant，建筑群热时间常数）模型，研究植物对希腊雅典市区街道微气候的影响，也获得相似结论，认为植物的树冠是影响近地面空气温度的重要因素；李英汉等[156]研究深圳市居住区绿地植物冠层格局对微气候要素的影响，结果表明乔木比同等占地面积的灌木和草本的降温效果更佳。

树木的遮阳效果主要依赖于树木的规模和类型、树木覆盖的面积（郁闭度）、树冠密度、配置方式等因素。已有研究显示在树荫面积有限的地方，树对地面1m以上高度气温的影响可以忽略，而在树荫面积较大的地方，若阳光强烈，植被的降温效果可达3℃或更多，阴影造成的表面温度的降低明显取决于树叶覆盖程度[34]。在树高和树形基本近似的前提下，树冠的密度决定了树木的有效不透光度的函数，由于植物叶面密实程度及透光性不同，带来的降温效果亦不相同，通常用叶面积指数（LAI）❶ 作为一种替代测算指标，LAI大的植物具有更好的降温增湿作用，李飞[157]研究指出LAI≥3的乔木才能给微气候带来实质性的改善。刘滨谊等[100]通过对城市滨水带环境小气候实测，发现绿量与空气温度存在负相关，其中乔木绿量是减少太阳辐射最关键的影响因

❶ 叶面积指数（LAI）：又称绿量率，是指单位土地面积上植物全部叶片的1/2总面积。

素，乔木覆盖郁闭度与太阳辐射关联最强，并成负相关，乔木的空间布局会影响太阳辐射的接收量大小，提高郁闭度是减少太阳辐射度及降温增湿的有效手段。林波荣等[158]在研究不同绿化对室外热环境的影响时发现，总绿量相等的情况下，叶面积密度越平均，水平区域面积越大，则绿化对热环境的改善效果越好；叶面积指数及植物类型（如树木绿化）均相同的情况下，不同的树木配置方式依然会对室外热环境产生不同的影响；另外，树木对室外热环境的影响同时受到建筑布局、朝向等条件的影响，树冠与所遮蔽对象的位置、树的尺寸、太阳高度角和方位角决定了特定时刻和位置上的实际地面阴影（图 4-10），即有效遮阳。埃维特·埃雷尔等指出簇团或成排地利用树木，或其他因素配合（如墙壁、棚架），一起形成连续的遮蔽状态，能应对太阳高度角在一定范围内的变化，让场地获得长时间阴影，为活动者提供有利的遮蔽场所。

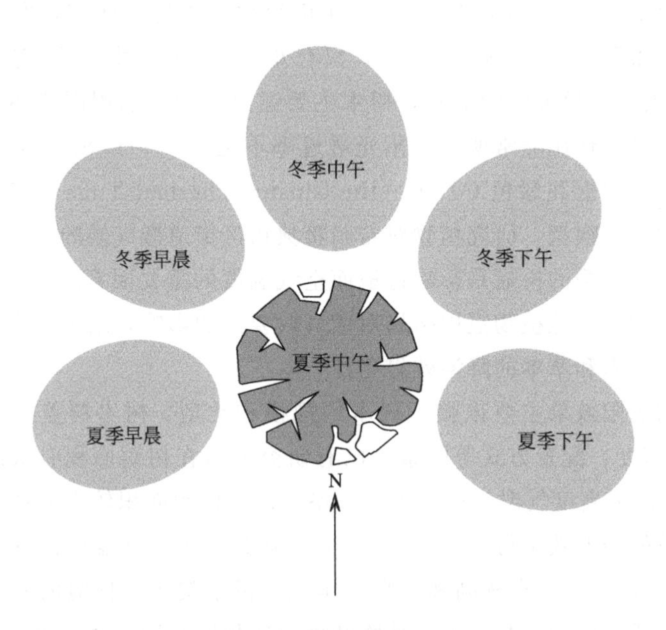

图 4-10　北半球中纬度地区树木阴影区位置平面图

（图片来源：埃维特·埃雷尔等《城市小气候》）

除了降温作用外，植物对降低建筑能耗也有一定功效，由于植物遮阳作用，减少了建筑围合结构的辐射荷载；同时，植物的遮阳和蒸腾作用，使建筑处于周围温度较低的环境中，炎热的气候条件下减少建筑能量消耗对于气候湿热的岭南地区非常有益。

（2）庭园中的植栽

《长物志》中谈及花木配置手法，曰："繁花杂木，宜以亩计。乃若庭除槛畔，必以虬枝古干，异种奇名，枝叶扶疏，位置疏密。或水边石际，横偃斜坡；或一望成林；或孤枝独秀。草木不可繁杂，随处植之，取其四时不断，皆入图画。"可见，古代造园植物的数量、面积、距离等讲求一定的规律，合理配置，有机组合，方可达良好的艺术效果。除此之外，岭南造园的务实思想使植物栽植的实用性也一向受到重视。诚如上文所述，植物除观赏价值外，还具有改善微气候、降低能耗、净化空气、隔声减噪等一系列生态效益。面对当今严峻的气候环境问题，现代园林植物应被赋予除了审美之外更多的现实意义。

早在20世纪80年代，邓其生先生[106]就提出"影响建筑气候好坏的主要因素是气温、湿度和太阳辐射热"。树木花草因具有吸热和放热、吸湿和蒸发水汽的作用，故于庭园中有调节气候的效能，炎热季节可降温2～3℃，干燥季节可增湿10%～15%。并分析了岭南庭园中经济的降温防暑的植物栽植方法：树木和围墙用来遮挡太阳直射地面，使院子处于阴影中，空气在这里冷却，再随风徐徐入室，使人顿感清凉；窗前树荫竹影能缓和太阳辐射热直接入室；西墙花架和攀墙垂直绿藤具有遮阳防晒作用。体现了庭园中植物栽植对气候的周密考量。

树木对人在庭园室外活动时舒适度的最明显的影响是树冠直接遮挡了太阳辐射，削减了天空中扩散的短波辐射和长波辐射。同时，树冠在一定程度上投影到周边表面上（水平、垂直），减少了这些表面反射的太阳辐射量及其释放出的长波辐射，从而有效地限制了人体所吸收的能量。研究表明，大型乔木在晴朗的夏季白天，树荫不仅对庭园中起到大幅降温效果，而且能够将很热的庭园环境改善成明显舒适的环境（图4-11）[159]。

在湿热气候下，"湿"和"热"同样会给人带来不适，所以园林设计在利用植物的遮阳和蒸腾作用降温的同时，需要协调考虑植物对通风的影响。虽然高密度树冠在确保树冠下表面温度维持低于周边气温的同时，会对空气流通形成一定阻碍，而周围气温和空气流动速度均能影响人体散热，是决定使用者舒适度的关键因素。已有研究表明，在不同形式的绿化中（树木、灌木和草坪），灌木对近地面气流流动的阻挡作用最大，改善室外热环境的效果最差；树木大片密植也会对通风不利，但适当的栽植方式（如参差、散植），能在遮阳的同时减少对近地面气流的阻碍[91]。

岭南庭园因园小，常以孤植、片植为主，对植、丛植为辅，而群植则较少[57]，植物种植大致遵循东南低、西北高的原则，东南低利于夏季风的引入，

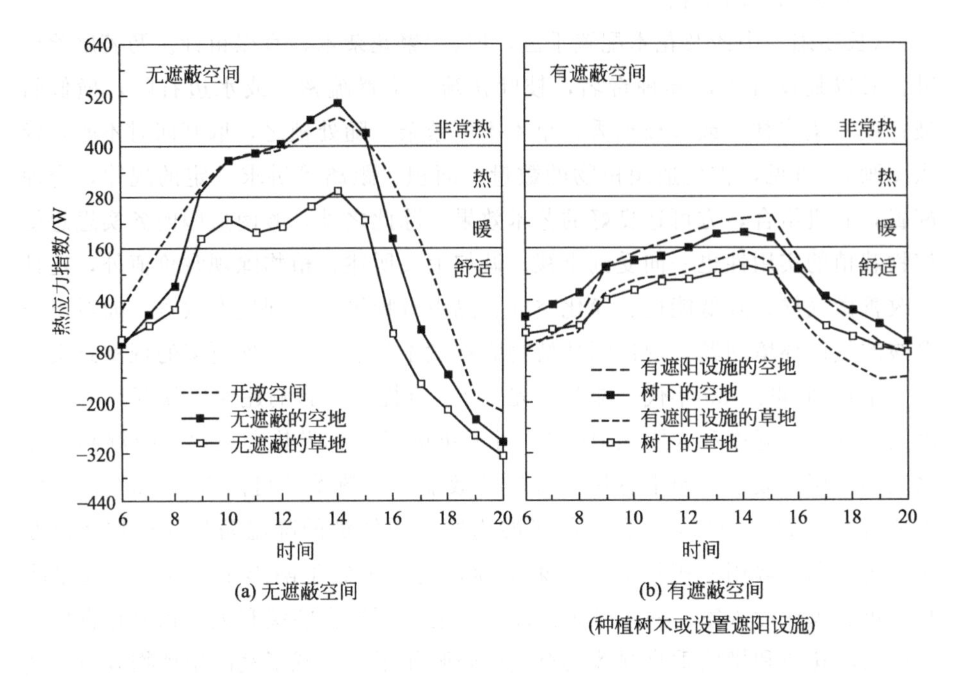

(a) 无遮蔽空间

(b) 有遮蔽空间
(种植树木或设置遮阳设施)

图 4-11　以色列炎热干燥气候下不同庭园环境热应力及热感觉对比实验

西北高利于抵御冬季风的侵袭，多选择树冠较高的大乔木作遮阳之用，尽量避免灌木栽植与建筑过近，且疏密相间、错落有致，在利用树荫为庭院遮阳的同时，又尽可能减少对建筑高度通风的影响。此外，盆景绿化、棚架绿化、巷道绿化等也常见于岭南庭园中。

植物的效应是复合的，优化的植物配置，能起到改善庭园热环境、提高庭园舒适度的功效，同时对生态环境也起到重要作用。

4.2.2.2　水体

(1) 基本原理

城市中的水体对其周边的微气候有着明显的调节作用，主要体现在对温度、湿度及风速三个方面。首先，水面反射率比陆面高，接受太阳辐射量比陆面少，使之具有降温效应；其次，水体的比热容比土壤大，增减温度变化比陆地慢，能减小周边气温的波动，故水体白天有降温作用，夜间有升温作用；最后，水面与陆面粗糙度的差异及热力差异会引起空气流动，形成水陆风，水面上平均风速较大，水面蒸发散热比陆面大，可以借由微风吹向陆地的通风方式来降低陆地的温度。也正因为水面和陆地的蒸发和温度不同，使得水陆空气湿度有所差异。麦克·豪福曾将水称作"第一自然冷气机"[29]直观地反映了水的微气候效应。对湿热地区来说，水体的蒸发降温作用十分重要，但同时也要尽量避免湿度增加。

已有众多实际观测和数值模拟研究表明：水面对改善城市的温、湿度及局部形成水陆风都有明显作用，对缓解城市热岛、提升城市宜居度有显著作用。陈宏、李保峰等[160]利用城市气候数值模拟方法分析了武汉市40余年（1965—2008年）城市水体变化对于城市气候的影响。结果表明，随水体面积减少约30%，城市温升明显，夏季主导风向下风向升温趋势尤为显著；大型水体附近日间气温低于城市内部，最大温差约5℃，具有明显的城市气候调节作用。傅抱璞[161]针对不同自然条件下的水域进行研究，发现在炎热的夏季水体附近温度比陆地温度低0.5～4℃。H. Saaroni等[162]研究表明，城市公园内大面积水体对下风向区域最大降温可达1.6℃，最大增湿6%，但小面积的水体对气温调节作用不明显。徐竟成团队[163]和贺启滨团队[164]均使用标准有效温度（SET*）作为评价指标，分别针对城市滨水区域和城市CBD水景周边的热环境舒适度进行研究，结果表明，水体表面蒸发引起的降温、增湿有利于稳定和降低SET*，改善室外微环境的热舒适状况。

水体面积、深度、形状、布局及水面遮阳情况等因素都会对水体的微气候效应产生影响。众多对城市水体微气候效应的研究，证实水体面积是影响其小气候效应的重要因素，水体面积越大对环境影响越大；水体周边的建筑物布局可能改变空气流动状态，从而影响水体小气候效应；水绿复合生态系统更能发挥水体的小气候效应[165-167]。此外，张磊等[168]建立了室外热环境研究中水体温度的动态热平衡模型，并对影响水面温度变化的因素进行分析，结果显示在强烈太阳辐射下，有无遮阳的水面温度可以相差2℃；水体深度增加和水面尺寸增大都会引起水体表面温度降低，其中水体深度超过2m后，降幅明显减小，超过4m后，水面温度变化不大，综合考虑水景深度在1.5～2m较为理想。轩春怡[169]对城市水体局部变化对大气环境的影响效应做了较为深入的研究，通过对不同城市水体布局方案对局地气象环境的影响进行模拟，发现分散型布局比集中型布局对城市区域微气象环境的影响更为显著。夏季，当水体面积占有率由4%增至12%时，其影响率较明显（日均降温0.1～0.2℃，增湿2%～3%），之后水体面积再增加对气象环境的改善程度不明显。可见，水面积越大，并不代表水体微气候效应发挥越好，需寻求一个平衡点，在经济、节约的原则下，让水体的微气候效应得到更高效发挥。王可睿[170]对小区内静态水体的布置方式和尺寸等要素进行优化模拟，综合考虑水体区域气温、近水区域的气温及下风向影响范围等因素，提出方形水体（长宽比接近1∶1）是最适宜的景观水体形状，并指出水景应与良好的遮阳和通风设计相结合。

（2）庭园中的理水

《长物志》有言：“石令人古，水令人远，园林水石，最不可无”。曾有学者形象地将水比作园林之血脉，来彰显水对园林的重要性。水也是园林中最能增添人与自然亲近感、使人心理平静的景观要素。对于用地有限的小尺度岭南庭园来说，叠石筑山容易使空间形成拥塞，而凿池引水却能在保证庭园开阔通透的情况下，有效地起到分隔、组织空间的作用，从而灵活庭园格局、丰富空间层次、扩大视觉空间，使庭园更富自然气息，人更觉清空平远，故利用水庭成为岭南庭园中典型的造园手法之一，建筑临水、庭院凿池的形式常见于园中。

岭南庭园独特的理水形制是文化审美、自然环境、生活需求等多种因素共同作用的结果，充分体现着岭南人民的精明智慧。岭南庭园理水多为规则的几何形制，方塘、方池之称于文献中屡见不鲜，且常以直立驳石为岸。其原因除了受到古越文化、外来文化及传统风水理论的影响外，亦是遵循岭南湿热气候特点的表现，几何形直立驳石池岸，既可节省占地，与建筑空间更好地结合，又能预防遇暴雨侵袭时雨水在园中淤积，从而避免造成园中水土流失、泥泞难行以及蚊蝇滋生。当然，水在庭园中的作用远不止观赏而已，而是被赋予更多务实的意义。

1981年邓其生先生在《庭园与环境保护》一文中明确指出“庭园中的水景除了艺术观赏、扩大建筑空间和生产作用外，降温调湿亦起明显效果”[106]，并简明阐释了水在庭园中的气候调节作用，“因水有储热性能，当气温高时能吸热，当气温低时能放热；当水面受阳光照射时水汽蒸发也能吸热，且水面有引风作用，所以临水筑榭和引水入室均是夏天避暑的庭园处理手法”[106]。庭园中的水体除降温调湿外，亦有利于庭园风的形成，生成室内外适宜的小气候。另外，在湿热地区设计降温、蓄洪的水体时，需同时考虑主体建筑与水体保持适当距离，避免蒸发加剧造成湿度过大[91]，影响庭园环境的舒适度状况。

4.2.3 小结

庭园设计是建筑和环境的系统性整合，二者共同营造舒适的庭园环境。通过对已有研究梳理，剖析建筑布局及景观要素在庭园微气候中的作用原理，得出如下主要结论：

（1）在庭园空间布局方面

灵活多变的岭南庭园布局，是其地域性庭园特征的表达，也是其务实性造园思想的体现，南低北高、前疏后密、连房广厦等岭南独特的布局方式，能有效地发挥对庭园室内外空间通风和遮阳的作用。同时，通过庭院、天井、冷巷等气候空间的适当配合，共同实现优化调节庭园微气候的目标，成为改善庭园室内外热环境的重要手段。

重点指出天井的尺度一旦过大，对空间微气候调节作用随之消减。此时，适当地配置绿化、水体等自然景观要素，借助景观要素的遮阳、降温等作用，能达到改善室内外热环境的效果，即发挥庭园景观要素的微气候效应。

(2) 在庭园景观要素方面

降温是植被调节微气候的功效中最显著的作用，而在不同绿化形式中（树、草、灌木），通常由于树木的遮阳作用而使其调节效果最佳。树木的遮阳效果主要依赖于树木的规模和类型、树木覆盖的面积（郁闭度）、树冠密度、配置方式等因素。植物调节气候的效能是复合的，庭园设计在利用植物的遮阳和蒸腾作用降温的同时，需要协调考虑植物对通风的影响，优化植物配置，才能起到改善庭园热环境、提高庭园舒适度的功效。

水体在岭南庭园中的运用，能在保证庭园开阔通透的情况下，有效地起到分隔、组织空间的作用，从而灵活庭园格局、丰富空间层次。同时，水体也能通过降温、调湿，促进庭园风形成，来帮助营造室内外适宜的小气候。水体的微气候效应受水体面积、深度、形状、布局及水面遮阳情况等因素的影响。水体调节气候的效能同样是复合的，在湿热地区利用水体降温的同时，应尽量避免造成湿度过大，影响庭园环境的舒适度状况。

4.3 庭园气候适应性特征的实测验证

通过上述史料文献的整理，基本阐明了岭南庭园气候适应性特征的形成及其在学界被认识研究的过程。可知在用地局限的情况下，岭南庭园通过合理的空间组织布局，仍能获得较为舒适的使用空间，同时调节空间微气候，营造适宜岭南地域的空间环境。在此基础上，本节通过现场实测的方法对代表性传统岭南庭园余荫山房的微气候特征进行研究，结合定性与定量分析，再次验证并深入理解岭南庭园的气候适应性特征。

4.3.1 庭园测点分布

测试对象为余荫山房老园区，主要由并列布局的方池水庭和八角水庭共同构成，两水庭虽水体面积相近，但植被数量差异较大，景观配置特色鲜明。共设置 12 个观测点，方池水庭 4 个，八角水庭 7 个，老园区外祠堂空地设置对照测点 1 个。测点位置分布及测点环境一览见图 4-12，测点概况介绍见表 4-1（其中第 12 个测点是选在园外空旷处的参考点，无法在图中标出）。

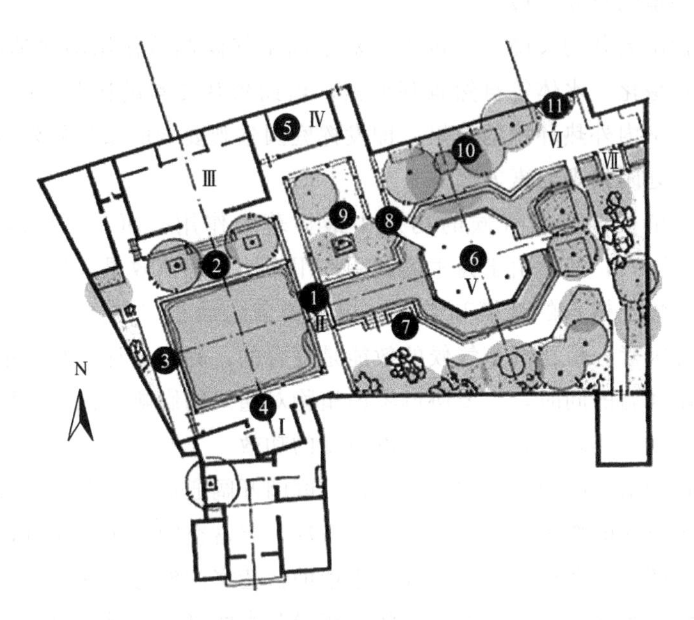

图 4-12 余荫山房测点布置图

Ⅰ—临池别馆；Ⅱ—浣红跨绿桥；Ⅲ—深柳堂；Ⅳ—卧瓢庐；
Ⅴ—玲珑水榭；Ⅵ—来熏亭；Ⅶ—孔雀亭；

表 4-1 余荫山房测点概况介绍

测点编号	位置	临水情况	遮蔽情况	下垫面
1	浣红跨绿桥上	水上	桥亭	石板
2	深柳堂前廊花架下	临水	花架	地砖
3	方池西园墙边	临水	少树荫、园墙	地砖
4	临池别馆前廊	临水	前廊	地砖
5	卧瓢庐内	不临水	建筑室内	地砖
6	玲珑水榭内	水上	建筑室内	地砖
7	假山旁	临水	少树荫、假山	地砖
8	连廊下	临水	连廊	地砖
9	卧瓢庐前院空地	不临水	少树荫	地砖
10	玲珑水榭北	不临水	多树荫	地砖
11	半亭内	不临水	少树荫、亭	地砖
12	祠堂前	不临水	无遮蔽	硬地

4.3.2　空气温湿度分析

整体对比余荫山房庭园内外空气温湿度差异。由表 4-2 和表 4-3 可以看出，测试时段内（8：00～17：00）园内各测点空气温度基本均低于园外，相对湿度大多时候高于园外，园内外温度差和湿度差均与空气温度呈正相关。庭园布局环境对日间微气候起到了一定的降温增湿作用，庭园降温增湿作用在 10：00～15：00 时段较为明显，该时段园内大部分测点空气温度低于园外 2～3℃，最大温差约 3.7℃，相对湿度最大差异 12.3%左右。可见，庭园对热环境的调节作用不可小觑。另外，极个别时段气温略高于园外的测点（表 4-2 正值部分），均属于方池水庭，大致可推断方池水庭整体热环境比八角水庭略差。可见，不同的空间布局及景观配置会导致室外热环境产生差异。

表 4-2　余荫山房园内各测点逐时空气温度与园外对照测点的差值　单位：℃

编号	1	2	3	4	5	6	7	8	9	10	11
8:00	-0.1	0.0	0.2	-0.2	-0.4	-0.5	-0.4	-0.6	-0.4	-0.5	-0.7
9:00	-0.7	-1.0	0.3	-1.1	-1.1	-1.4	-0.4	-1.3	-0.7	-1.0	-1.2
10:00	-1.7	-1.9	-0.3	-2.4	-2.5	-2.9	-1.1	-2.2	-1.2	-2.3	-1.9
11:00	-2.0	-2.3	-0.7	-2.1	-2.1	-2.6	-1.7	-2.3	-1.3	-1.8	-2.2
12:00	-2.3	-2.4	-1.8	-2.8	-2.6	-2.5	-2.1	-2.3	-1.4	-1.8	-2.4
13:00	-2.1	-2.2	-2.0	-2.2	-2.3	-1.5	-1.6	-1.8	-0.7	-0.7	-1.8
14:00	-2.2	-2.9	-2.6	-2.5	-3.2	-1.9	-1.5	-2.4	-0.1	-1.5	-2.6
15:00	-0.9	-3.4	-3.4	-0.7	-3.7	-1.8	-1.8	-2.5	0.1	-2.1	-3.1
16:00	0.8	-2.2	-2.5	0.7	-2.6	-0.4	-0.4	-1.5	-1.7	-0.3	-1.8
17:00	0.0	-1.3	-1.5	0.1	-1.2	-0.4	-0.5	-0.9	-0.9	-0.4	-1.2

注：负值代表庭园内测点空气温度低于园外，正值相反，颜色越深表示园内外温差越大。

表 4-3　余荫山房园内各测点逐时相对湿度与园外对照测点的差值　单位：%

编号	1	2	3	4	5	6	7	8	9	10	11
8:00	2.1	1.0	0.2	1.2	3.4	4.9	3.5	3.8	2.5	4.6	4.8
9:00	4.8	4.6	0.4	6.7	7.3	8.5	4.1	6.4	3.8	8.3	9.2
10:00	6.8	8.1	3.7	9.8	12.3	12.2	5.7	7.8	4.9	11.0	10.2
11:00	8.3	11.0	3.8	9.5	10.8	11.0	7.0	7.9	4.3	10.1	11.0
12:00	7.3	7.9	6.8	9.3	11.0	9.6	8.5	5.2	4.1	8.4	7.7
13:00	4.0	4.1	7.7	7.3	8.0	5.5	5.6	0.6	0.6	4.0	4.1
14:00	8.8	9.6	8.1	9.7	10.4	6.3	3.7	6.6	-0.9	6.6	10.1
15:00	3.8	7.7	8.5	0.5	12.2	6.9	6.0	5.0	-9.4	6.2	9.5
16:00	-2.4	5.6	7.9	-3.4	5.6	-0.2	-1.2	2.0	0.0	1.6	5.7
17:00	-0.6	2.7	5.0	-0.3	2.6	-0.4	2.1	0.3	-0.3	0.8	2.9

注：正值代表庭园内测点相对湿度高于园外，负值相反，颜色越深表示相对湿度差异越大。

分别对方池水庭和八角水庭室外测点近地面空气温湿度分布及变化情况进行分析。如图 4-13(a) 所示，测试时段内（8：00～17：00）方池水庭内方池东岸（测点 1)、南岸（测点 3）空气温湿度变化较剧烈，日间温差接近 7℃；北岸（测点 2)、西岸（测点 3）空气温湿度变化较和缓，温差不超过 4℃，这种差异主要与各测点被遮挡情况不同有关。其中，坐北朝南的深柳堂前廊花架下测点 2 由于有人工遮阳及植被遮挡，受太阳辐射影响小，空气温度持续较低。位于浣红跨绿桥廊桥上的测点 1 和临池别馆前廊的测点 4，虽亦有人工遮阳，但由于其所在的方池水庭植被较少、相对空旷，且遮阳面积受廊宽限制，随太阳方位角和太阳高度角的变化，15：00～17：00 时段内测点 1、4 受到不同程度太阳西晒的影响❶，该时段内空气温度变化幅度较大；西边园墙边的测点 3 上午时段内一直被太阳直射，空气温度在方池水庭室外测点中持续最高，随太阳方位角和太阳高度角的变化，西侧园墙的遮挡作用逐渐明显，下午时段该点空气温度迅速降低且变化平缓。综上可知，由于各测点自身方位不同，且所处环境下能发挥遮阳作用的景观要素的形式及尺度不同，综合影响了空间的遮阳效果。因此，虽同为水边测点，空气温湿度水平范围及变化趋势皆大不相同。

如图 4-13(b) 所示，相对方池水庭来说，八角水庭室外测点温湿度水平较为将近。其中，有水平式人工遮阳的连廊下测点 8、亭下测点 11，有类似垂直式遮阳的假山旁测点 7，测试时段内空气温湿度变化趋势相近且变化缓慢，是否临水对测点空气温度影响差异不大；同样在树下的测点 9 和测点 10，由于树种叶面积指数及郁闭度不同，测点受太阳辐射影响差异较大，测点 10 空气温湿度变化较小，测点 9 日间空气温湿度波动较剧烈，空气温度大部分时候处于园中最高，二者温差最大达 2.2℃。综上可知，太阳辐射是影响空气温度变化的主要因素，对于这种小尺度庭园空间热环境来说，植被及廊、亭等景观要素的遮阳效果是园内空气温度分布状况的先决条件，与水的距离远近对降温作用并不十分明显。

进而分别对园内有建筑遮阳且开敞度较大的室内空间及半室外空间测点空气温湿度进行对比分析（图 4-14)。整体来看，室内测点之间温湿度差异及半室外测点之间温湿度差异均在下午时段较为明显。室内测点空气温湿度逐时变化曲线如图 4-14(a) 所示，卧瓢庐（测点 5）与玲珑水榭（测点 6）虽同属八

---

❶ 由广州太阳轨迹图得知，广州 8 月份，下午 15：00 太阳处于正西方位，此后开始由西向北偏移，同时太阳高度角由 55°开始逐渐减小。

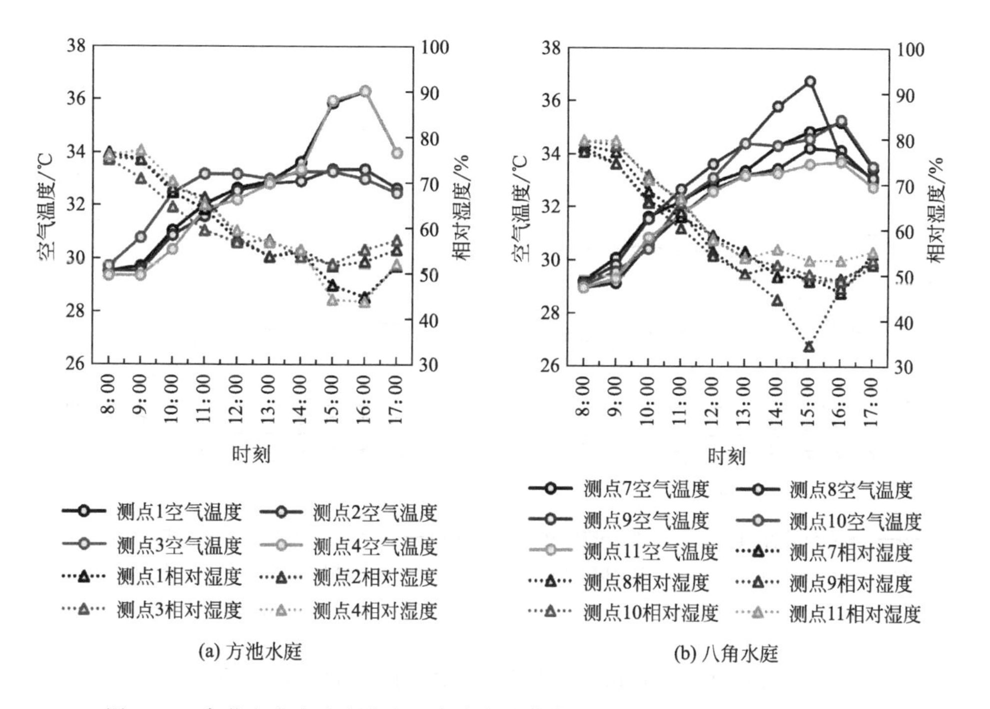

(a) 方池水庭　　(b) 八角水庭

图 4-13　余荫山房方池水庭和八角水庭室外各测点空气温湿度逐时变化曲线

角水庭范围，但二者建筑形式、空间尺度、位置布局及周边景观配置皆有很大不同，导致二者室内空气温湿度有所差异，最大温差超过2℃。卧瓢庐坐北朝南，面朝庭园，背靠冷巷，西接深柳堂且退于堂后，进深约4.2m，尺度较小，受太阳辐射影响较小，温度变化不大，尤其在下午时段深柳堂及廊桥均为其起到了遮挡西晒的作用，使庐内温度较低。玲珑水榭位于八角水庭中，虽四周环水且植被较多，但由于景观视线所限，西边较开阔无植被或建筑遮挡，故下午时段空气温度升高较快。另外，由于水榭体量相对较大（进深约8.4m），接收太阳辐射量较多，受太阳辐射影响较大，加之水榭八面通透，来流风向的热空气流入亦较多，故相比之下，温度略高。半室外测点空气温湿度逐时变化曲线如图4-14(b)所示，位于横贯庭园南北的廊桥桥亭内的测点1，东西皆无遮挡，视线开阔，是园中观景的最佳位置，桥亭顶宽约3.6m，如上述分析，由于遮阳面积受限制，下午时段内受到太阳西晒的影响较大，温度升高较快；而位于半亭内的测点11，西南向有密集高大乔木遮挡，故下午时段温度升高幅度不大且比桥亭低，最大温差超过2.5℃。综上可知，当测点在建筑遮阳环境类似的情况下，景观要素配置及布局是决定热环境状况的关键所在。

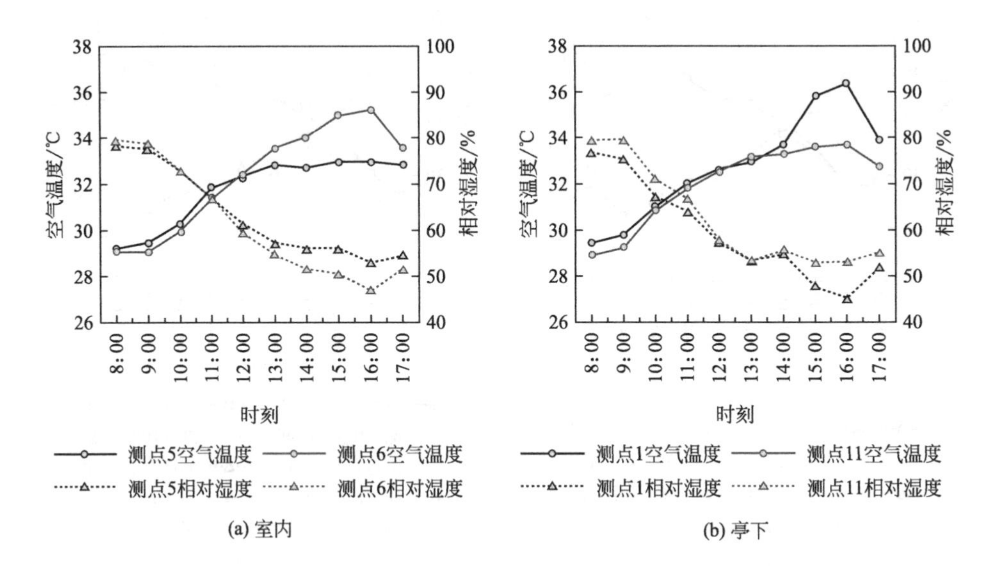

(a) 室内　　(b) 亭下

图 4-14　余荫山房开敞度较大的室内空间和半室外空间各测点空气温湿度逐时变化曲线

4.3.3　自然通风分析

表 4-4 为余荫山房各测点逐时风速，表中颜色越深代表风速越大。虽然园外参考点位于庭园下风向，但仍可以明显看出，庭园内各测点逐时风速基本均低于园外，可见，庭园对来流风有一定减速作用。园内各测点平均风速均在 0.5m/s 范围内，最大风速在 1m/s 以下，在风级划分中属于 0 级（无风，风速 0～0.2m/s）和 1 级（软风，风速 0.3～1.5m/s），即人体无明显“吹风感”。其中，庭园室内平均风速 0.2m/s 左右，最大风速不超过 0.4m/s，同一时刻庭园室外最大风速为室内风速的 2～4 倍，室外测点中八角水庭风速略大于方池水庭。风速随气温升高有略微增大的趋势。园内整体风速偏小主要是由于园墙与建筑围合式布局所形成的挡风作用，在古代岭南庭园首层建筑室内功能多为接待宾客、吟诗作画、品茗休憩之所，稳定的微风环境更适合室内功能活动的展开，适合人在室内长期逗留。余荫山房庭园整体布局较好地控制了园中室外空气流动速度，保证了庭园室内稳定的微风环境。

表 4-4　余荫山房各测点 1.5m 高处逐时风速　　单位：m/s

编号	1	2	3	4	5	6	7	8	9	10	11	园外
8:00	0.2	0.1	0.6	0.3	0.1	0.1	0.3	0.1	0.2	0.1	0.1	0.5
9:00	0.2	0.2	0.3	0.2	0.2	0.1	0.3	0.3	0.3	0.1	0.2	0.6
10:00	0.7	0.3	0.5	0.2	0.2	0.2	0.4	0.4	0.9	0.2	0.3	0.7
11:00	0.5	0.4	0.5	0.3	0.2	0.2	0.3	0.8	0.4	0.2	0.5	0.7
12:00	0.5	0.4	0.4	0.2	0.2	0.2	0.2	0.4	0.3	0.3	0.5	0.8
13:00	0.5	0.4	0.4	0.3	0.3	0.1	0.3	0.4	0.4	0.5	0.5	1.1
14:00	0.4	0.4	0.4	0.2	0.3	0.1	0.7	0.5	0.8	0.4	0.3	1.0
15:00	0.4	0.5	0.3	0.2	0.2	0.2	0.3	0.3	0.5	0.4	0.4	0.8
16:00	0.7	0.5	0.2	0.2	0.4	0.1	0.5	0.5	0.4	0.4	0.7	1.0
17:00	0.5	0.3	0.3	0.1	0.4	0.1	0.4	0.3	0.6	0.3	0.4	0.9

注：1. （黑色实线框）为方池水庭室外；（灰色实线框）为八角水庭室外；（虚线框）为室内。

2. 颜色越深代表风速越大。

分别对方池水庭和八角水庭室外测点近地面空气流动情况进行分析。如图 4-15(a) 所示，测试时段内方池水庭测点 1 风速基本保持最大，测点 2、3 次之，测点 4 风速最小。测点 1 风速偏大的原因，与其所处位置及周边环境有关。测点 1 处于方池水庭和八角水庭交界处的浣红跨绿桥上，虽然来流风在穿过八角水庭的过程中，受地面粗糙度及水榭分流作用影响，风速有一定量减小，但由于两庭景观要素的分布不同，形成了一定的温度差，温差引起的热压差促使小环境空气流动，使该点风速较其他测点偏大，环境较为舒适，成为游人乐于休憩观景的空间。园主恰巧在这里设置了美人靠，现在看来不管从景观角度还是功能角度，都极为适合。相比方池水庭，八角水庭各点风速差异较小，平均风速 0.4m/s 左右。如图 4-15(b) 所示，相较而言，测点 10 由于树木的阻挡风速略小；而位于卧瓢庐前院未受茂密植被覆盖、相对开阔的空地上的测点 9 风速略大。测点 9 空气温度处于园中最高值，与周边环境的温度差相对较大，热压差促进空气的流动。同时从东南向吹进庭园内的风，由树木和建筑的引导吹向卧瓢庐，由于卧瓢庐的门窗开口面积较小，东侧的通廊宽度狭窄，有效通风面积较小，使此处风压有一定量的增大，亦使附近风速有所增加。可见，通过设计手段改变园内局部温度差或风压差，皆是调节庭园风速的有利途径。

对比庭园开敞度较大的室内及半室外空间各测点逐时风速，如图 4-16 所示。卧瓢庐室内（测点 5）和玲珑水榭内（测点 6）相比，虽然测点 6 更接近来流风向，但测点 5 风速反而更大。这是由于测点 5 南面开敞的庭院，北靠阴

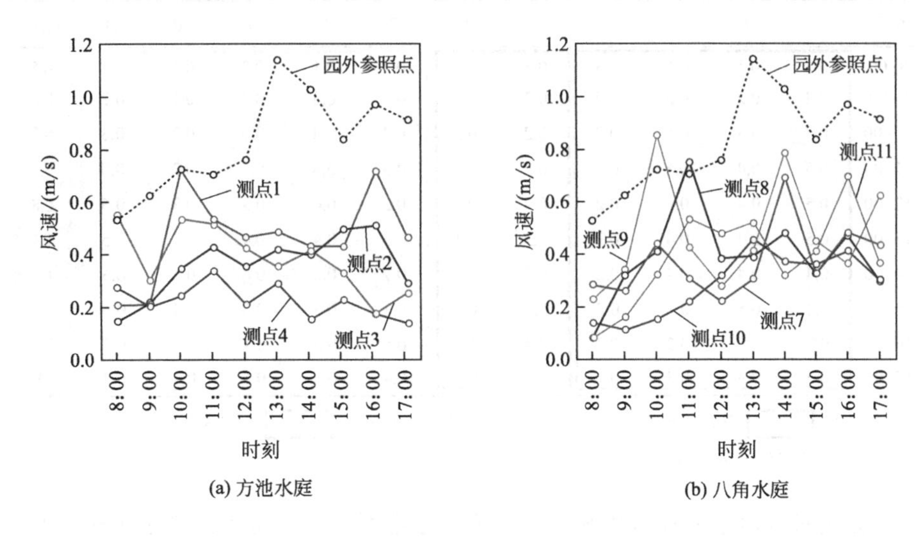

(a) 方池水庭　　(b) 八角水庭

图 4-15　余荫山房方池水庭和八角水庭室外各测点近地面逐时风速

湿的冷巷。庭院面积大，地面吸收太阳辐射多，吸热后温度升高，发出长波辐射热，加热近地面空气，使近地面空气温度高于庭院开口上空；冷巷高宽比大，地面面积少，下部空间基本不受太阳辐射影响，吸收太阳辐射热少，冷巷内空气温度呈现下低上高的空间分布，且冷巷内空气平均温度低于庭院空气平均温度。根据热压通风原理，气流从冷巷开口进入，流经卧瓢庐室内后从庭院开口流出，空气流动示意如图 4-17 所示。当太阳辐射增强，空气温度升高，冷巷与庭院的温差增大，空气流动速度随之增大，故下午时段测点 5 风速明显有增大趋势且高于测点 6。可见，卧瓢庐前院植被稀疏的景观配置方式，不仅保证了庐中小憩观景时景观视线的通畅，同时增强了前院—卧瓢庐—冷巷整个空间系统热压通风的效果，达到一举两得的成效，营造了与功能相适宜的室内环境。另外，亭下测点风速皆高于室内风速，测点 1 风速偏大的原因如上文所述，是因为两庭景观配置差异在交界处形成温差，所引起的风速增加。测点 11 位于依墙而建的半亭内，墙上有窗，由于墙壁两边温差较大，促进空气的流动。同时从东南向吹进庭园内的风，由树木和建筑的引导吹向来熏亭，由于亭内窗口较小，在流出风量不变的情况下，此处风压增大，亦使该点风速增加。可见，通过设计手段增加园内局部温度差或增大局部风压，皆是调节庭园风速的有利途径。

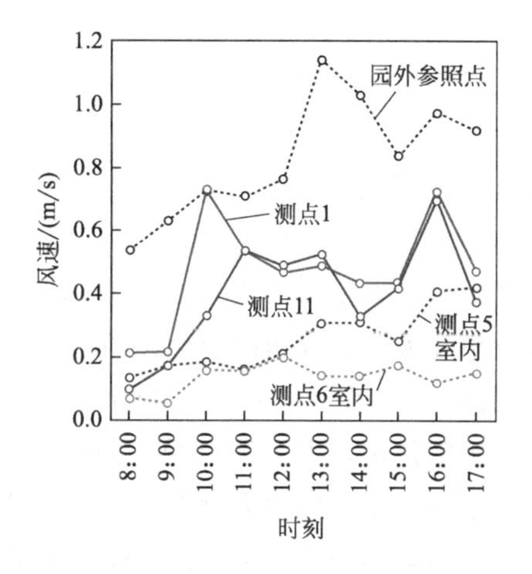

图 4-16　余荫山房开敞度较大的室内及半室外空间各测点逐时风速

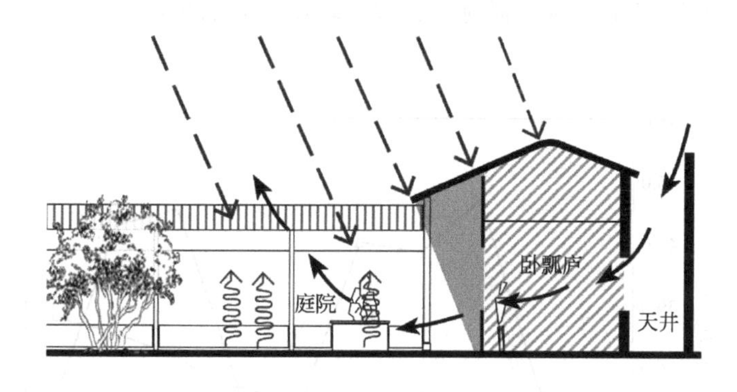

图 4-17　卧瓢庐空气流动示意图

4.3.4　辐射环境分析

人体与周围环境表面的辐射热交换取决于各表面的温度以及人与表面间的相对位置关系。黑球温度（T_g）能反映在辐射热环境中，人或物体受周围环境辐射和对流热交换综合作用时的实际感觉，又称实感温度。它受太阳辐射作用很大，对人体的热感觉影响强烈。测试时段（8：00～17：00）内，太阳辐射为主要辐射热源，黑球温度的强弱变化反映了各测点太阳辐射强弱的变化。

整体来看，庭园内各测点黑球温度基本均低于园外测点。如图 4-18 所示，方池水庭（黑色实线）由于植被较少，大多测点受太阳方位角和高度角影响较大，其中测点 1、测点 2 和测点 4 虽然均有建筑水平遮阳，但由于测点方位及遮阳构件尺度不同，T_g 逐时变化趋势不尽相同。其中，深柳堂前花架下的测点 2 日间 T_g 变化平稳，受太阳辐射及环境四周表面辐射影响较小；位于廊桥上的测点 1 和临池别馆前廊的测点 4，下午 15：00～17：00 时段暴露在太阳下，受太阳西晒的影响，T_g 变化幅度明显增大，同时导致该时段空气温度的升高；测点 3 临近西侧园墙，上午时段内一直被太阳直射，T_g 在园内测点中持续最高，随太阳方位角和太阳高度角的变化，园墙下午时段都对测点 3 形成一定遮挡作用，T_g 迅速降低且变化平缓。八角水庭（灰色实线）植被较多，由于植被或屋檐的水平遮阳作用，大多测点受太阳辐射影响较小，T_g 较低且日变化量较小。但无水平向遮阳的假山旁测点 7 和树叶稀疏、遮阳效果不佳的树下测点 9 例外，受太阳辐射影响大，T_g 数值偏高且浮动剧烈，尤其是测点 9，T_g 持续较高与园外参照测点最为相近。可见，各点黑球温度差异主要取决于测点所在位置的遮蔽情况，其变化反映了太阳辐射对庭园的影响过程，解释了空气温度的变化原因，辐射是庭园热环境差异的根因。

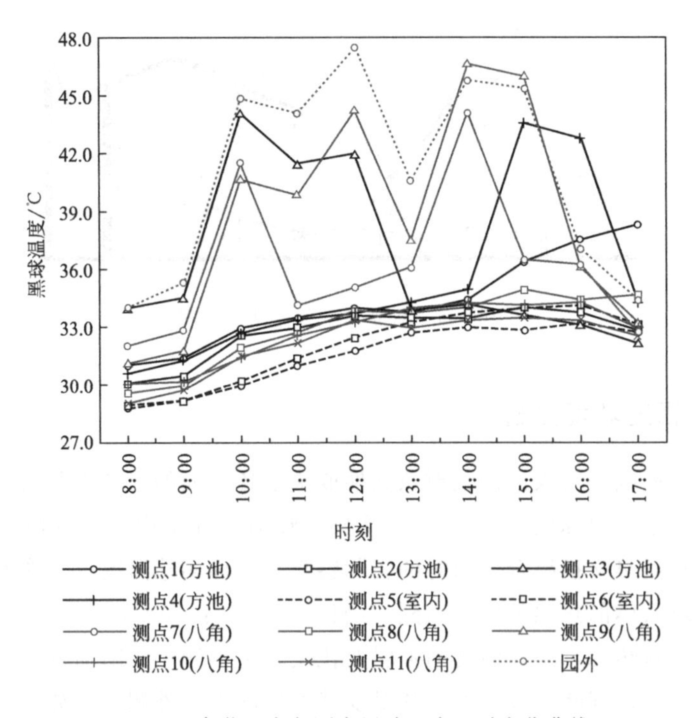

图 4-18　余荫山房各测点黑球温度逐时变化曲线

从实测结果来看，余荫山房庭园局部空间微气候与空间功能紧密关联。可见，造园时综合考量了景效及舒适的问题，根据景点观赏的需要及行为活动的需求，营造与之适宜的空间环境。如，需要近观区域均采取相应的遮阳通风措施，创造舒适的停留空间；而需要远观的区域则以避免视线遮挡为重。同时，巧妙运用室外空间及景观要素的处理，营造舒适的室内环境。

4.3.5　小结

庭园在夏季多云天气的热环境测试结果证实了岭南庭园确实具有气候适应性特征。庭园的存在能于白天给室内外环境带来一定程度的降温增湿，同时能降低园外来流风速，保证相对稳定的微风环境。园内热环境综合效果优于园外，对微气候有显著的改善作用。其热环境优劣主要取决于遮阳、通风的综合效果。遮阳是避免太阳直射、降低空气温度的最直接有效的方法。有遮阳的空间热环境稳定性往往相对较好，但遮阳效果会因为建筑或景观的遮阳形式、空间格局、方位角度、比例尺度等因素的影响而有所不同，从而导致室外热环境差异。水平遮阳（植被、屋檐、连廊、亭榭等）和垂直遮阳（园墙、巷道、假山等）效果皆具有时序性，合适应对不同高角度的太阳辐射。自然通风是辅助改善庭园热环境的另一手段，通过调整庭园空间布局、景观要素分布等设计手段，增大园内局部空间温度差或风压差，均能有效调节庭园风速。不论是建筑还是景观，在发挥其遮阳作用的同时，往往会产生阻风作用，故二者需综合考虑。植被和水体是影响庭园热环境的主要自然景观要素，二者日间皆有降温增湿作用，搭配使用更有利于微气候的调节。植被的遮阳效果显著，是园内空气温度分布状况的先决条件，其遮阳效果受叶面积指数、郁闭度等因素的影响；植被与亭榭共同作用与单纯植被遮阳相比，应对高角度太阳辐射效果更佳；水体主要对其上部空间有明显的降温作用，对水边空间影响较微弱，动水比静水降温效果更好。实测证实庭园内树荫下、水边区域更适合人们在夏季白天活动，庭园设计中应注重植被和水体的搭配和布局，尽可能避免大面积的空地。另外，整体来看，岭南庭园局部空间微气候与空间使用功能总是密切相关的。不同的庭园空间布局和景观要素配置使得园内呈现出各异的热环境状况，合理利用能对局部微气候发挥较明显的调节作用，使营造出的空间环境更适宜相应的行为需求。

4.4　岭南庭园基本空间单元类型划分

文史资料分析及现场测试结果均已验证了岭南庭园具有明显的气候适应性特征。岭南庭园以建筑空间为主、自然要素为辅的空间构成方式，决定其不能脱离建筑环境的衬托而存在。建筑环绕形成庭园空间，同时又是庭的空间构成要素，与水石、绿化等自然要素形成不可分割的整体，二者相辅相成，共同营造出庭园的微气候环境。必须明确的是各异的空间尺度、建筑布局及景观配置方式所组合出的庭园空间形态必然不同，形成的庭园热环境也必然有所差异。故探讨庭园的气候适应性及热舒适营造问题时，需根据庭园空间的差异性进行分类讨论。

本节以夏昌世先生与莫伯治先生所著《岭南庭园》为基础资料，重点对17个典型传统岭南庭园进行分析，提取具有代表性的庭园空间类型，便于后续进行分类量化研究。

4.4.1 分类因由

早在20世纪60年代，夏先生和莫先生提出“岭南庭园”的概念并解析“庭园”与“园林”区别的同时，就提出“庭”是庭园的基本组成单元，几个不同类型格式的“庭”共同组成庭园，而建筑、水石和绿化则构成“庭”的空间，明晰了庭园、庭及景观要素（建筑、水石、绿化）之间的关系。鉴于上述庭园的空间构成关系，庭园微气候环境是由“庭”单元空间自身及不同单元之间配合所共同形成的，因此研究庭园的气候适应性问题，需从基本单元“庭”入手。

“围闭”即通过实体要素环绕，形成并限定空间。致力于岭南园林研究的刘管平[153]先生提出，“围闭”是岭南庭园空间构成的重要手段，是庭园组景的常见方式，也是区分庭园空间与园林空间的一种方法。其重要性使之成为庭园空间的基本特征之一。围合庭园空间的实体要素具有多样性，一般以建筑物和墙垣（四周为建筑，一面或两面为建筑）最为常见。作为庭园空间的限定和庭园景观的背景，空间围闭程度的不同，会使空间效果产生差异，也会影响庭园景效；同时，亦会对庭园空间的遮阳效果及热环境稳定性有一定影响。周边建筑围闭度高低与景观要素分布疏密共同反映了庭园空间的被遮蔽程度。由于不同的建筑围合方式直接影响太阳对庭园室外空间的直射范围，产生的辐射阴影差别较大，从而形成各异的庭园热环境。同时，围闭度不同的建筑布局会影响庭园的自然通风效果，从而对庭园热环境有重要影响。已有研究证实，对于围合式布局的建筑群来说，建筑布局的开口位置及大小，对室外空间的流场有重要影响；建筑布局形式不同，室外空间流场的涡结构及气流速度分布的特征亦会不同[171]。建筑的围闭程度及开口位置，直接影响来流风向上进、出风口的位置和大小，导致庭园中气流分布产生明显差异。而良好的通风效果能削弱不同下垫面性质和太阳辐射对室外空气温度的影响[172]，故合理地选择庭园建筑围闭度和开口位置是改善通风效果的重要手段。

综上所述，庭园建筑的围闭度及布局差异会在庭园热环境上有所体现，建筑围闭度高，对庭园室外空间的遮阳有利，但往往会影响通风效果。故适当的建筑围闭度配合相宜的景观要素，更有利于共同高效发挥庭园系统的气候适应性，改善空间热环境状况，提升庭园热舒适性。以建筑围闭度为标准划分庭园空间类型，便于后文在相似背景环境下分类讨论庭园气候适应性中的空间布局及景观配置问题。

4.4.2 类型划分

根据案例及文献调研，分析包括粤中四大名园（番禺余荫山房、东莞可园、顺德清晖园、佛山梁园群星草堂）、园林酒家（广州泮溪酒家、广州北园酒家）、其他私家园林（广州清水濠盛宅、广州小画舫斋、东莞道生园）及粤东名园（潮阳西园、澄海西塘、潮州半园、饶宅秋园、城南书庄、猴洞、梨花梦处、王厝堀池墘 14 号某宅）在内的岭南庭园共计 17 处。统计发现岭南庭园中庭的空间尺度、庭与建筑的平面布局关系均与“庭”的围闭度有一定的关联性（表 4-5），尝试以此为依据进行庭的空间类型划分。

表 4-5　岭南庭园建筑围闭度、空间尺度及布局关系统计

庭园名称		围合建筑长度/m	庭总周长/m	围闭度	空间尺度/m^2	平面布局关系
余荫山房	方池水庭	33	67	0.5	255	中庭
	八角水庭	39	112	0.3	751	偏庭
东莞可园	西庭	83	115	0.7	398	中庭
	东庭	39	83	0.5	402	中庭
清晖园	南区	21	124	0.2	703	前庭/后庭
	中区南庭	58	131	0.4	642	偏庭
群星草堂	水庭	20	78	0.3	322	偏庭
	石庭	44	61	0.7	194	中庭
	山庭	20	102	0.2	520	偏庭
潮阳西园	入口水庭	53	78	0.7	293	中庭
	南区水石庭	36	62	0.6	206	偏庭
澄海西塘	水庭	19	69	0.3	266	偏庭
	平庭	21	43	0.5	112	前庭/后庭
北园酒家	西庭	69	80	0.9	278	中庭
	东庭	28	92	0.3	472	前庭/后庭
泮溪酒家	西北庭	61	114	0.5	388	偏庭
	西南庭	48	92	0.5	391	前庭/后庭
	东北庭	55	80	0.7	243	中庭
	东南庭	43	54	0.8	159	中庭

续表

庭园名称		围合建筑长度 /m	庭总周长 /m	围闭度	空间尺度 /m^2	平面布局关系
梨花梦处	南庭	24	47	0.5	133	偏庭
	北庭	39	56	0.7	147	中庭
猴洞	西庭	30	53	0.6	150	偏庭
道生园	南庭	49	109	0.4	610	偏庭
	北庭	39	66	0.6	180	中庭
小画舫斋	北庭	59	138	0.4	547	偏庭

4.4.2.1 围闭度及其水平的界定

以绕庭建筑平行于庭园边界一边的长度之和与庭园总周长的比值作为庭园的围闭度，来表示建筑对庭园的围合状况。经统计，17 个庭园中，共有庭 36 个。由于尺度过小的庭，空间布局及景观配置可变性较差，故重点研究当中 25 个面积超过 100m^2 的庭。以围闭度 0.5 为界划分围闭度高低，其中 13 个围闭度超过 0.5（含 0.5），平均围闭度 0.6；12 个围闭度小于 0.5，平均围闭度 0.3。比重基本各占一半。

4.4.2.2 庭园规模尺度与围闭度

由于满足基本生活起居功能所需的建筑量基本一定，在这种情况下，庭园尺度越大，建筑占庭园的比重就越小，庭园建筑围闭度自然也就越低，往往能容纳自然景观要素越多，更偏重园林的游赏功能，即与“园”的功能相符；而庭园尺度越小，建筑占庭园的比重相对越大，需紧凑布局，故庭园建筑围闭度也就越高，能布置自然景观要素的空间较少，与生活起居结合更紧密，即与“院”的功能契合。

统计 25 个庭的面积大小，将庭园建筑围闭度与面积进行回归分析，如图 4-19 所示，结论与上述分析相符，大多情况下庭园尺度越大，建筑围闭度越低。同样分析其他 11 个面积小于 100m^2 的小尺度庭单元，发现庭园尺度与围闭度同样呈现负相关关系。

4.4.2.3 平面布局关系与围闭度

岭南庭园中双庭布局模式居多，庭与建筑的常见位置关系有前庭、后庭、偏庭和中庭。其中，前庭、后庭及偏庭的布局模式中，建筑与园林呈现并列关系，各自相对独立；而中庭是由建筑围合所形成，建筑与园林呈现包含关系，

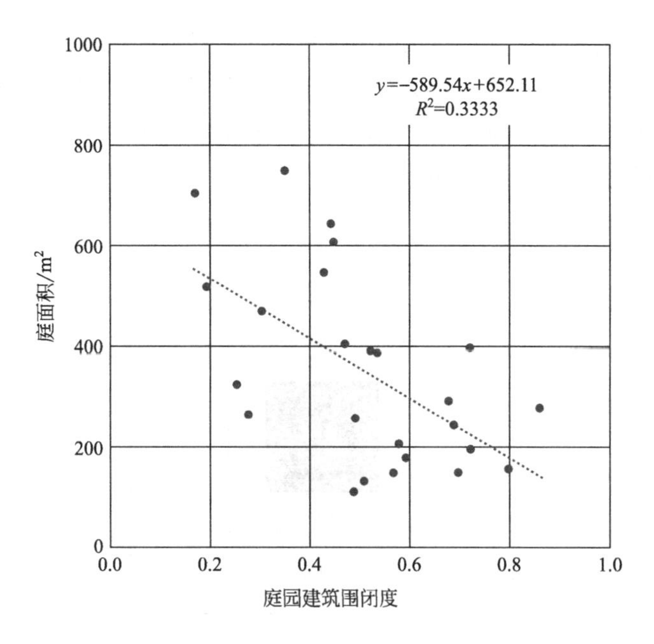

图 4-19　庭园建筑围闭度与庭面积回归分析

庭与建筑关系更加密切。统计的庭中，建筑围闭度小于 0.5 的所有庭均属于前庭、后庭或偏庭；而建筑围闭度大于等于 0.5 的庭中有近 65%的庭属于中庭。可见，庭园建筑围闭度高低与庭园布局形式有一定关联，围闭度较低的庭多属于建筑与园林并列的布局形式，而围闭度较高的庭多属于建筑绕庭式围合布局。

4.4.2.4　基本空间单元类型划分

综上所述，以庭园建筑围闭度高低为标尺划分出两类“庭”空间，不管是从庭园空间尺度或是平面布局关系来看，皆具有一定的代表性，且在传统庭园中出现频度较高。本研究将围闭度低于 0.5 的庭，定义为“开敞式庭园”；围闭度大于或等于 0.5 的庭，定义为“围合式庭园”。

“开敞式庭园”（图 4-20）是当庭园空间尺度大到一定程度时，建筑或园墙的围合感逐渐减弱，形成四周开敞，空间开朗，偏向于“园”的空间类型。此类“庭”空间，面积一般 300～800m²，建筑围闭度较低，以自然景观为主，水庭最为常见（如余荫山房的八角水庭、清晖园方池水庭），多被放置于庭园一端，与其他庭并列排布、相互连通，多偏重观赏游憩功能且独立性较强，常被冠以“后花园、东花园、西花园”之名，上述统计案例中约 65%的庭园采用此类型的庭。“围合式庭园”（图 4-21）则尺度较小，面积一般小于 400m²，多从属于一个主要的厅堂，建筑围闭度较高，布局形式往往是园林居中、建筑环绕而成，与居室联系紧密，功能偏向于“院”(如可园的东西两庭)，一般不设或设置面积较小的水池，以厅堂内部或檐廊下的景观为主，上述统计案例中近 70%的庭园采用此类型的庭。

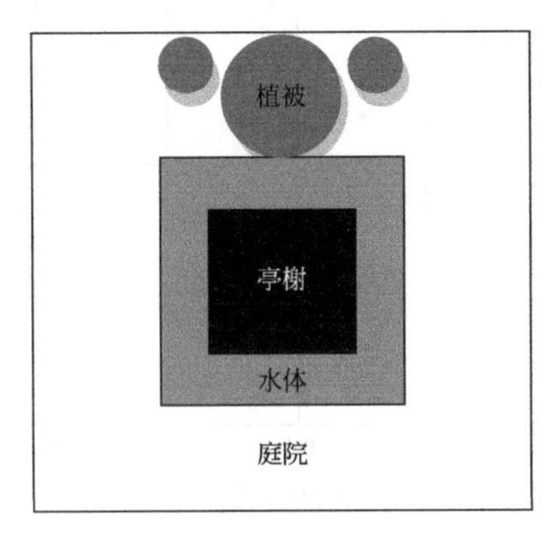

图 4-20　开敞式庭园示意图

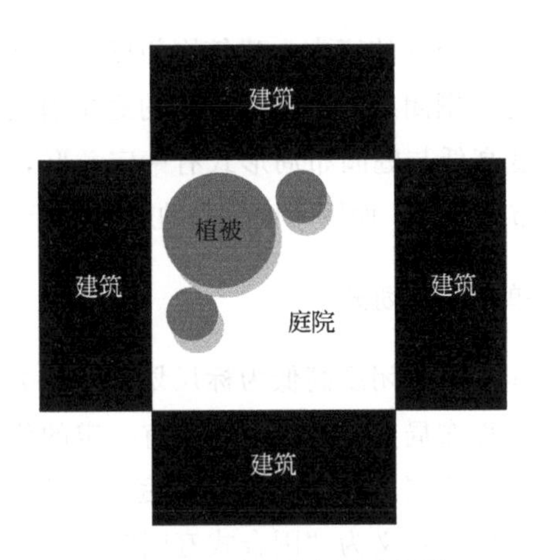

图 4-21　围合式庭园示意图

李允鉌先生在《华夏意匠》[173]中谈及，中国自古以来就存在着传统建筑与景观园林并存的现象，二者结合方式大致可分为两种：一则于“园”中逐渐融入建筑元素，二则以建筑为基础而发展成“园”，即“园林化的宫室宅舍”。前者是在“圃”“囿”❶ 基础上发展起来的，随着建筑要素（如亭台阁榭）的

❶ 古时“圃”作种植生产果蔬之用，“囿”为王公贵族狩猎行乐之所。

增加及与园景的结合，部分功能发生改变，逐渐兼具观赏游憩等享乐功能，“开敞式庭园”即是这种模式融入宅第后的产物。后者是园林化的宫室宅舍，这种建筑与园林相结合的形式与生活起居关系密切，在古代上至宫室、王府，下至寺院、民宅皆普遍采用，即“宫”和“苑”的组合、“宅”和“园”的并举，该模式是“围合式庭园”的前身。陆元鼎教授在岭南庭园研究中，以规模大小划分庭园为中型和小型，“中型庭园规模稍大，也较完整，使用上与住宅分开，比较独立；而小型庭园规模小，庭园与住宅密切联系”[147]，这与上文对“庭”的分类亦基本相吻合。

4.5 本章小结

由民居演化而来的岭南庭园传承了民居适应地域气候环境的特征，并在传统造园思想及营造经验方面皆有所体现。本章开篇以考古发掘和古今文献资料为据，考证岭南庭园气候适应性特征的成因及发展。提出优良的择地选址、恰当的庭园布局、合理的景观配置、巧妙的构造装饰等共同营造了适应地域气候的庭园舒适环境，塑造了独特的岭南庭园风格，形成了特有的建筑特点及景观特色，体现着岭南文化的务实性特征，其根源均是岭南庭园适应性的表达。并分三个阶段阐述了岭南庭园气候适应性特征在学界被认识研究的过程，指出岭南庭园气候适应性特征的存在已被学界认可，并对地域性现代建筑创作具有现实意义。同时，结合原理与实证研究对传统岭南庭园的标本性案例实测结果的定性与定量分析，实证岭南庭园的气候适应性特征。

庭园对气候的适应，归根结底是为了满足舒适的空间使用需求。使用需求的差异性，导致空间尺度、建筑布局及景观配置方式皆有所不同，组合出的庭园空间形态及热环境亦有所差异。根据庭园空间的差异性，分类讨论庭园的气候适应性营造，有助于真正解决空间环境热舒适问题。选择与庭园空间尺度、布局密切相关的“围闭度”作为分类标准，抽象出两类具有代表性的“庭”空间类型：一是围闭度较低，规模尺度较大，建筑与园林并列布局，相对独立的“开敞式庭园”；二是围闭度较高，规模尺度较小，建筑绕庭式布局，与起居功能联系密切的“围合式庭园”。为后续在相似的空间背景环境下分类开展庭园气候适应性的定量化研究奠定了基础。

第5章

岭南庭园室外环境热舒适评价标准

气候适应性设计的本质目标在于如何运用适宜的被动式设计手段，在节约能源资源和减少环境污染前提下，营造舒适的室内外微气候环境，以满足使用者的空间使用需求。室外热环境直接影响人们在户外活动的舒适性，人体舒适性需求是气候设计最基本的出发点。本章主要通过对现场实测和热舒适问卷调查的结果进行整理分析，结合统计学的相关方法，对湿热气候下的岭南庭园室外环境热舒适性进行探讨，建立岭南庭园室外热环境评价标准，并以此作为后文评价庭园室外热环境优劣的依据，为庭园室外热环境相关设计指标的量变模拟研究做准备。

5.1 室外热环境评价指标引入

对于城市设计者及大多数非热生理学领域的人来说，体表平均温度、出汗率、皮肤湿润度等在生物气象学评估中常涉及的概念，实用价值并不高，不能直接与他们的认知相对接。因此，需要建立一个更容易被接受、被认可的相关指标，来描述生物气候，这样才能更好地助力设计领域[21]。同时，室外热环境评价指标的恰当选用也能够更准确地分析和评价室外热环境质量。

在对热环境的研究过程中，人体体温调节模型逐步被重视，其中 Gagge 于 1971 年提出的二节点模型（图 5-1），由于计算简单且准确性高被广泛应用。该模型将人体与环境的能量交换分为三种途径：辐射、对流、蒸发。人体内的热传递主要由机体与血液的对流换热以及血液的输送、机体各部分之间的导热完成。神经感受器接收到体温变化后向中枢神经发出信号，经过整合，发出血管收缩、扩张、出汗、颤抖等调节体温的指令，从而达到调节体温的效果[89]。

本研究选取的生理等效温度 PET（Physiological Equivalent Temperature）是迈耶（H. Mayer）和霍普（P. Höppe）[21]于 1987 年专为室外环境开发的一种热舒适评价通用指标。该指标基于慕尼黑人体热量平衡模型 MEMI（Munich Energy Balance Model for Individuals），而 MEMI 正是基于 Gagge 的二节点模型的成果。PET 与太阳辐射相关性较高，能够较准确地反应热环境舒适水平，通过多因素综合以温度这一定量参数来评价热环境。它表示在某一室外环境中，当人体处于热平衡时，其体表温度和体内温度达到与典型室内环境❶同等的热状态所对应的气温。1999 年，德国弗赖堡大学的安德里亚斯教授（Andreas Matzarakis）[22]指出 PET 除了考虑空气温湿度、风速、平均辐射温度等气象参数外，同时全面关注人体活动产热、新陈代谢率、服装热阻等个体参数，并直接以摄氏度（℃）为单位表达，容易与人们的认知链接，较其他热指标（如有效温度、标准有效温度、等效温度等）有一定的优势，并在此基础上将生理等效温度 PET 划分为 9 个等级，并将不同等级的 PET 与人体热感觉等级及人体的应激反应一一对应，如表 5-1 所示，来表征不同程度的人体舒适度，从人体热舒适角度，为室外热环境提供了评价标准。

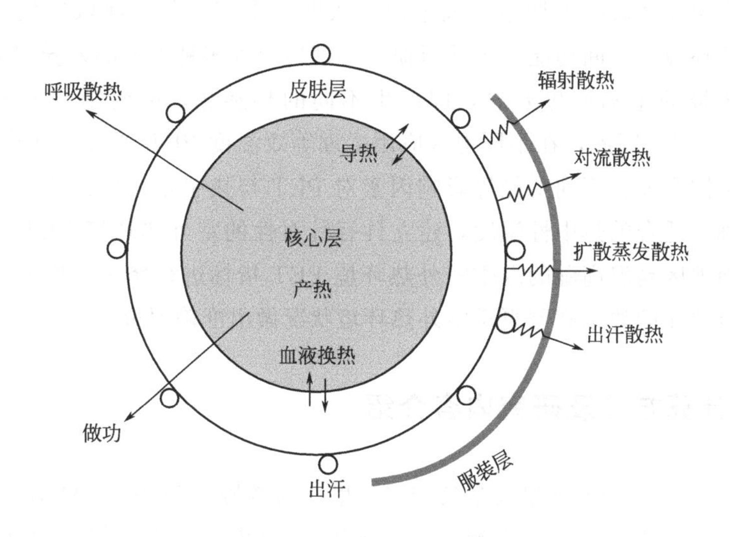

图 5-1　Gagge 二节点模型

❶ 典型室内环境指大气水蒸气压为 1.2KPa，风速为 0.1m/s，人服装热阻为 0.9clo，新陈代谢率为 1.7met，且平均辐射温度等于空气温度的假想环境。

表 5-1 不同 PET 对应的热感觉等级及应激反应[5]

PET	热感觉	生理应激反应
≤4 ℃	很冷	极端冷应激
4～8 ℃	冷	强冷应激
8～13 ℃	凉	中冷应激
13～18 ℃	稍凉	轻微冷应激
18～23 ℃	舒适	无热应激
23～29 ℃	稍暖	轻微热应激
29～35 ℃	暖	中等热应激
35～41 ℃	热	强热应激
≥41 ℃	非常热	极端热应激

与较稳定的室内热环境相比，室外环境受自然环境中多种因素影响呈现出更加复杂的状态。虽然 PET 在评价室外热环境方面优于其他评价指标，相同的 PET 也能够表明人体与外界的热交换一样，热生理反应相同，但人体对周围环境的热反应是一个非常复杂的过程，不仅存在热湿交换，而且存在人的主观意识作用和客观生理调节。大量研究表明，季节变化、地域气候、文化氛围、场地环境、空间功能、生活习惯、心理适应等多种因素的差异都会使人体对室外环境的感知产生差异，即产生不同的热感觉，进而影响人体舒适程度[38,41-45,163]。因此，在不同地区应用生理等效温度 PET 评价室外热环境时，应根据不同季节、不同功能等影响因素对 PET 与热感觉、热舒适的关系进行修正，确定适合的热中性温度，建立具有针对性的室外热环境 PET 指标。本章对岭南地区高温高湿的夏季室外热环境 PET 指标进行修正，以便后文对本研究重点关注的岭南庭园夏季室外热环境状况做出准确评价。

5.2 计算方法及研究内容介绍

2007 年，德国弗莱堡大学教授安德里亚斯教授（Andreas Matzarakis）及其团队开发了热环境评估模型 RayMan[174]。该模型考虑了复杂的城市结构，通过空气温度、相对湿度、风速、平均辐射温度、云量等气象参数的输入，通过人体热平衡方程，再综合受测人员的年龄、性别、身高、体重、服装热阻及代谢率后，获取 PET、PMV、SET* 等热环境评价指标。近年来，RayMan 模型已得到广泛运用，本章节借助该模型对庭园中各测点 PET 进行计算，并用于后文对庭园热环境数值模拟结果的 PET 综合计算。

本次测试仪器无法直接测得计算 PET 所需的平均辐射温度（MRT），故根据 ISO 7726 标准中平均辐射温度（MRT）的计算公式(5-1)，将实测得到的空气温度、黑球温度及风速代入，进行 MRT 的逐点逐时计算。

$$MRT=\left[(t_g+173)^4+\frac{1.1\times10^8 v_a{}^{0.6}}{\varepsilon d^{0.4}}(t_g-t_a)\right]^{1/4}-273 \tag{5-1}$$

式中，MRT 为平均辐射温度；t_g 为黑球温度（℃）；t_a 为空气温度（℃）；v_a 为风速（m/s）；发射率 ε 为 0.95；黑球直径 d 为 50mm。

另外，将标准身高体重的男性及女性的相关数据代入 RayMan 计算，对比发现性别对 PET 差别影响不大（0.1℃之内），故以身高 175cm、体重 70kg、年龄 35 岁的男性作为标准人进行本章节计算。此外，在热环境气象数据观测的同时派发人体热舒适问卷，经调查问卷统计，受测者平均服装热阻约 0.3clo，83%的受测者在园内的活动类型为步行（0.9m/s），故将对应新陈代谢率 115W/m^2 作为计算时的个体参数。

将现场测试得到的各逐时气象参数（空气温度、相对湿度、风速）、根据公式计算出的平均辐射温度、气象站提供的当日云量及上述确定的相关个体参数输入 RayMan 模型进行计算，即可得到受测者受测时刻对应的生理等效温度（PET）。

本章后续三节主要根据上述方法通过 RayMan 软件逐点逐时计算 PET，综合分析和评价庭园室外不同景观要素组合空间的热环境状况；结合问卷调研分析岭南地区夏季庭园室外热舒适情况；采用回归分析方法建立岭南庭园中人体热感觉与热环境指标之间的关联并获得 PET 热中性范围，初步建立适用于岭南庭园室外热舒适评价标准。

5.3　热舒适调查问卷统计分析

5.3.1　四园整体分析

本次问卷的对象主要是本地游客，问卷调查同热环境气象数据观察一起在夏季 7～9 月期间于岭南四大名园内进行。问卷参考 Andreas Matzarakis 对生理等效温度 PET 对应的热感觉等级，将热感觉标尺划分为 9 级，从“冷”到“热”依次为：（－4）很冷、（－3）冷、（－2）凉、（－1）稍凉、（0）适中、（＋1）稍暖、（＋2）暖、（＋3）热、（＋4）很热。在庭园每个测点派发人体热舒适度调查问卷，同时记录受测者受测前 20 分钟内的活动状态及着装情况。经统计，受测者平均服装热阻约 0.3clo，83.4%的受测者活动状态为走动，对应运动量约为 115W/m^2 (2met)。

对问卷进行统计，由图 5-2、图 5-3 可知，在 945 份有效问卷中，没有“冷”和“很冷”两等级投票，35%的人热感觉为“适中”，而在庭园中感觉舒适的人占 69%，远大于热感觉“适中”所占比例，基本等于热感觉“稍凉”“适中”和“稍暖”所占比例之和。可见在夏季并非偏离了“适中”的热感觉，人就会感到不适，从“适中”向“冷”或“热”感觉转移的过程中，人体仍可感觉舒适。

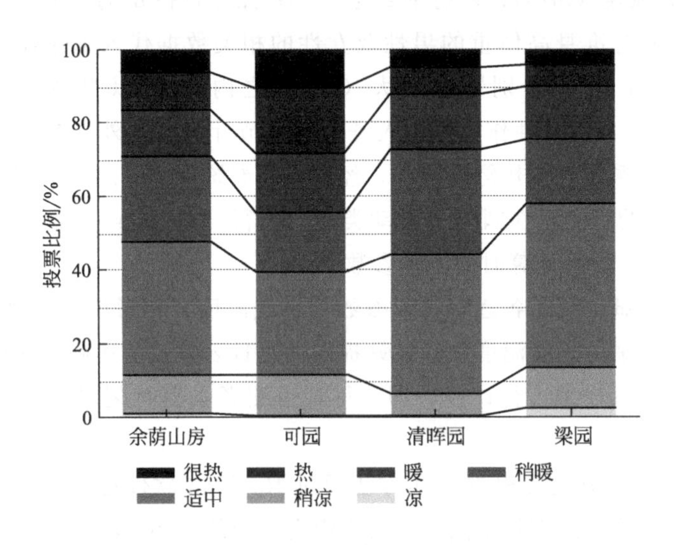

图 5-2 四大名园热感觉投票比例

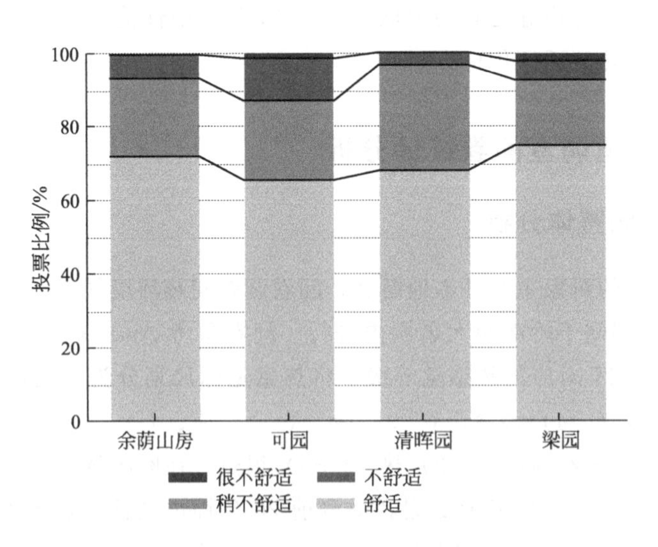

图 5-3 四大名园热舒适投票比例

统计四座庭园热感觉、热舒适投票结果，由于各园获得的样本数不同，故用百分比对数据进行分析（表5-2、表5-3）。各园热适中与热舒适规律基本一致。整体来看，可园热感觉投票中“适中”比例不足30%，低于平均值约5%；偏热一侧投票约占60%，高于其他三园，且最大差异约20%；而对应“舒适”投票比例虽亦为四园中最低，但与其他三园最大差距不超过10%。简单来说，虽然可园热感觉较其他三园偏热较多，但舒适度相差相对较少，推测由于可园空间丰富，环碧廊串联园内各主要空间，整体以动态游览为主，虽然比起其他三园，可园植被较少，整体温度偏高，但人们的注意力聚集于多变的空间，一定程度上降低了人们对热感觉的关注度，主观上增强了对高温的忍耐力。余荫山房与清晖园热感觉投票“适中”比例相近，大于35%，余荫山房偏凉一侧投票比例略大，差异约5%，热舒适投票比例约70%。梁园群星草堂热适中比例超过45%，于四园中最高；偏凉一侧投票比例约14%，高于其他三园2%～7%；综合来看，热适中以下比例高于其他三园11%～19%；而梁园群星草堂热舒适比例接近75%，虽亦在四园中最高，但差异仅为3%～9%，比热感觉差异小。推测原因是园中植被茂密且覆盖面积较大，加上水面积占比较高，庭园环境阴湿，虽热环境相对凉爽，但由于湿度过大增加了不舒适感，造成热舒适比例有所下降。具体针对每座庭园的热舒适状况及其成因分别进行讨论。

表5-2 庭园总体热感觉投票（TSV）比例

项目	很冷 (−4)	冷 (−3)	凉 (−2)	稍凉 (−1)	适中 (0)	稍暖 (+1)	暖 (+2)	热 (+3)	很热 (+4)
总人数	—	—	3	94	331	204	140	103	67
百分比	—	—	0.3%	9.9%	35.0%	21.6%	14.8%	11.2%	7.1%

表5-3 庭园总体热舒适投票（TCV）比例

项目	舒适	稍不舒适	不舒适	很不舒适
总人数	652	214	69	10
百分比	69.0%	22.6%	7.3%	1.1%

5.3.2 余荫山房

在余荫山房的问卷调查中共获得283份有效问卷，统计园中各测点热感觉投票结果（表5-4）。其中，测点1、5、6、8、9、11设置座椅或石凳，可坐下休息；测点2、4位于方池南北两侧，有遮挡，位置观景极佳且可以喂鱼，虽没有设置休憩设施，仍吸引较多游人停留，故获得问卷量相对较大；测点3、7，由于暴晒于太阳下，游人多只路过不作停留，获得问卷量相对较少；测点10有乔木遮阴，但不是主要景点，故游人以路过为主，但较多愿意停留接受问卷测试。

表 5-4　余荫山房各测点热感觉投票结果统计　　单位：份

测点编号及位置	很冷	冷	凉	稍凉	适中	稍暖	暖	热	很热	总计
1 浣红跨绿廊桥，水上	0	0	0	0	9	7	6	3	0	25
2 深柳堂花架下，临水	0	0	0	8	12	7	4	1	0	32
3 园墙边，临水	0	0	0	1	6	2	2	4	2	17
4 临池别馆廊下，临水	0	0	0	2	7	8	6	5	3	31
5 卧瓢庐内，不临水（室内）	0	0	1	6	7	5	1	0	0	20
6 玲珑水榭内，水上（室内）	0	0	0	5	17	5	0	1	0	28
7 假山旁，临水	0	0	0	0	3	1	5	4	6	19
8 连廊下，临水	0	0	0	3	11	7	2	2	0	25
9 卧瓢庐前院，不临水	0	0	0	0	5	1	4	6	7	23
10 树下，不临水	0	0	0	3	16	7	4	2	0	32
11 半亭内，不临水	0	0	0	3	10	15	3	0	0	31

由于各测点获得的样本数不同，故采用百分比对数据进行分析（图5-4、图5-5）。各测点热感觉与热舒适规律基本一致。室内测点中，测点5“适中”投票35%，“稍凉”投票30%，整体上适中略偏凉，推测是由于卧瓢庐背靠冷

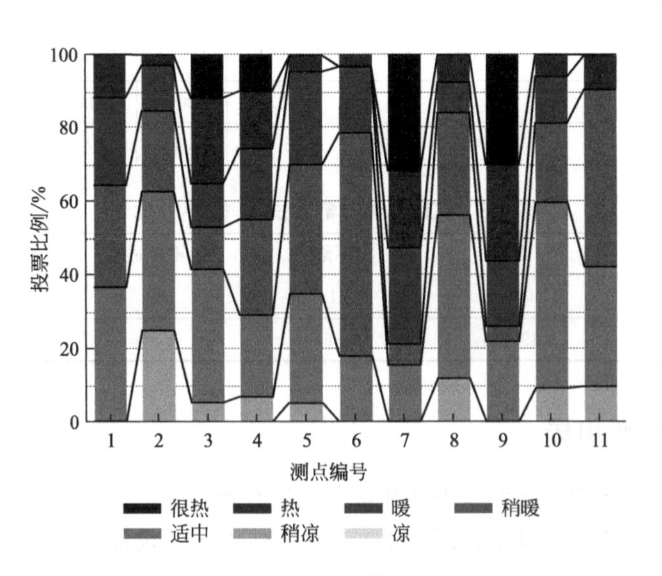

图 5-4　余荫山房各测点热感觉投票比例

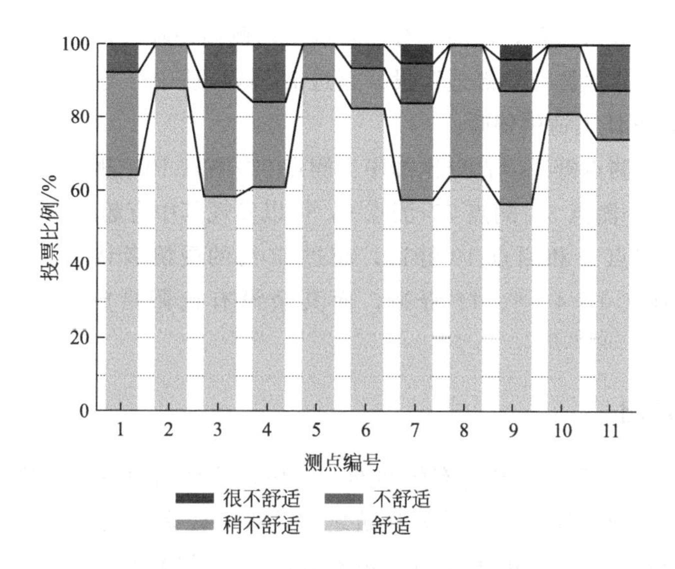

图 5-5　余荫山房各测点热舒适投票比例

巷给该空间带来降温作用；玲珑水榭内的测点 6，“适中”投票达到 60.9%，比总体“适中”比例 35%高出约三成，为所有测点中最高值，“稍暖”投票 17.9%，整体上适中略偏暖。室外测点中，测点 7、9 的“舒适”投票比例相近，热感觉投票分布比例相似，偏热一侧投票约占 80%，没有在偏冷一侧的投票，因为两个测点都长时间暴晒在太阳下，且下垫面都是红砂岩硬质铺地，虽然周边环境及临水情况有差异，但对测点影响不大。测点 8 和测点 10 的“适中”投票比例接近 50%，属于室外舒适度较高的测点，虽然二者热感觉投票整体趋势也相似，但测点 10“舒适”投票比例比测点 8 高约 15%。可见，冷热程度并不是判断舒适度的唯一标准。测点 8 虽然有连廊遮阳，但随着太阳高度角的变化，连廊周边区域被太阳照射，而测点 10 被茂密葱郁的高大乔木遮蔽，测试时间段内都处于阴影区，使人心理产生荫凉舒适的感觉。测点 1、2、3、4 是分别位于方池四周，由于该区域植被较少，受太阳辐射影响较大，热环境变化剧烈。其中测点 2 位于爬满炮仗花的花架下，花架面积较大，植被遮阳效果较好，“适中”比例占 37.5%，“稍凉”比例 25%，是四个测点中舒适度最高的测点，“舒适”比例近 90%，加上测点临水且景观好，是游人最喜欢停留的地点之一；测点 1、4 虽然在廊下，但随太阳方位角和太阳高度角的变化，在下午 15：00～16：00 受太阳直射，而测点 3 无遮挡，上午时段一直暴晒于太阳下，午后 13 时开始有阴影区，故这三点偏热一侧投票占 60%～70%，仅次于测点 7、9。另外，倚墙而建的半亭内测点 11，虽然半亭遮阳面积较小，遮阳效果略差，但墙上有窗，墙壁两侧温差较大，促进空气流动，带走部分热量，故该测点“舒适”投票超过70%，“适中”与“稍暖”投票之和超过80%，整体上适中偏暖。

将室外各测点舒适度百分比排序：测点2>测点10>测点11>测点8>测点1>测点4>测点3>测点7>测点9，可以发现其中有超过80%的受测者认为树荫下的测点2和测点10舒适，超过60%的受测者认为人工遮阳（廊、亭）下的测点1、4、8、11舒适，而其余没有遮阳措施的测点舒适度小于60%。

5.3.3 可园

可园的11个测点共获得有效问卷305份，统计园中各测点热感觉投票结果（表5-5）。亚字厅是园内重要建筑之一，吸引较多游人停留，位于其室内的测点7问卷量较大；由于可园面积不大，观景是吸引游客停留的最主要原因，虽然测点1、2、3、8、11皆设有座椅或石凳，供游人休憩，但因景观的观赏价值不同，问卷数量有所差异；环碧廊是连通园内主要景点的游廊，为动态游览提供引导，游人大多不作停留，故连廊内测点10问卷量相对较少。测点6、9完全暴晒于太阳下，游人停留多为观景、喂鱼、拍照，停留时间较短；测点4位于邀山阁天井内，天井作为功能房间之间的过渡空间，游人多只路过，但由于天井深邃荫凉，游人基本都愿意配合问卷调查。

表5-5 可园各测点热感觉投票结果统计 单位：份

测点编号及位置	很冷	冷	凉	稍凉	适中	稍暖	暖	热	很热	总计
1 可亭内，水上	0	0	0	4	13	2	3	5	0	27
2 拜月亭内，不临水	0	0	0	0	4	4	3	9	0	20
3 壶中天小院，不临水	0	0	0	2	5	5	10	7	7	36
4 邀山阁天井，不临水	0	0	0	15	8	1	1	0	0	25
5 问花小院前树下，不临水	0	0	0	2	6	4	9	6	0	27
6 滋树台，晒，不临水	0	0	0	0	1	2	5	8	12	28
7 亚字厅内，不临水(室内)	0	0	0	4	13	13	6	4	0	40
8 曲池旁树下，临水	0	0	0	4	9	2	3	4	0	22
9 湛明桥上，晒，水上	0	0	0	1	5	2	1	3	13	25
10 环碧廊背靠小天井，不临水	0	0	0	2	11	5	4	0	0	22
11 擘红小榭内，不临水	0	0	0	1	9	10	5	8	0	33

同样采用投票百分比对数据进行分析（图 5-6、图 5-7）。各测点热感觉与热舒适规律基本一致。总体来看，除了位于可湖上的亭内的测点 1、邀山阁天井内的测点 4、曲池旁树下的测点 8 和环碧廊内的测点 10 以外，其余测点均有过半投票处于热感觉标尺“热”一侧。相对其他三园植被较少的可园热感觉整体偏热。室内测点 7“适中”投票 32.5%，测试当日窗未开启，自然通风较差，室内闷热，近 60%投票偏热。室外测点 1 有亭遮蔽且位于开阔的湖面上，景色宜人，持续明显的吹风感减轻了人的湿热感，该测点“适中”投票 48.1%，是可园中“适中”投票最高的测点，舒适投票超过 85%。测点 4 处在开口只有 1.63m×2.09m 的小天井内，天井深超过 10m，终日避免阳光直射，气温低、湿度高，十分阴凉，成为整栋建筑的“冷源”，该点“稍凉”投票 60%，所有该测点受测者皆感到舒适。由此证明，夏季稍凉的热环境更能使人感觉舒适。茂密高大乔木（龙眼树）下的测点 8 是可园内唯一一处终日处于树荫下的测点，其中“适中”投票 40.9%，18.2%的投票热感觉偏凉。测点 5 同样是树下测点，但“适中”投票仅有 22.2%，低于平均值，“偏凉”投票比例不足 10%，与测点 8 不同的是该测点在石榴树下，冠幅较小，且树叶小而疏，郁闭度及叶面积指数均较小，故遮阳效果欠佳，约 70%的投票偏热，故整体舒适偏热。连续的卷棚顶使环碧廊有较好的遮阴效果，测点 10 位于廊下，南向有漏窗，紧靠的小天井形成阴影区，起到了较好的隔热作用，使该测点热环境较为稳定，“适中”投票比例高达 50%，虽然其余 40%投票分布在偏热一侧，但没有“热”和“很热”投票。测点 2 和测点 11 同样有亭遮阳，二者“适中”投票比例相近，但测点 2 比测点 11 热感觉整体偏热，其“热”投票比例高达 45%，是测点 11 的近 2 倍。原因是测点 11 周围空间相对紧凑，周边建筑对擘红小榭形成一定的建筑遮阳作用，且周边有高大乔木，有效地遮挡了太阳对地面的热辐射，而测点 2 周边相对开阔，受太阳辐射及来流风带来的热空气影响较大，可见，周边环境的空间布局和景观配置皆对测点热环境产生影响。测点 6、9 日间一直暴露于太阳下，受太阳辐射影响最大，“热”和“很热”投票比例占 70%左右。湛明桥上的测点 9“很热”投票超过半数，比滋树台上测点 6 高出 10%，但“舒适”投票却高于测点 6 超过 10%，推测水体在夏季能给人的心理增加凉爽舒适之感，动态互动型行为活动（如喂鱼）对缓解人体不舒适有所帮助。测点 3 位于壶中天小院，虽无植被遮挡和人工遮阳，但两层高的绿绮楼将小院三面环绕，遮挡了院内日间大部分时段的太阳直射，只在 10：00～14：00 时受太阳辐射影响较大，该点“热”和“很热”投票比例不到 40%，低于测点 6、9 约三成。

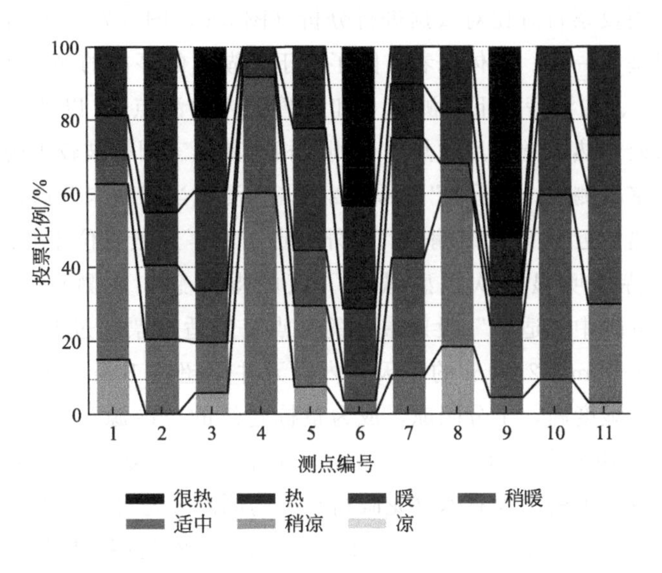

图 5-6　可园各测点热感觉投票比例

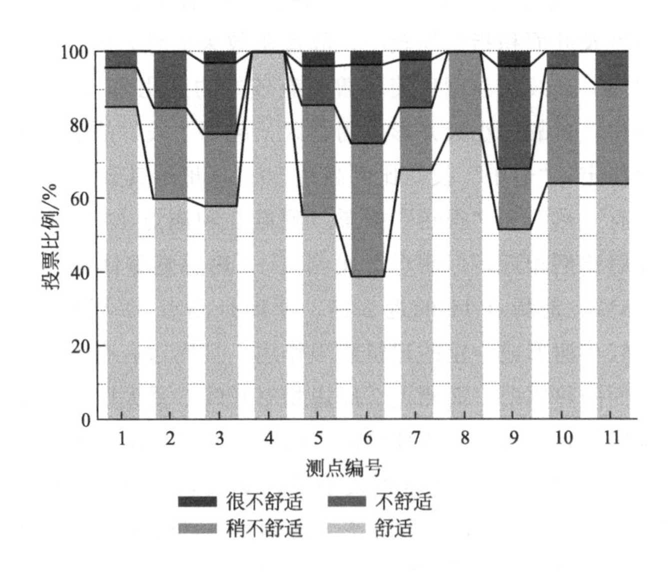

图 5-7　可园各测点热舒适投票比例

将室外各测点舒适度百分比排序：测点 4＞测点 1＞测点 8＞测点 10＞测点 11＞测点 2＞测点 3＞测点 5＞测点 9＞测点 6。可以发现其中超过 60％的受测者认为人工遮阳（廊、亭）下的空间（测点 1、2、10、11）舒适；超过 85％的受测者认为有人工遮阳且临水的空间（测点 1）舒适；超过 55％的受测者认为树荫下的空间（测点 5、8）舒适，舒适度受郁闭度和叶面积指数影响；超过 75%的受测者认为有树荫且临水的空间（测点 8）舒适。可见，遮阳措施与水体的适当结合可以提高空间舒适度。终日暴晒的测点舒适度较差，周边环境及行为活动可以缓解不舒适感。

5.3.4　清晖园

在清晖园的问卷调查中共获得 244 份有效问卷，统计园中各测点热感觉投票结果（表 5-6）。老园内共设置 6 个测点，新园瀑布旁设置测点 7 同老园静态水旁测点进行对比。其中，测点 1、2、4 皆为设置座椅的凉亭下，供游人休憩，由于测点 1、2 两亭距离较近，游客多在景观视野好且空间大的测点 1 停留，获得问卷数量较多；而游廊边的六角亭测点 2 由于空间较局促，且部分时段受太阳直射，游人多为路过，少有人长时间逗留；测点 4 位于高处，且步行至此的游客多被荷花池吸引，于此处乘凉休憩者较少，问卷量较小；测点 3 虽少树荫且无休息设施，但由于荷花池景观视野较好，吸引游客停留，问卷量较多；测点 5、6 属于交通空间，非景观点，途径停留者较少；测点 7 有连廊遮阳，旁为核心景观九狮山瀑布，游人多会驻足留影，故问卷量较大。

表 5-6　清晖园各测点热感觉投票结果统计　　　　单位：份

测点编号及位置	很冷	冷	凉	稍凉	适中	稍暖	暖	热	很热	总计
1 澄漪亭檐下，无树荫，临水	0	0	0	2	20	16	0	0	0	38
2 六角亭内，少树荫，临水	0	0	0	2	9	9	4	2	0	26
3 方池北岸，少树荫，临水	0	0	0	0	10	8	4	11	9	42
4 花纳亭内，多树荫，不临水	0	0	0	4	9	5	5	0	0	23
5 真砚斋前，多树荫，不临水	0	0	0	4	10	9	7	0	0	30
6 归寄庐后巷道，少树荫，不临水	0	0	0	1	5	10	6	4	3	29
7 新园连廊内，少树荫，瀑布旁	0	0	0	2	30	13	10	1	0	56

采用投票百分比对清晖园各测点热感觉、热舒适投票结果进行分析（图 5-8、图 5-9）。西南侧有游廊遮挡的澄漪亭测点 1“适中”投票 52.6%，高于西北侧有游廊遮挡的测点 2 约 20%，测点 2 偏热一侧投票近 60%。两个测点虽然所处环境相似，同样临水且在游廊边凉亭下，由于朝向不同，受太阳辐射

影响程度不同，热环境有所差异。对比同样在亭下的非水边测点 4，热适中以下比例与测点 1 相近，约 57%。但测点 4 热环境更加凉爽，“稍凉”投票比例为 17.4%，于园中偏凉投票比例最大，高于水边亭测点 1 约 12%。这是由于该庭位于树下，树荫的遮蔽降低了凉亭顶部吸热，减小了对流换热量，抑制了空气温度升高，乔木与亭的共同遮阳作用，使该点成为园中测点中最凉爽且舒适度最高的测点。测点 5 被茂密的乔木覆盖，热感觉、热舒适投票趋势同测点 4 相近。新园瀑布旁的测点 7，“适中”投票占 53.6%，比老园中环境相近的水边测点 1、2“适中”比例大，其中，比朝向相同的水边亭测点 2 高出 19%，可见动态水较静态水更有助于调节室外环境的舒适度。虽然测点 7 热适中比例最大，但在热舒适投票中的“舒适”比例却低于测点 4。比对前文测点 4 和测点 7 的各气象参数，可见冷热程度不是舒适度的唯一判定标准，在冷热程度差别不大的情况下，水边测点湿度过高反而影响了人的舒适感。基本无水平向遮挡的测点 3、6，“适中”投票不足 25%，低于平均水平，偏热一侧投票超过 75%，热感觉整体偏热且舒适度相对较低。其中测点 6 位于巷道内，两侧高耸的墙壁避免了部分太阳辐射，故热环境舒适度略好于测点 3。清晖园植被茂密，园中水面较大，且多以亭榭游廊环绕，各测点热环境普遍较好，整体热感觉相近，除了基本无遮挡的测点 3、6 舒适比例略低（约 60%）之外，各测点热舒适投票比例在 70%上下浮动，差别不大。

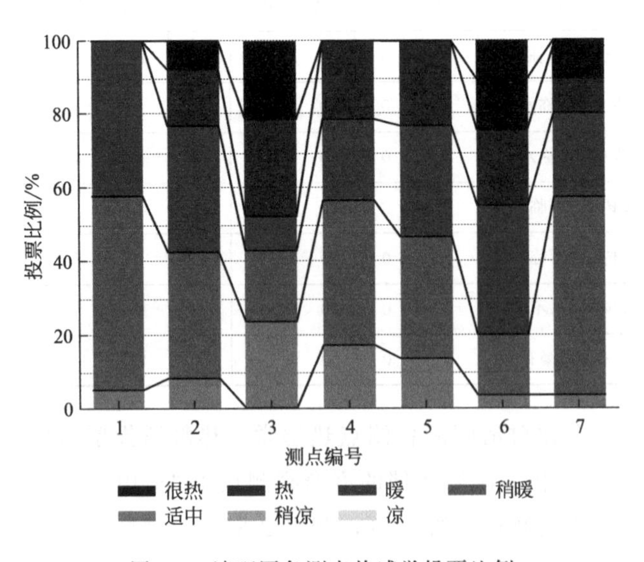

图 5-8　清晖园各测点热感觉投票比例

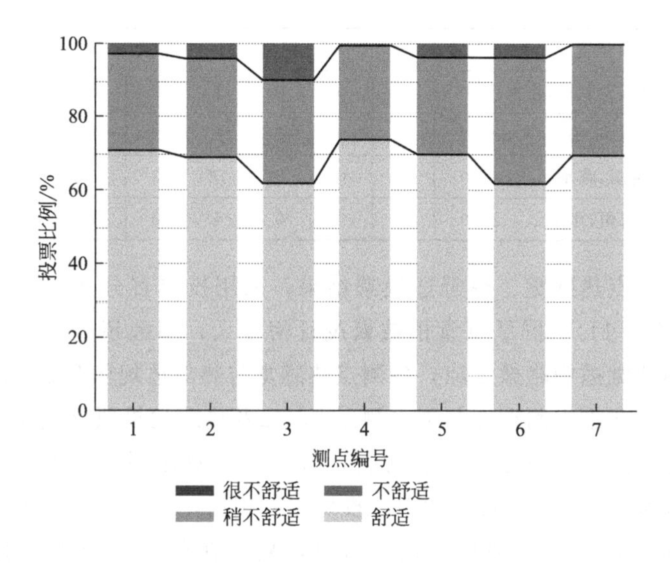

图 5-9　清晖园各测点热舒适投票比例

5.3.5　梁园群星草堂

通过访谈了解到梁园平日游人不多，测试当日又非节假日，故只获得有效问卷 113 份，统计园中各测点热感觉投票结果（表 5-7）。其中，测点 2、7 设置座椅或石凳供休憩，较多游人停留；测点 3 在假山上的凉亭内，由于位置较偏，距园内核心景点较远，虽有座椅，鲜有人来；测点 1 最接近水面，又有树荫遮挡，位置观景尚佳，虽未设置休憩设施，仍有较多游人停留，故问卷量相对较大；测点 5 非重要景点，且少树荫遮挡，长时间暴晒于太阳下，游客大多只是路过，少有人停留；同样情况的测点 4 在园中相对开阔的硬质小广场上，但由于是去厕所的必经之处，且四周树池可供坐下，休憩等人，故该测点获得投票较多；测点 6、8 位于连接景点的小径上，路较窄，二人不可并行而过，游人多只穿行，获得问卷量相对较少。

表 5-7　梁园各测点热感觉投票结果统计　　　　单位：份

测点编号及位置	很冷	冷	凉	稍凉	适中	稍暖	暖	热	很热	总计
1 船厅前廊，多树荫，临水	0	0	0	4	10	2	3	0	0	19
2 原方亭树下，多树荫，不临水	0	0	1	4	9	3	2	0	0	19
3 假山上亭内，少树荫，不临水	0	0	0	0	6	1	3	0	0	10
4 硬质小广场，无遮挡，不临水	0	0	1	2	6	6	0	4	1	20

续表

测点编号及位置	很冷	冷	凉	稍凉	适中	稍暖	暖	热	很热	总计
5 石庭水庭交界处，少遮挡，临水	0	0	0	0	1	2	0	1	1	5
6 假山旁，少树荫，临水	0	0	0	1	2	2	1	0	0	6
7 笠亭，无树荫，临水	0	0	0	2	13	3	7	0	0	25
8 拱桥上，少树荫，水上	0	0	0	0	4	0	1	1	3	9

统计各测点热感觉、热舒适投票结果，采用投票百分比对数据进行分析（图 5-10、图 5-11）。群星草堂植被繁茂且密度大，园区超过一半面积被树遮蔽，整体热感觉适中略微偏凉，各测点热感觉与热舒适规律基本一致。对比同样位于亭下的非临水测点 3 与临水测点 7，二者热感觉投票比例相似，临水测点 7 略偏凉，舒适投票比非临水测点 3 高 10%；对比同样位于树下的临水测点 1 与非临水测点 2，二者“适中”投票比例相近，约 50%，非水边测点 2 略偏凉，但临水测点 1 舒适度较高。可见，夏季在茂密树荫下或有水平遮阳（亭）的情况下，水体能给人的心理带来凉爽舒适之感。对比同样少树荫的非临水测点 4 和临水测点 5，其中无遮挡的水边测点 5，“适中”投票仅占 20%，其余 80%受测者认为该点偏热，“舒适”投票 60%，为园中最低；而非水边测点 4，“适中”投票比例 30%，偏热投票只有 55%，舒适投票比例较测点 5 高 5%，即是说临水测点热感觉反而偏热，且舒适度偏低。这是由于群星草堂乔木郁闭度很高，水面积比例也较大，这种情况下庭园整体湿度偏高，故当局部

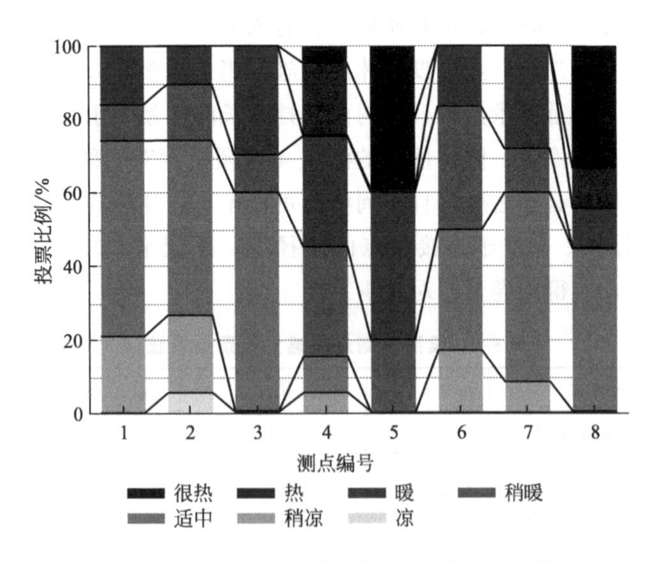

图 5-10　梁园群星草堂各测点热感觉投票比例

少遮挡的空间，受太阳辐射影响大、环境偏热的状态下，湿度过高增加人体对“热”的感觉，加重了不舒适感。测点 6 和测点 8 分居水庭南北两侧，虽测点自然环境大致相同，但由于测点 6 南侧有围墙，遮挡了部分太阳辐射，故该点热环境和热舒适状况相对测点 8 较好。

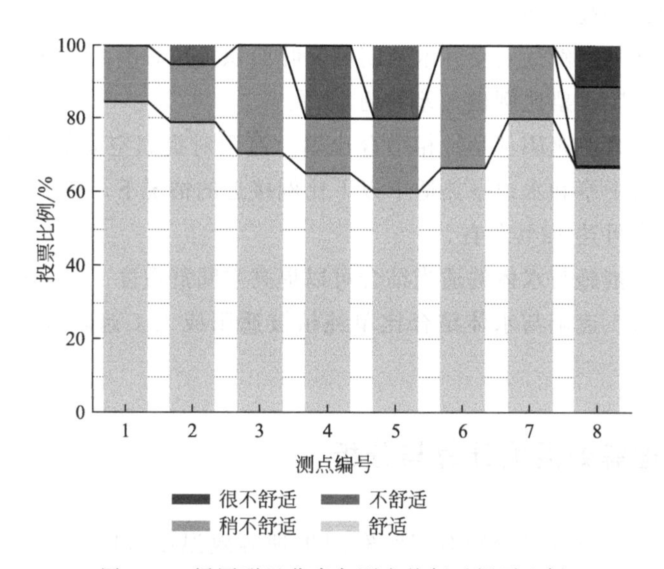

图 5-11　梁园群星草堂各测点热舒适投票比例

5.3.6　小结

通过对四大名园的人体热舒适问卷统计与分析，得出如下结论：

(1) 四园问卷统计结果显示，热舒适与热感觉规律基本一致，庭园热舒适比例 (69%) 大于热适中比例 (35%)。由此可见，在夏季，热感觉即使稍微偏离热适中，向“冷”或“热”偏移，人体仍旧可以保持热舒适状态。

(2) 冷热程度不是舒适度的唯一判定标准，在热感觉差别不大的情况下，人体舒适度在一定程度上也会受到心理因素影响。如，余荫山房同样热适中的两个测点中，树下测点“舒适”投票比例高约 15%；可园同样偏热的两个测点中，水上测点“舒适”投票比例高约 10%，可见水边、树下能给人心理带来荫凉舒适的感觉。

(3) 在湿热地区，湿度过高会增加“热”的感觉，加重不舒适感。测试对象中，由于湿度不同而导致热适中比例差异可达 10%，偏热投票比例差异可达 25%，舒适投票比例差异可达 5%。

(4) 空间开敞度及景观配置能导致亭下空间产生较大的热感觉差异。空间布局开敞且周边无乔木遮挡的空间热感觉整体偏热，“热”投票比例是布局紧凑且周边有遮挡的空间的近2倍。

（5）所处环境相似的空间，会因方位朝向差异而影响遮阳效果，导致热环境舒适度有所差异。测试对象中西南侧有遮挡的水边亭比西北侧有遮挡的水边亭，热适中比例高约20％。

（6）树下空间舒适度受乔木郁闭度及叶面积指数影响。测试对象中不同树下空间“适中”投票比例最大差异约18％。

（7）树与人工遮阳（亭）相结合比单一遮阳对提高空间舒适度效果更佳。测试对象中树下亭和水边亭热适中以下比例接近的情况下，树下亭偏凉投票比例高于水边亭可达12％左右。

（8）遮阳措施与水体的适当结合可以提高空间舒适度。测试对象中植被与水体结合、人工遮阳与水体结合比单纯植被遮阳或人工遮阳舒适度比例提高20％～25％。

5.4 生理等效温度计算与分析

运用RayMan模型分别对四座庭园生理等效温度（PET）进行计算及分析，在此基础上将四座庭园PET整体状况进行对比。

5.4.1 余荫山房

将余荫山房各测点生理等效温度（PET）进行统计（图5-12）。总体来看，PET最大值为55.8℃，最小值29.5℃，各测点平均PET最大差异6.4℃。

其中少树荫且无水平向人工遮阳长时间受太阳直射的测点3、7、9日间PET波动较大，随时间变化部分时段受太阳直射的测点1、4次之，其余测点日间PET较稳定，基本集中在30～35℃范围内，可见，生理等效温度与太阳辐射密切相关。

在PET相对稳定的测点中，室外测点2、8、10、11的PET平均值在33℃上下浮动，相差不大；室内测点5所在卧瓢庐属于静谧休憩之处，空间相对狭小密闭，PET平均值为31.8℃，低于其他测点；室内测点6所在玲珑水榭，可八面开窗，空间相对开阔通透，PET平均值为32.5℃，与玲珑水榭周边有遮挡的室外测点PET相近。PET波动较大的测点3、6、9中，测点3靠近园墙、测点6靠近假山，随太阳高度角变化园墙和假山能遮挡部分太阳辐

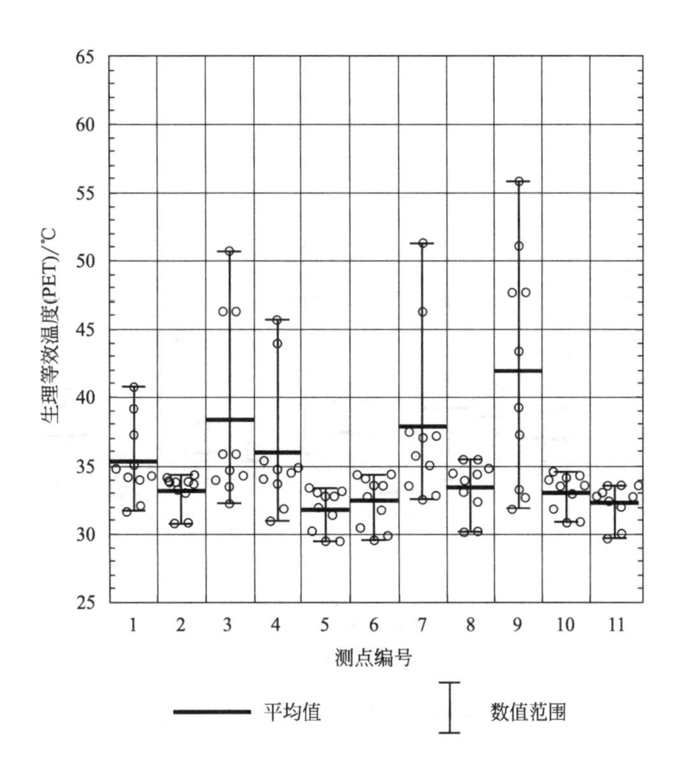

图 5-12　余荫山房各测点 PET 分析

射，起到垂直遮阳作用，PET 平均值约 38℃左右，较测点 9 低近 4℃。

5.4.2　可园

统计可园各测点 PET（图 5-13），全部测点总体来看，各测点日间变化差异较大，PET 最大值为 61℃，最小值 31.7℃，各测点平均 PET 最大差异 9.0℃，是四座庭园中测点间 PET 差异最大的庭园。

单独分析每个测点，无水平遮阳长时间受太阳直射的测点 3、6、9 日间 PET 波动较大，尤其是滋树台上的测点 6，PET 极值超过 60℃；几乎终日不受太阳直射的室外测点 4、10 和室内测点 7，PET 非常稳定，日间波动大致在 3℃范围内，其中测点 7 和测点 10 的 PET 在 35℃附近波动，测点 4 日间 PET 总是低于 35℃。其余测点的 PET 基本集中在 35～40℃范围内，相对稳定。

在 PET 相对稳定的测点 1、2、5、8、11 中，树下测点 8 的 PET 平均值

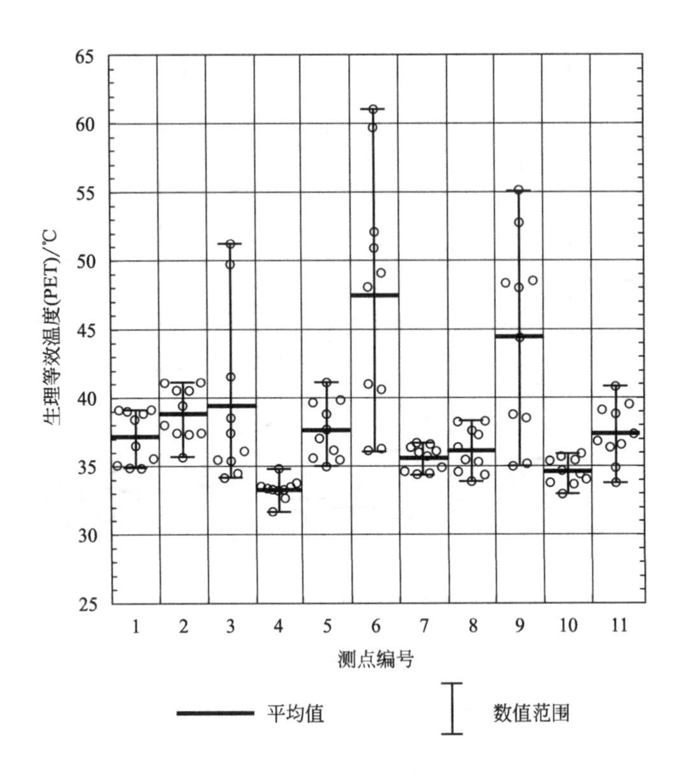

图 5-13　可园各测点 PET 分析

最低，约 36℃，但该点舒适度略低于位于开阔水面上的重要景观测点 1，可见在夏季适当提高风速、增强空间功能性，均能对空间舒适度有一定提升。同理，测点 5 的 PET 平均值低于测点 2，但因为测点 2 有休憩观景功能，舒适度投票比例略高。

5.4.3　清晖园

将清晖园各测点生理等效温度（PET）进行统计（图 5-14），总体来看全部测点 PET 最大值均小于 50℃，最小值均在 30℃附近波动，各测点平均 PET 最大差异 5.8℃。较其他三园来看，清晖园测点间 PET 变化差距最小，是四座庭园中日间热环境分布最为均匀的庭园。

园中遮挡最少的测点 3 日间 PET 波动相对较大，无水平遮阳的测点 6 次之。其他遮阳效果较好的测点日间 PET 基本在 30～35℃范围内。测点 3 的 PET 平均值也在该园测点中最高（38.5℃左右），测点 6 次之，其 PET 平均

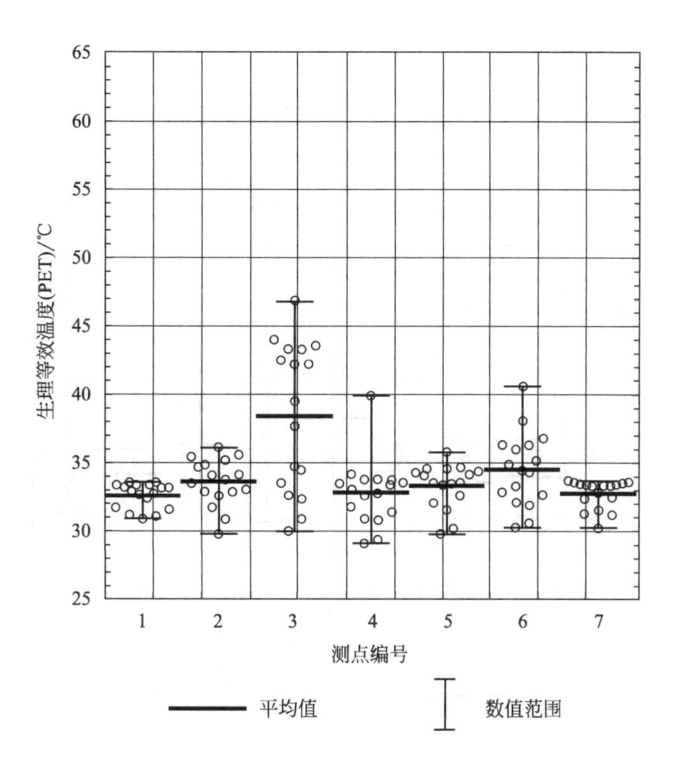

图5-14 清晖园各测点PET分析

值34.5℃，其余测点日间PET平均值接近，在33℃上下浮动。

5.4.4 梁园群星草堂

统计梁园各测点生理等效温度（PET）（图5-15）。总体来看，PET最大值为53.1℃，除测点4最小值27.5℃外，其他测点最小值均在30℃附近波动，各测点平均PET最大差异6.4℃。

其中日间PET波动较大的测点4、5、6、8均无水平遮阳，长时间受太阳直射的影响，其中临水测点5、8整体PET范围略高，PET平均值超过39℃，较同样无遮阳的非临水测点4高约2℃。这也再次证明了在太阳直射的高温情况下，增加湿度会使热环境变差。随太阳高度角和方位角的变化，假山园墙旁测点6的部分时段内处于假山和园墙的阴影中。日间PET波动幅度略小于测点4、5、8，PET平均值约35℃；其余有人工遮阳或树荫遮阳的测点（测点1、2、3、7）日间PET较稳定，基本集中在30～35℃范围内，PET平均值

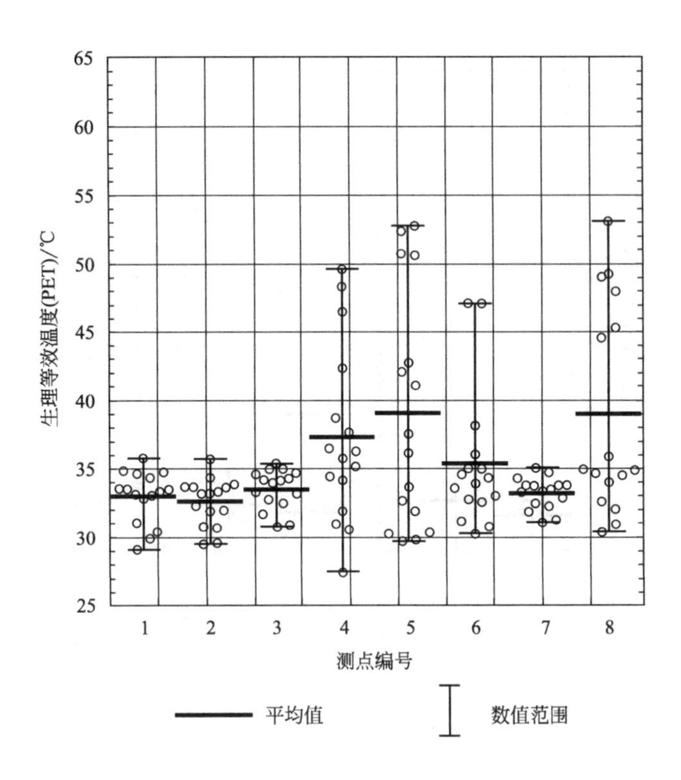

图 5-15　梁园群星草堂各测点 PET 分析

33℃左右，与余荫山房和清晖园相似。

5.4.5　四园综合对比

将四座庭园生理等效温度（PET）整体状况进行对比（图 5-16），除可园 PET 集中分布在 33～40℃区间外，其余三园 PET 集中分布在 30～35℃区间内。对比四座庭园极端值，PET 最大值排序：可园（61℃）＞余荫山房（55.8℃）＞梁园（53.1℃）＞清晖园（46.8℃），植被相对较少的可园 PET 最大值远超过其他三园，与其相差最小的当属余荫山房，PET 最大值亦低于可园超过 5℃，相差最大的清晖园，PET 最大值相差约 15℃；四座庭园 PET 最小值相对差距较小，可园 PET 最小值 31.7℃，高于其他三园，与之差距最大的梁园，PET 最小值约比可园低 4℃，其余两园 PET 最小值在 29～30℃之间。可见，庭园植被的多少及茂密程度与 PET 直接相关。由于所得数据中存在极端变量值，用中位数作为代表值更能反映各园区生理等效温度的中间水平，其中可园 PET 中间值 36.5℃，依旧在四座庭园中最高，其余三园 PET

中间值基本持平，余荫山房 33.9℃，清晖园 33.4℃，梁园 33.7℃。

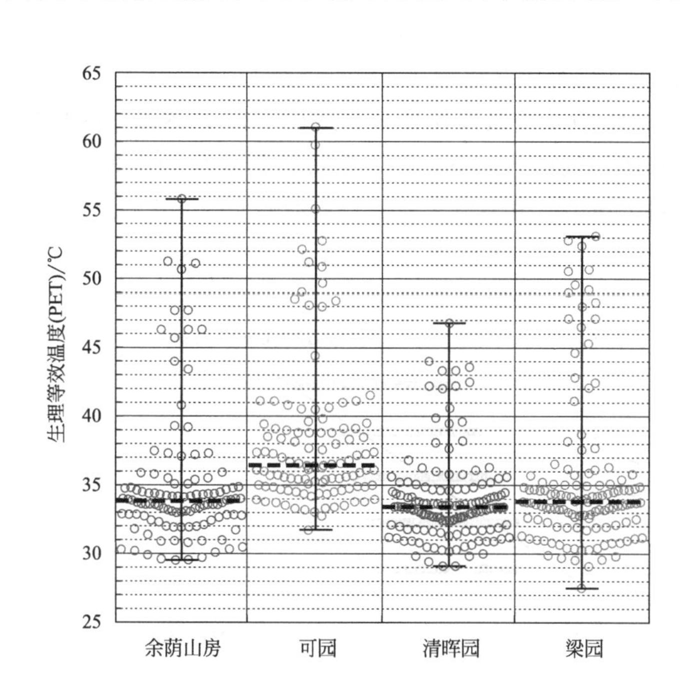

图 5-16 四大名园各测点 PET 综合分析

总的来说，四园中，清晖园园内各测点之间生理等效温度差异相对较小，各测点平均 PET 最大差异 5.8℃，园内热环境均匀性最好；余荫山房和梁园群星草堂园内各测点之间生理等效温度差异略大，各测点平均 PET 最大差异均为 6.4℃，园内热环境均匀性较清晖园略差；而可园各测点之间生理等效温度差异最大，各测点平均 PET 最大差异高达 9.0℃，园内热环境均匀性最差。热环境的均匀状况取决于环境要素的不同组合方式和配置比例。另外，可园 PET 整体偏高，最直观的原因是植被覆盖率低导致园内环境偏热。

5.5 庭园夏季热舒适阈值确定

筛选出每份问卷对应时刻和位置的生理等效温度（PET）与对应热感觉投票（TSV）进行回归分析，计算各个等级热感觉所对应的 PET。问卷调查没有获得“冷”“很冷”两种投票，故只计算热感觉标尺凉（−2）、稍凉（−1）、适中（0）、稍暖（+1）、暖（+2）、热（+3）、很热（+4）七个等级对应的PET中性温度，并取两标尺中间值（±0.5）再次计算，定义出庭园中夏季热感觉对应的PET范围。

综合四座庭园所有有效问卷数据（共945份），整体分析PET与TSV的关系。将问卷所得到的热感觉投票（TSV）与对应的生理等效温度（PET）进行回归分析，结果如图5-17所示。得到线性回归公式：

$$TSV=0.2135\times PET-6.5886 \tag{5-2}$$

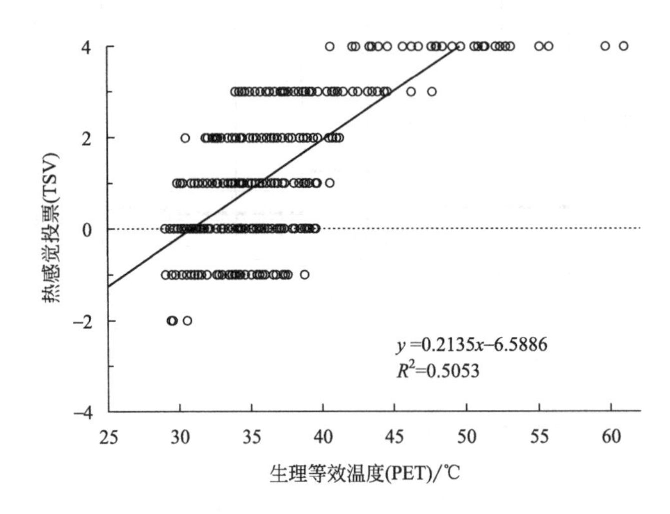

图5-17　四大名园热感觉投票与生理等效温度回归分析

由于人的热感觉和热舒适或多或少受到主观因素影响，加之样本量较大，故判定系数$R^2=0.5053$说明变量拟合度相对较高。根据式(5-2)计算出热感觉为凉（−2）、稍凉（−1）、适中（0）、稍暖（1）、暖（2）、热（3）、很热（4）时所对应的PET，并取两标尺中间值（±0.5）再次代入方程计算，定义出庭园中夏季室外热感觉对应的PET阈值范围（表5-8）。综合分析得到的夏季岭南庭园室外区域人体感觉适中时所对应的PET范围为28.5～33.2℃，PET中性温度为30.9℃。

表5-8　夏季庭园室外不同热感觉对应PET及其阈值范围

热感觉标尺	中性温度/℃	阈值范围/℃
凉−2	21.5	≤23.8
稍凉−1	26.2	23.8～28.5
适中0	30.9	28.5～33.2

续表

热感觉标尺	中性温度/℃	阈值范围/℃
稍暖 1	35.5	33.2～37.9
暖 2	40.2	37.9～42.6
热 3	44.9	42.6～47.3
很热 4	49.6	> 47.3

进一步利用热舒适投票百分比拟合曲线校验综合四园样本量得到的夏季室外热舒适阈值。将所得到问卷对应的 PET 值以 1℃为区间进行统计，计算各区间对应的热舒适投票中“舒适”所占百分比，得拟合度较高（$R^2=0.6252$）的拟合曲线及对应公式（图 5-18）。如图 5-18 所示，当热舒适投票中 70%的受测者认为舒适时，计算出对应的 PET 范围为 28.5～35.9℃，与线性回归所得到的 PET 舒适区间大部分重合，且范围稍大，最小值相同，最大值高 2.7℃。线性回归方法得到的 PET 阈值范围皆比热舒适投票百分比拟合曲线得到的 PET 阈值范围小，热舒适标准相对较高。故选择线性回归法得到 PET 阈值范围进行后续研究。所得夏季庭园室外不同热感觉对应 PET 阈值明显高于表 5-1 中安德里亚斯教授（Andreas Matzarakis）制定的 PET 等级标准。可见，湿热

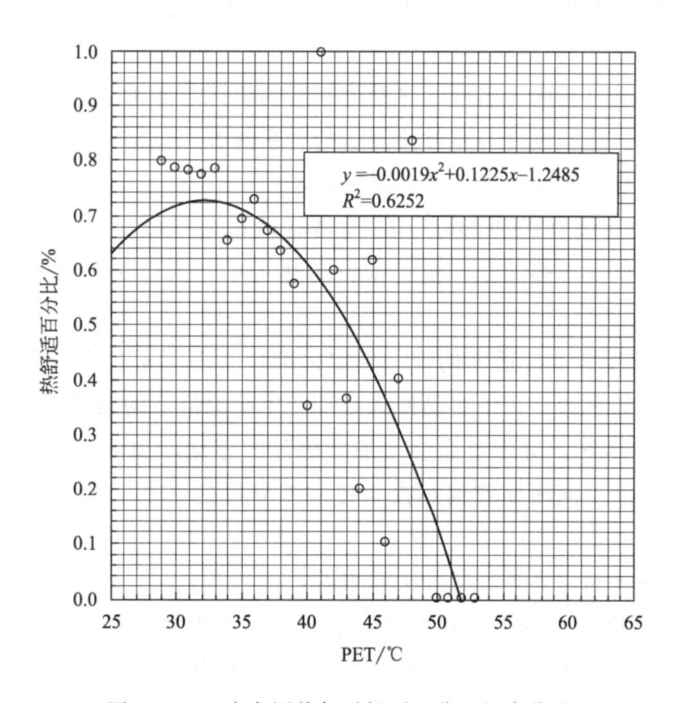

图 5-18　四大名园热舒适投票百分比拟合曲线

地区的使用者对较热的户外环境有更好的适应性。

如前文所述，夏季稍凉的热环境更能使人感觉舒适，夏季人体在室外环境中一般不会产生冷的感觉，从环境设计来考虑，夏季室外热环境的问题主要是热，故将 PET 阈值对应的热感觉标尺中“凉”和“稍凉”并入“适中”，仅限定热适中的上限温度。即认为：在夏季，当 PET≤33.2℃时，岭南庭园室外环境能带给人适中的热感觉，室外热环境能够保证舒适。

5.6 本章小结

由于受到气候、环境、功能以及热适应等多种因素的影响，使得人体对热环境的感知没有统一标准，从而导致热舒适评价模型具有一定的局限性，只适用于特定的环境条件。本章主要将岭南四大名园（余荫山房、可园、清晖园、梁园）夏季现场实测研究及人体热舒适调查问卷相结合，分别将四座庭园中受测者的热感觉投票（TSV）与生理等效温度（PET）相关联，对各园夏季室外热舒适阈值范围进行初步探讨，在此基础上运用线性回归方法，综合四园数据，得到岭南庭园夏季室外热舒适对应的 PET 阈值范围，并用热舒适投票百分比拟合曲线对所得阈值范围进行校验，最终建立岭南庭园夏季热舒适评价标准。

一方面，通过对四大名园的热舒适问卷的统计与分析，从人体自身与庭园舒适度的关系、庭园设计与室外热舒适的关系两方面分别得出如下结论：

从人体自身与庭园舒适度的关系来看：

① 四园问卷统计结果显示，庭园热舒适比例（69%）大于热适中比例（35%）。可见，夏季热感觉即使稍微偏离热适中，人体仍旧可以保持热舒适状态。

② 冷热程度并非舒适度的唯一判定标准，心理因素也会对人体舒适度产生一定影响。如水边、树下容易使人心理产生荫凉舒适的感觉。

③ 在湿热地区，湿度过高会增加“热”的感觉，加重不舒适感。测试对象中，由于湿度不同而导致偏热投票比例差异可达 25%，舒适投票比例差异达 5%。

从庭园设计与室外热舒适的关系来看：

① 空间开敞度及景观配置能导致亭下空间产生热感觉差异。布局开敞且周边无遮挡的空间热感觉整体偏热，“热”投票比例是布局紧凑且周边有遮挡的空间的近 2 倍。

② 空间方位朝向差异会影响遮阳效果，从而导致热环境舒适度产生差异。测试对象中西南侧有遮挡的水边亭比西北侧有遮挡的水边亭，热适中比例高约20%。

③ 乔木郁闭度及叶面积指数影响树下空间舒适程度。测试对象中不同树下空间“适中”投票比例最大差异约18%。

④ 树与人工遮阳相结合比单一遮阳对提高空间舒适度效果更佳。测试对象中树下亭偏凉投票比例高于水边亭可达12%左右。

⑤ 遮阳措施与水体的适当结合可以提高空间舒适度。测试对象中植被与水体结合、人工遮阳与水体结合比单纯植被遮阳或人工遮阳舒适度比例提高20%～25%。

另一方面，通过对庭园夏季室外热舒适阈值范围研究，得到如下结论：

① 热环境的均匀状况取决于环境要素的不同组合方式和配置比例。四园中，清晖园各测点日间平均PET差异仅5.8℃，低于余荫山房和梁园群星草堂0.6℃，低于可园3.2℃，园内热环境均匀性较好。

② 综合得到夏季岭南庭园室外PET值不超过33.2℃时，既能保证人体热适中状态，室外热环境又能够达到舒适。其中，PET中性温度为30.9℃。

本章针对岭南庭园夏季室外环境得出相应PET阈值范围，初步建立岭南庭园夏季热舒适评价标准，为岭南庭园室外热环境评价提供了依据，为定量化评估庭园设计优劣创造了条件，同时为后文针对岭南庭园空间布局及景观配置优化设计展开的庭园模型量变模拟研究提供了评判标准。

第6章

庭园空间要素配置的量变模拟研究

本章在庭园微气候理论研究及现场调研结果分析的基础上，以现存最完好的传统岭南庭园余荫山房为研究对象，利用ENVI-met软件对不同水平景观要素组合的庭园空间进行热环境量变模拟研究，将量变模拟结果结合岭南庭园室外热环境评价指标，量化分析不同的景观要素配置对庭园室外热环境舒适度的影响。

6.1 模拟工况的确定

余荫山房的八角水庭（图6-1）是开敞式庭园的代表案例。以第3章确定的夏季典型日（7月11日）气象参数作为初始边界条件进行模拟。将水体面积、郁闭度、乔木组织方式、景观建筑方位作为该类庭园空间景观配置的重点考察因素，分

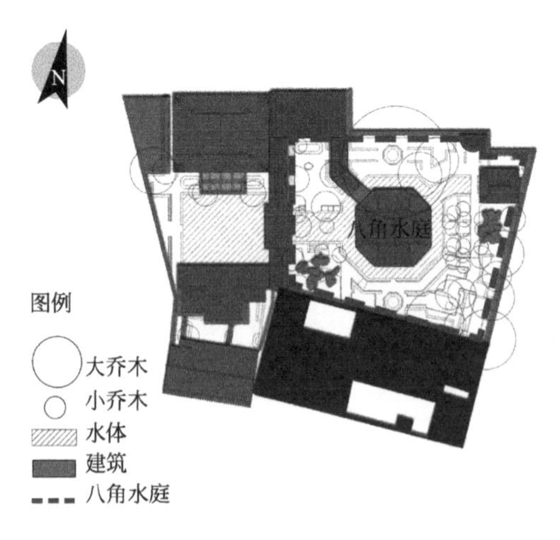

图6-1 余荫山房主要量变模拟范围示意

四组对余荫山房八角水庭热环境情况进行量变模拟实验。对现存及文献中传统岭南园林进行数据统计，逐一确定景观要素的水平，并对模拟工况进行编号。

6.1.1 水体面积(A)

现存岭南庭园中水体深度以1.5～2m居多。已有研究表明，ENVI-met模型中不同水体深度对模拟结果影响很小，尤其当水深超过0.45m时，表面温度即不随着深度变化而变化[102]。因此，在后续的模拟分析中，不改变水深，统一采用ENVI-met对水深的缺省设置，即1.75m。研究重点关注水体面积大小对庭园热环境的影响。

以水体面积占该庭单元面积的百分比衡量水体面积的大小。对现存传统庭园及文献测绘图纸中17座岭南庭园进行数据统计，其中超过75%的开敞式庭园包含水体，平均水体面积比例40%左右，可见水体在此类庭中的重要性。在统计的案例中，水体面积比例最小为20%，最大至60%。综合极值及平均值作为该组模拟实验的变量水平，即水体面积比例20%、40%、60%的三种工况，分别编号为：YT-A1、YT-A2、YT-A3，如图6-2所示。其中，余荫山

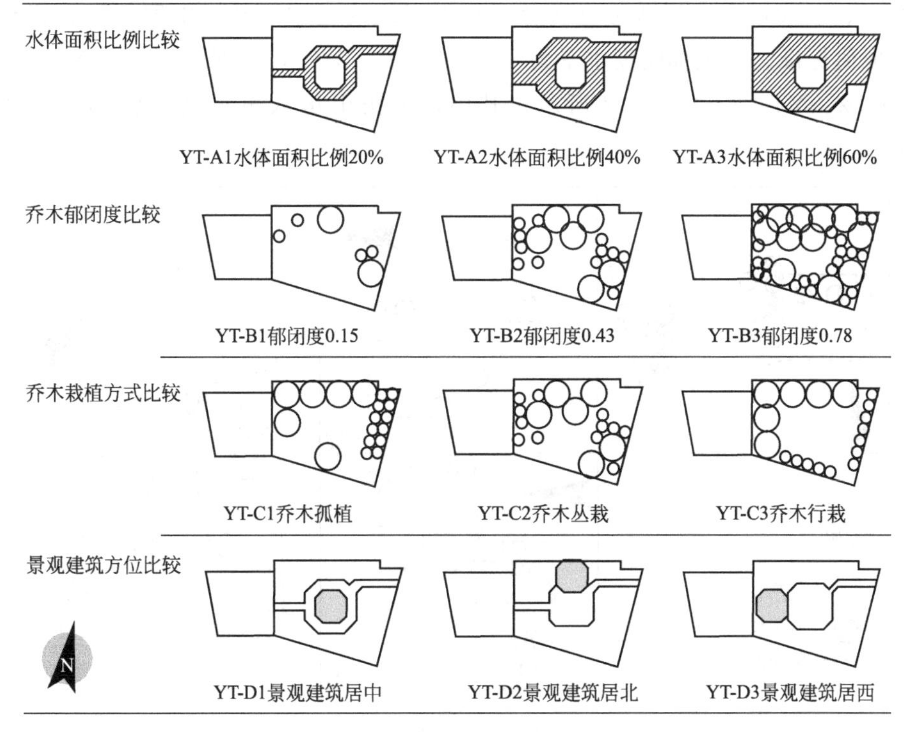

图6-2 余荫山房八角水庭景观要素水平示意图

房八角水庭现状水体面积比例接近 20%。

6.1.2 郁闭度(B)

植物是园林造景中重要的组成部分，高大的乔木多作遮阴用，低矮的灌木多作观赏用。已有研究也证实同等面积的乔木比灌木、草本的降温效果更佳。本研究重点关注与热环境密切相关的乔木，以郁闭度（即阳光直射条件下乔木树冠在地面的总投影面积与庭单元面积的比值）作为反映乔木遮蔽地面程度的指标，来考察乔木对庭园热环境的影响。

由于传统岭南园林大多已不可考，故主要针对现存最具代表性的岭南传统四大名园进行乔木郁闭度的统计。在实地调研的基础上，参考已有文献[175,176]，绘制岭南传统四大名园的乔木配置详图（图 6-3），主要描绘乔木的位置及冠幅。计算所有乔木的遮阴面积，剔除树冠重叠部分，得到乔木有效遮阴面积。求有效遮阴面积与庭单元面积的比值，得到各个庭单元的郁闭度，从 0.10～0.79 不等。由于统计案例得到的郁闭度差距较大，采用分段取平均的方法，将所得郁闭度值均分三段，取得各段平均郁闭度为 0.15、0.43、0.78，刚好分别对应联合国粮农组织规定中疏林、中度郁闭、密林的取值标准。确定郁闭度水平为 0.15、0.43、0.78，分别对应工况 YT-B1、YT-B2、YT-B3，如图 6-2 所示。其中，余荫山房八角水庭现状郁闭度接近 0.43。

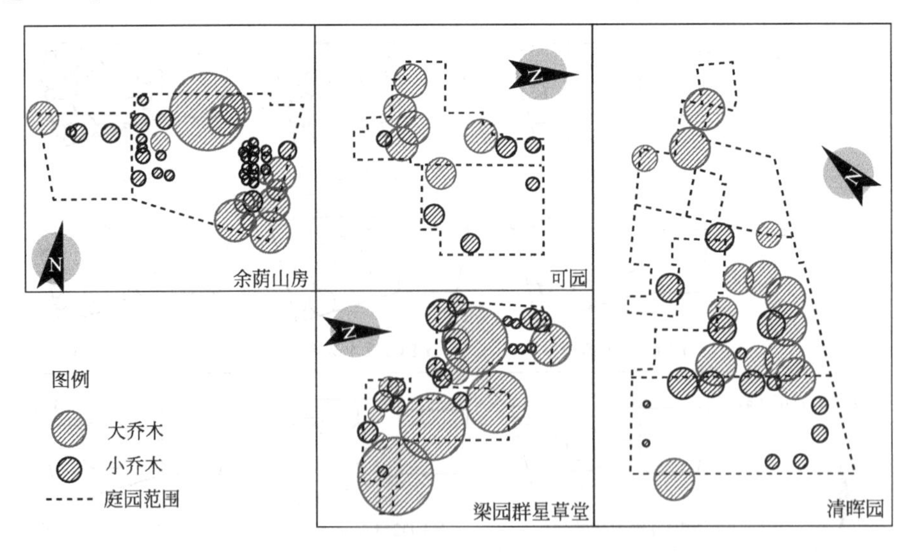

图 6-3　岭南传统四大名园的乔木配置详图

为了在模拟工况中便于操作，统计大乔木和小乔木的冠幅及高度，以其均值作为大、小乔木的参数。经统计，四大名园中大乔木共 42 棵，平均冠幅约 7m，树高约 11m；小乔木共 75 棵，平均冠幅约 3m，树高约 4m。另外，由于大、小乔木相同树冠面积的遮阴效果差异较大，为了使模拟更接近真实状况，需计算庭园中大、小乔木的常见比例，帮助确定各工况下大、小乔木的具体数量。根据前文得到的大、小乔木的平均冠幅，求出单棵大、小乔木的平均遮阴面积，分别将各庭单元大、小乔木总的有效遮阴面积除以对应单棵乔木平均遮阴面积，得到各庭单元中大、小乔木的数量，进而将郁闭度再次量化为大、小乔木的配比。根据统计结果，75%的庭单元中大、小乔木的配比在 1 以下，将所有小于 1 的配比求均值，得到庭园中有效遮阴的大、小乔木配比约为 1/2。

综上，根据确定的乔木冠幅（大乔木 7m、小乔木 3m）、乔木配比（1/2）及郁闭度水平（0.15、0.43、0.78），计算出各种工况下大、小乔木的具体数量，见表 6-1。

表 6-1　余荫山房八角水庭不同郁闭度工况下乔木配置数量

工况编号	郁闭度	庭单元面积/m^2	大乔木数量/棵	小乔木数量/棵
YT-B1	0.15	770	2	4
YT-B2	0.43	770	6	12
YT-B3	0.78	770	11	22

已有研究表明，ENVI-met 的植被模块中茂密乔木（DM）及稀疏乔木（MO）两模型适用于湿热地区的热环境模拟分析[1]。本研究主要选取有明显冠层的乔木（DM）模型，按照上述对大小乔木的定义，修改乔木高度，进行后续景观要素量变模拟实验。

6.1.3　乔木组织方式（C）

乔木是庭园室外空间中主要的遮阳要素之一，乔木组织方式的不同往往影响着庭园热环境的空间分布情况。故本研究着重考虑与热环境关系密切的乔木组织方式，重点研究岭南庭园中较常见的孤植、丛栽、行栽三种乔木组织方式，分别对应工况编号 YT-C1、YT-C2、YT-C3，如图 6-2 所示。其中，余荫山房八角水庭主要采用丛栽的乔木组织方式。由于乔木数量过多或过少都会使乔木组织方式受限，且郁闭度过大或过小皆不利于乔木组织方式对热环境作用效果的观察，因此本研究选择中等郁闭度（即郁闭度 0.43）的情况下，来探讨乔木组织方式的变化给庭园热环境带来的影响。

6.1.4 景观建筑方位(D)

根据整理，以自然景观为主的开敞式庭园中，常设有小型景观建筑，如，水榭、凉亭等，既作观景之用，又作景观被赏。而景观建筑方位的选择，不仅会影响景观视野，同时对庭园热环境的形成亦十分重要。故在研究自然景观要素（水体、乔木）的基础上，同时关注景观建筑方位对庭园热环境的影响。统计开敞式庭园中小型景观建筑于庭中的位置关系（表 6-2），其中建筑位于庭北、庭西两个方位的所占比例较大，约 30%，将这两个方位确定为景观建筑方位影响因素的两个水平；另外根据实测数据可知，在余荫山房中居于水上的玲珑水榭日间舒适度始终保持良好，试图探究该种建筑布局方式对热环境营造的贡献，故增加亭榭居中为第三种景观建筑方位水平。将建筑居于庭中及建筑位于庭北、庭西三种工况分别编号为 YT-D1、YT-D2、YT-D3，如图 6-2 所示。根据实地调研，现存的岭南庭园中小型景观建筑与庭的位置关系恰好也只出现了上述三种情况。

表 6-2 开敞式庭园小型景观建筑于庭中的位置关系统计

景观建筑方位	数量	比例/%
建筑位于庭中	1	7.1
建筑位于庭南	2	14.3
建筑位于庭北	4	28.6
建筑位于庭东	2	14.3
建筑位于庭西	5	35.7

按照上述 12 种工况（表 6-3、图 6-2）改变余荫山房八角水庭景观要素配置，选用 1m×1m 网格，以夏季典型日 7 月 11 日气象参数为模拟初始条件（表 3-5），借助 ENVI-met 软件进行各工况庭园热环境模拟。

表 6-3 余荫山房八角水庭影响因素的工况编号及影响因素水平

影响因素	工况编号	影响因素水平
水体面积 (A)	YT-A1	20%
	YT-A2	40%
	YT-A3	60%
乔木郁闭度 (B)	YT-B1	0.15
	YT-B2	0.43
	YT-B3	0.78
乔木组织方式 (C)	YT-C1	孤植
	YT-C2	丛栽
	YT-C3	行栽

续表

影响因素	工况编号	影响因素水平
景观建筑方位（D）	YT-D1	建筑居于庭中
	YT-D2	建筑居于庭北
	YT-D3	建筑居于庭西

本章统一运用从整体到局部，层层深入的分析方法，选取近地面 1.5m 高度处数据，对不同影响因素的四组模拟结果分别进行分析。首先，利用生理等效温度（PET）空间分布图，直观描述各工况庭园整体热环境分布情况；然后，进一步运用庭园空间热感觉百分比衡量景观要素变化对热环境的改善程度；最后，提取局部空间 PET 数据，重点对比不同工况下具有代表性特征的观察点的热环境逐时变化状况。

6.2 景观要素对庭园热环境的影响

6.2.1 水体面积对庭园热环境的影响

通过热环境综合评价指标 PET 比较，分析水体面积对庭园热环境的影响。对各工况早上、中午、傍晚 PET 空间分布情况进行对比分析，由图 6-4 能够直

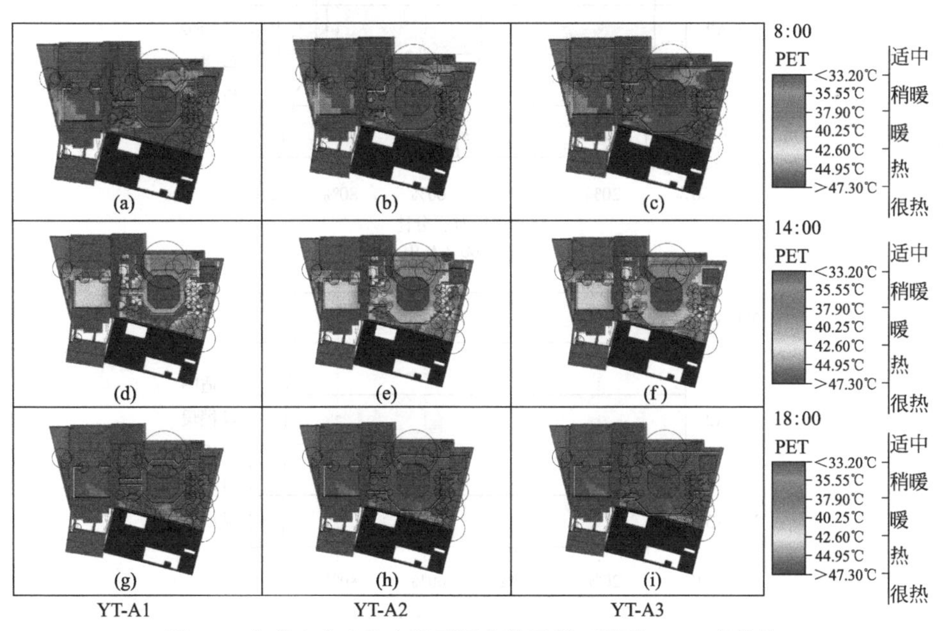

图 6-4　余荫山房八角水庭不同水体面积工况下 1.5m 高度处生理等效温度（PET）空间分布对比

观看出，水体面积增加能够降低庭园 PET，改善庭园热环境，调节作用在中午最强，早上次之，傍晚最弱。但改善区域基本仅限于新增水体上方空间，对水体周边热环境影响较微弱，即对人活动范围热环境的改善效果不明显。同时，增大水体面积必然会导致人体活动范围的缩小，故调整水体面积时需权衡利弊。

结合各工况庭园热感觉百分比（图 6-5）具体分析水体面积对庭园整体热

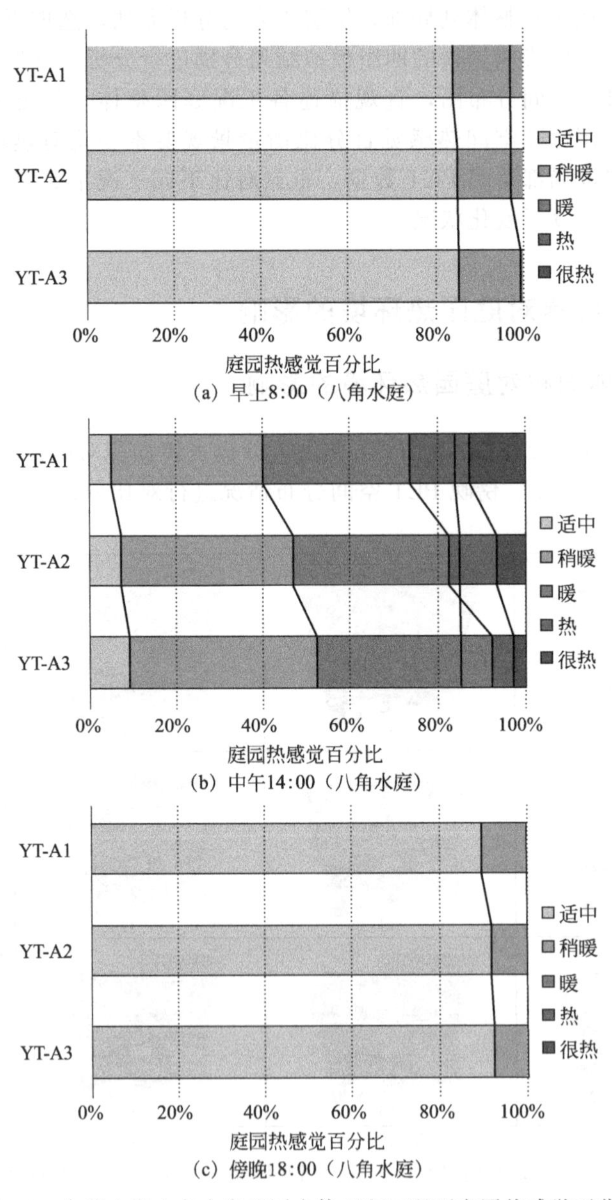

(a) 早上8:00（八角水庭）

(b) 中午14:00（八角水庭）

(c) 傍晚18:00（八角水庭）

图 6-5　余荫山房八角水庭不同水体面积工况下庭园热感觉百分比

环境的影响程度。由于余荫山房八角水庭植被繁茂，降低了太阳辐射对庭园空间的影响，整体热环境较好。早上和傍晚时段八角水庭热环境基本能保持舒适，增加水体面积能略微提升庭园热适中比例，仅提升1%～3%；水体面积增加对中午时段庭园热环境影响相对明显，水体面积依次增加20%，使庭园“热”以上比例依次减少8%～10%，对缓解庭园热有一定作用，同时主要使庭园暖和稍暖比例提升，热适中比例变化微弱，依次仅增加2%左右。

在此基础上对比水体面积不同的三种工况下，八角水庭局部空间（树下、非树下）PET的变化情况，进一步分析验证水面积增大对八角水庭室外局部空间热环境的影响程度。同样通过逐时比较园内观察点与园外参照点PET差值来反映工况间差异，如图6-6所示。如前文所述，水体面积增大导致个别工况观察点下垫面发生变化，下垫面由硬质铺地变为水体时各点PET皆有所降低，降幅基本与太阳辐射成正比。其中非树下空间PET最大降幅超过7℃，树下空间PET最大降幅2.5℃，可见，非树下空间热环境受水体影响更大。对观察点下垫面不变的工况进行对比可知，水体面积增大PET仅有0.1～0.2℃的降低，再次验证了水体面积增大对水体周边热环境影响较微弱。

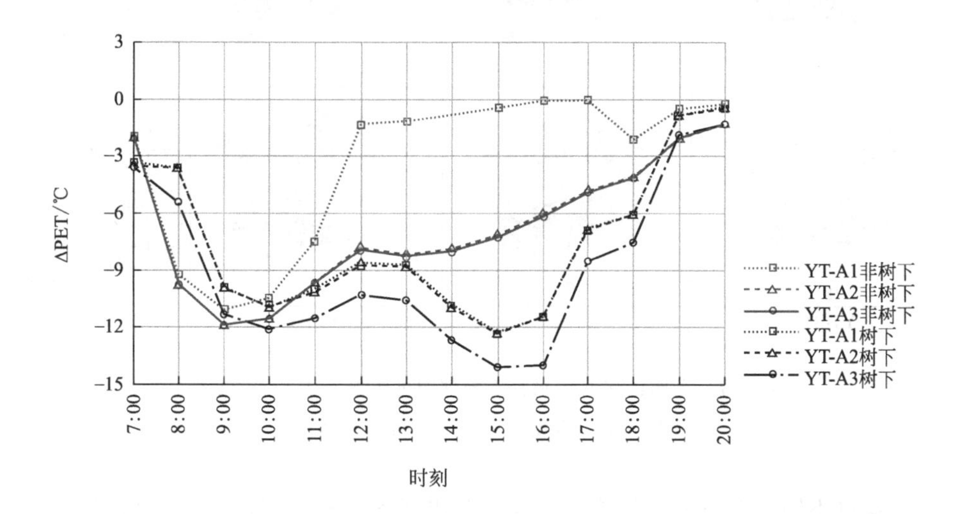

图6-6　余荫山房八角水庭不同水体面积工况下庭园局部空间1.5m高度处PET与园外参照点差值比较

6.2.2　郁闭度对庭园热环境的影响

通过热环境综合评价指标PET比较，分析郁闭度对庭园整体热环境的影响。对各工况（YT-B1＝0.15、YT-B2＝0.43、YT-B3＝0.78）早上、中午、傍晚 PET 空间分布情况进行对比分析，如图 6-7 所示。庭园郁闭度增加能够有效降低庭园 PET，缓解午间的炎热，改善庭园热环境。尤其在中午时段，郁闭度越高，庭园满足热舒适范围越大，热环境被改善的区域，大多被调整至暖或稍暖状态，很难调整至热适中。此外，八角水庭郁闭度增大，在早上时段对相邻方池水庭热环境亦有一定程度改善。

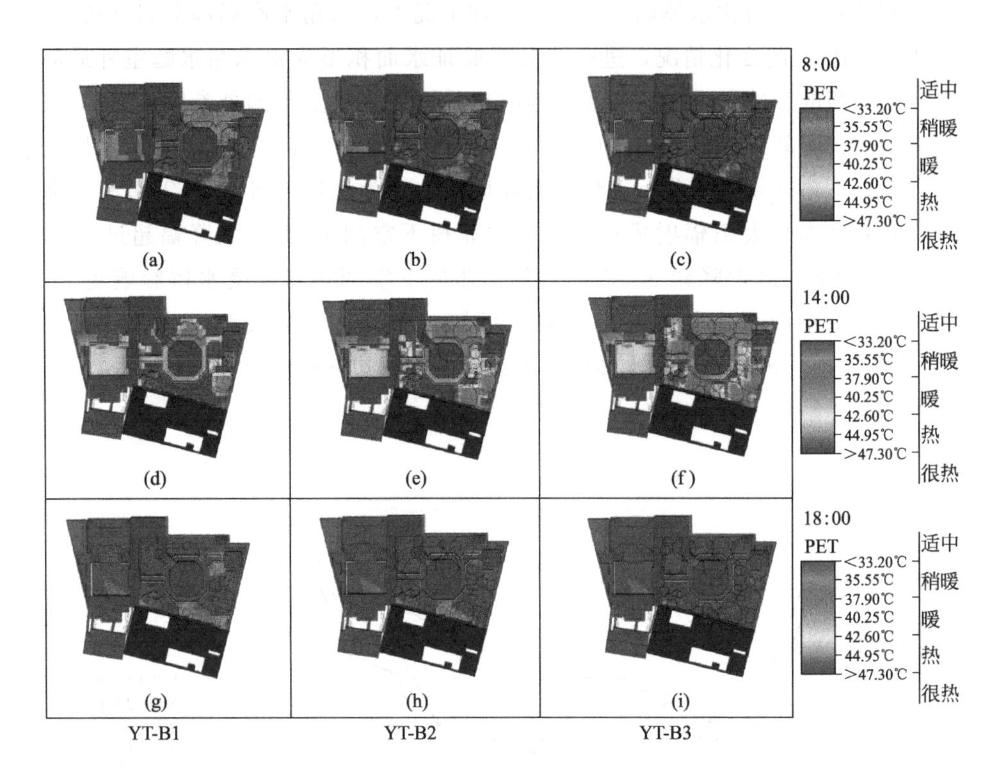

图 6-7　余荫山房八角水庭不同郁闭度工况下 1.5m 高度处生理等效温度（PET）空间分布对比

通过不同工况下庭园热感觉百分比对比（图 6-8）可以直观看出，郁闭度增加对庭园热环境的改善程度比水体显著。早上和傍晚时段，庭园空间热环境皆处于热舒适状态，郁闭度的增加使庭园热适中比例有所升高。其中，早上时段，随郁闭度增加，庭园热适中比例依次提高约 13%；傍晚时段，当郁闭度从 0.15 增至 0.43 时，庭园热适中范围增大约 9%，而郁闭度从 0.43 增至 0.78 时，庭园热适中范围仅增大约 6%。中午时段，当郁闭度从 0.15 增至

0.43，很热区域减少近 20%，主要使暖和稍暖比例提升约 18%，热适中比例变化微弱；而郁闭度继续增加至 0.78 时，很热区域仅减少约 15%，暖和稍暖

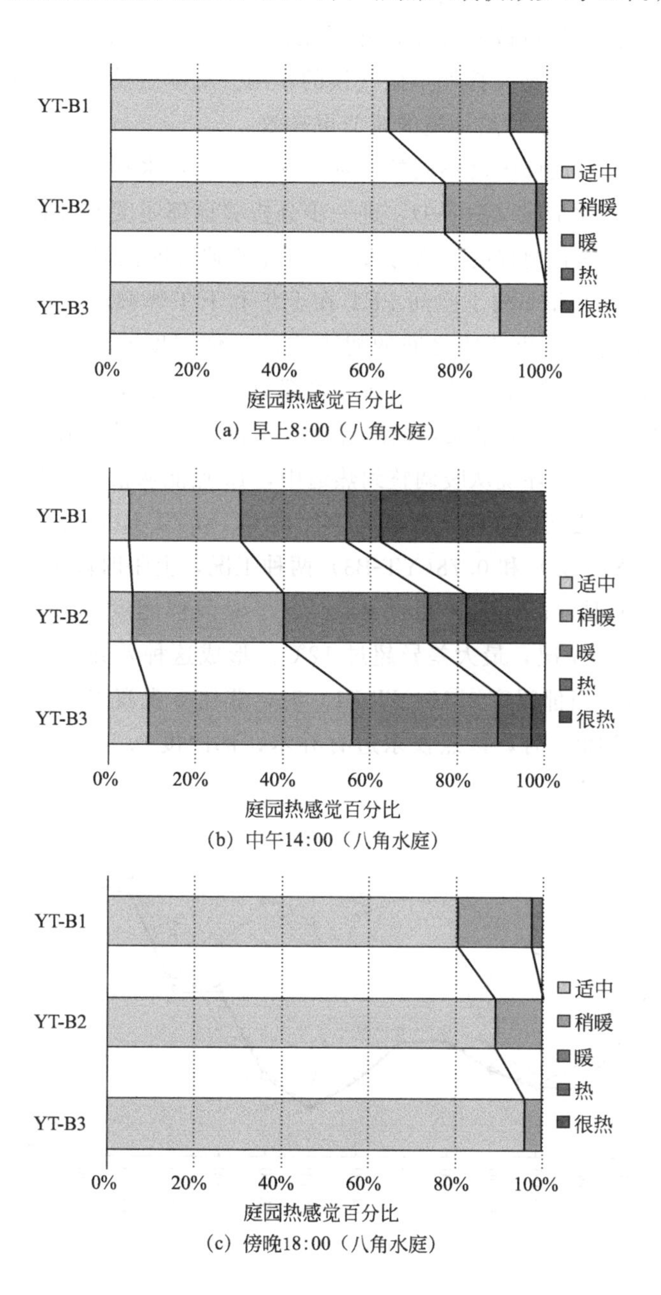

(a) 早上8:00（八角水庭）

(b) 中午14:00（八角水庭）

(c) 傍晚18:00（八角水庭）

图 6-8 余荫山房八角水庭不同郁闭度工况下庭园热感觉百分比

比例提升约13%，热适中比例变化依旧微弱。由此可见，郁闭度增加能够有效缓解午间的庭园热，增大庭园舒适范围，主要使暖和稍暖比例提升，但郁闭度增幅与庭园热环境的改善程度，并不能持续成等比增加，适当增加郁闭度，反而能使乔木更高效地发挥调节微气候的作用。从本组模拟试验来看，郁闭度增加到0.43时，乔木对热环境的调节更高效。

在此基础上对比郁闭度不同的三种工况下，八角水庭局部空间（树下、非树下）PET的变化情况（图6-9)，进一步分析验证郁闭度增大对八角水庭室外局部空间热环境的影响程度。总的来说，在重点研究时段内（7：00～20：00)，郁闭度增大，树下和非树下空间PET在上午和下午降幅较大，中午降低幅度较小。位于水榭与北边园墙之间的树下空间，郁闭度0.43(YT-B2）和0.78(YT-B3）两种工况树下观察点PET大部分时段相近，皆低于郁闭度0.15(YT-B1）的工况，PET最大降幅出现在9点和15点，降幅接近10℃，其中，9点能将树下空间热环境从暖调整到热适中，15点能从很热调节到稍暖。位于水榭与南边园墙之间的非树下空间，郁闭度0.15(YT-B1）时PET持续最高；郁闭度0.43(YT-B2）和0.78(YT-B3）两种工况，上午时段PET相近且低于郁闭度0.15工况，最大差异超过9℃；下午时段郁闭度0.78(YT-B3）工况PET低于其他两工况，最大差异超过12℃。形成这种差异的原因主要在于乔木栽植的位置。当郁闭度0.15(YT-B1）时，非树下观察点东西皆无乔木；郁闭度0.43(YT-B2）时，该点仅东边有乔木；郁闭度0.78(YT-B3）时，该点

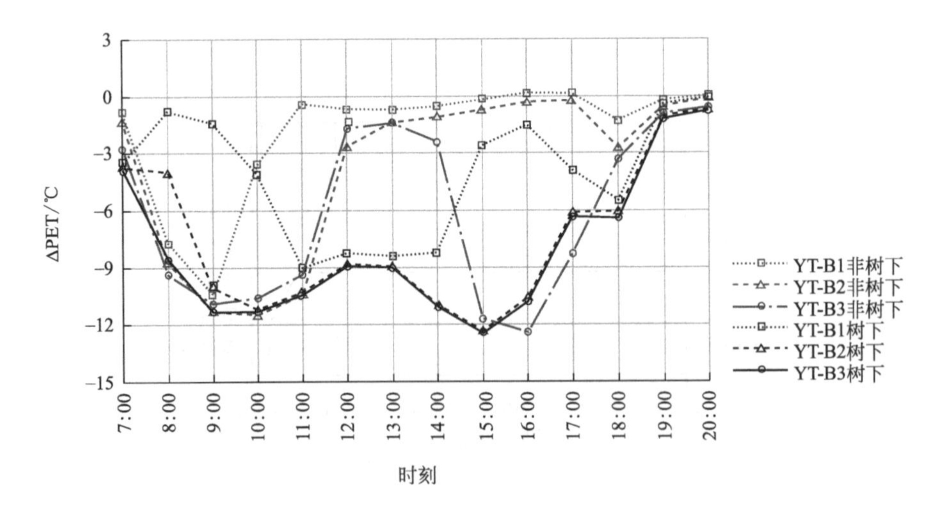

图6-9　余荫山房八角水庭不同郁闭度工况下庭园局部空间1.5m高度处PET与园外参照点差值比较

东西两侧皆有乔木。不同位置的乔木能阻挡不同时段不同方位的太阳照射，由于乔木有效遮阳而引起非树下空间 PET 大幅降低，能使热环境从很热调节到舒适。综上，增大郁闭度对树下空间和非树下空间部分时段热环境改善程度皆十分显著；乔木成群栽植对树下空间热环境的调节效果明显优于单棵乔木，且适当的郁闭度即可高效发挥乔木的遮阳作用；郁闭度增加的同时乔木栽植位置亦对改善庭园空间热环境十分重要，尤其对于改善非树下空间热环境效果显著。

6.2.3　乔木组织方式对庭园热环境的影响

通过热环境综合评价指标 PET 比较（图 6-10），分析乔木组织方式对庭园热环境的影响。改变乔木组织方式主要改善庭园热环境分布的均匀程度。其中，中午时段庭园热环境空间分布受其影响最大，早上次之，晚上作用基本消失。大小乔木配合丛栽（YT-C2）的方式在早上时段能形成较好的遮阳效果，八角水庭热环境满足热适中的区域较大，同时，能使庭园空间热环境分布较均

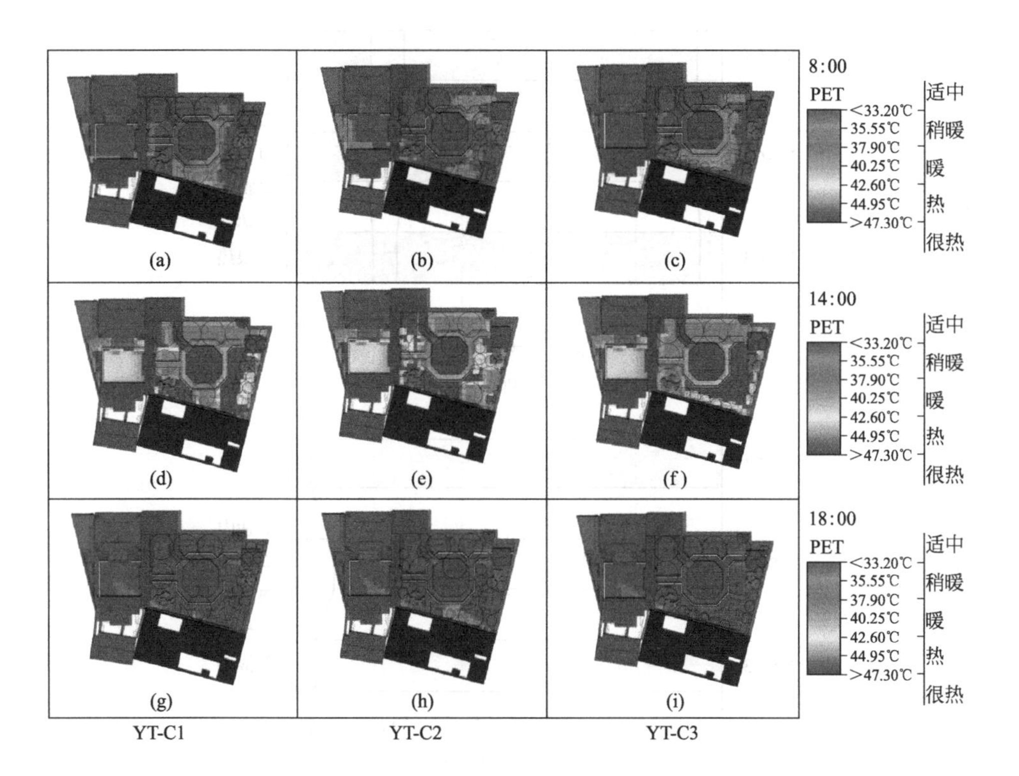

图 6-10　余荫山房八角水庭不同乔木组织方式工况下 1.5m 高度处生理等效温度（PET）空间分布对比

匀，尤其在中午时段使八角水庭内很热的空间相对分散，避免人在穿行过程中长时间处于不舒适状态。

通过对比不同工况下庭园热感觉百分比（图 6-11），进一步分析乔木组织

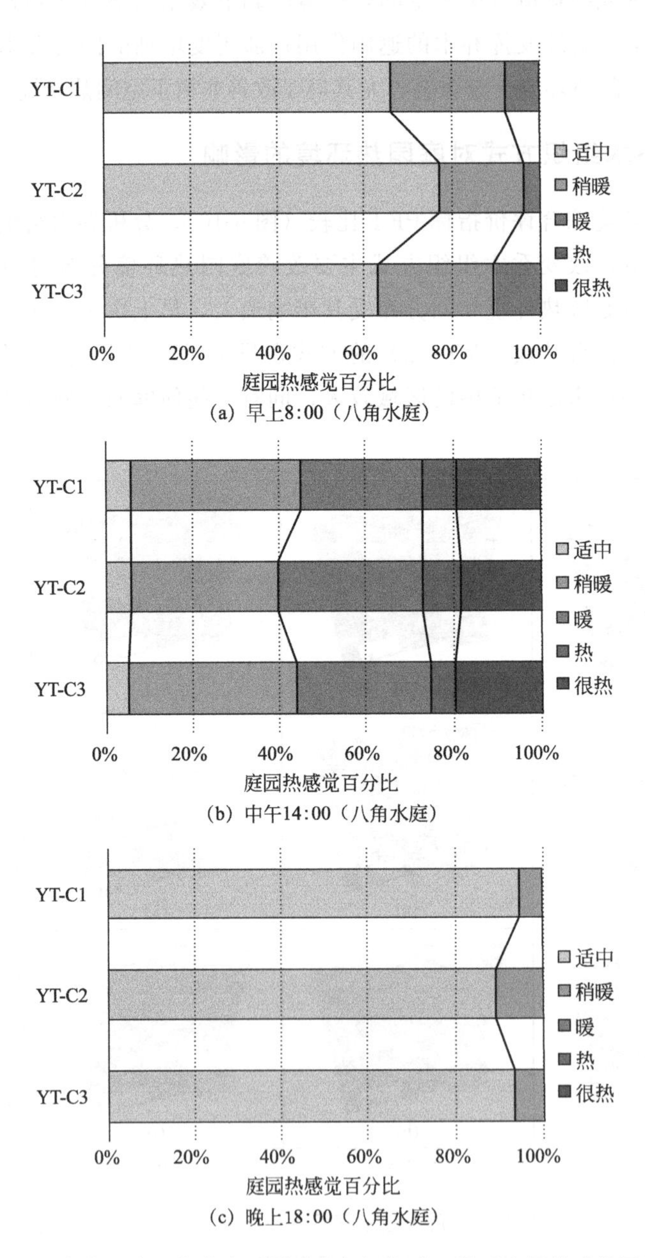

(a) 早上8:00（八角水庭）

(b) 中午14:00（八角水庭）

(c) 晚上18:00（八角水庭）

图 6-11　余荫山房八角水庭不同乔木组织方式工况下庭园热感觉百分比

方式的变化对庭园整体热环境的改善程度。乔木组织方式对庭园热环境的影响弱于水体面积和郁闭度带来的影响。孤植（YT-C1）和行栽（YT-C3）的方式下，庭园各种热感觉百分比相近，只在室外热环境空间分布上有所差异。丛栽（YT-C2）的方式与二者差异相对较大。早上时段，丛栽的工况下，热适中比例高于其他两工况超过10%，如前文所述，这是由于该工况大小乔木配合栽植，相对均匀的乔木分布形成了对低角度太阳辐射的良好遮挡；中午时段，三种工况下“暖”以下比例均约75%，热适中比例均约5.5%，丛栽（YT-C2）使庭园“很热”比例低于其他两工况约2%，“暖”的比例高于其他两工况3%～5%，庭园空间差异性相对较小，室外热环境均匀度相对较高。傍晚时段，三种工况庭园热环境均保持在“稍暖”和“适中”范围，庭园舒适度较高，丛栽（YT-C2）较其他两工况热适中比例略低4%～5%。

在此基础上对比乔木组织方式不同的三种工况下，八角水庭局部空间（树下、非树下）PET的变化情况（图6-12），分析乔木组织方式改变对八角水庭室外局部空间热环境的影响程度。总的来说，在重点研究时段内（7：00～20：00），乔木组织方式改变对于非树下空间的影响程度大于树下空间。由于丛栽工况下乔木布置相对均匀，水榭北树木密集度低于其他两工况，使得个别时段PET略高，早上8点差异最显著，接近5℃，除此之外，差异基本保持在1℃范围内。对于水榭南非树下空间来说，由于不同乔木组织方式下该空间乔木布局情况差异较大，导致非树下空间工况间热环境差异明显，与该空间各工况间Mrt差异

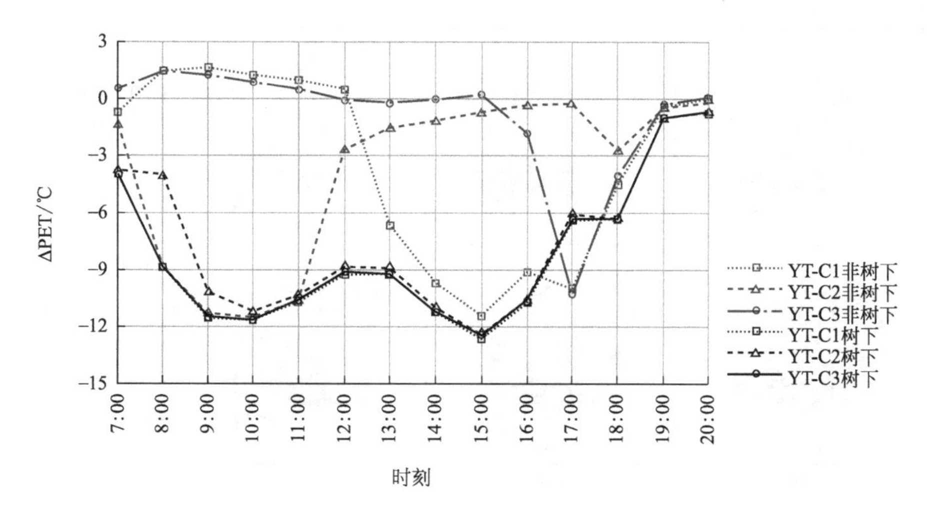

图6-12 余荫山房八角水庭不同乔木组织方式工况下庭园局部空间1.5m高度处PET与园外参照点差值比较

变化趋势基本一致。上午时段丛栽（YT-C2）的方式下该空间东边的大小乔木群发挥较好的遮阳作用，相比其他两工况 PET 明显降低，最大降幅约 13℃，出现在 9 点，对应热环境从热调整至热适中；下午时段孤植（YT-C1）工况下该空间西边紧邻大乔木，遮阳效果显著，PET 明显较低，与其他两工况 PET 最大差异于 15 点出现，差值超过 11℃，能使热环境从很热调整至暖。可见，乔木组织方式(包括乔木的栽植方式、位置等）能对庭园局部空间 PET 起到调节作用，与郁闭度适当配合对改善庭园热环境十分必要。

6.2.4 景观建筑方位对庭园热环境的影响

通过热环境综合评价指标 PET 比较（图 6-13），分析景观建筑方位的改变给庭园热环境带来的影响。相比将水榭布局于庭园周边，水榭居中设置能更好地应对低角度太阳辐射的影响，给庭园空间带来更好的遮蔽效果，故早上时段八角水庭热环境满足热适中的区域面积大于其他两工况。另外，水榭居中设置使园中热环境分布相对均匀，尤其在中午时段给园中穿行带来了便利。对于余

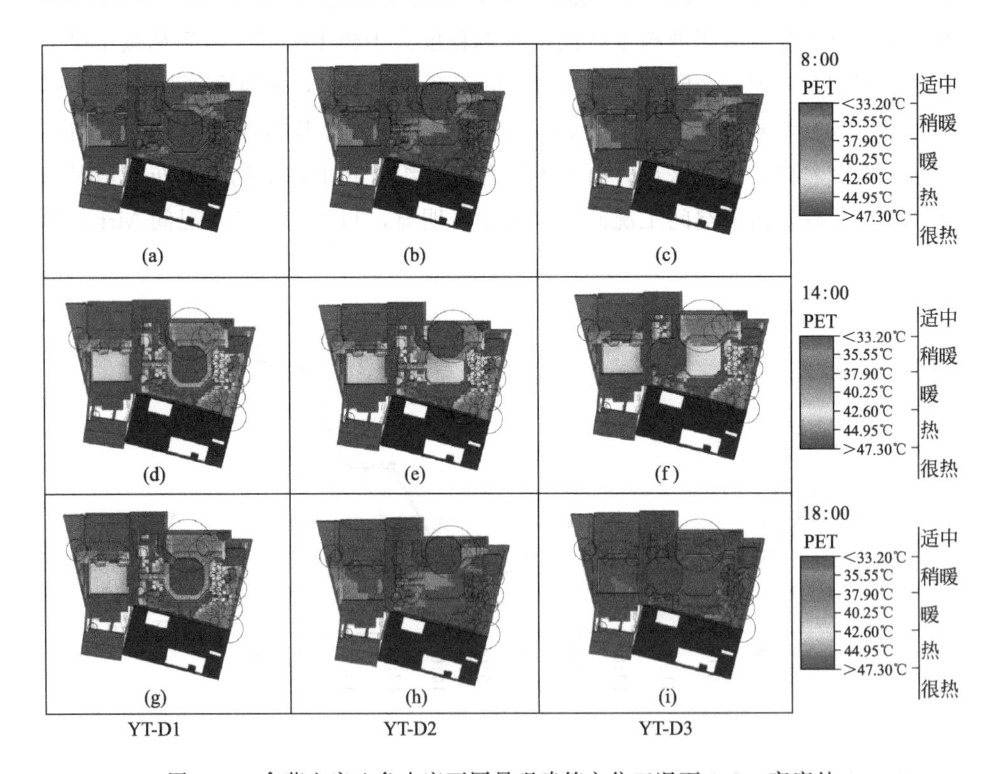

图 6-13 余荫山房八角水庭不同景观建筑方位工况下 1.5m 高度处生理等效温度（PET）空间分布对比

荫山房个案来说，水榭居中不仅有利于形成较舒适的庭园热环境，而且为水榭中“八面推窗见八景之奇”提供了可能。

进一步对比景观建筑位置变化对庭园整体热环境的影响程度。如图6-14

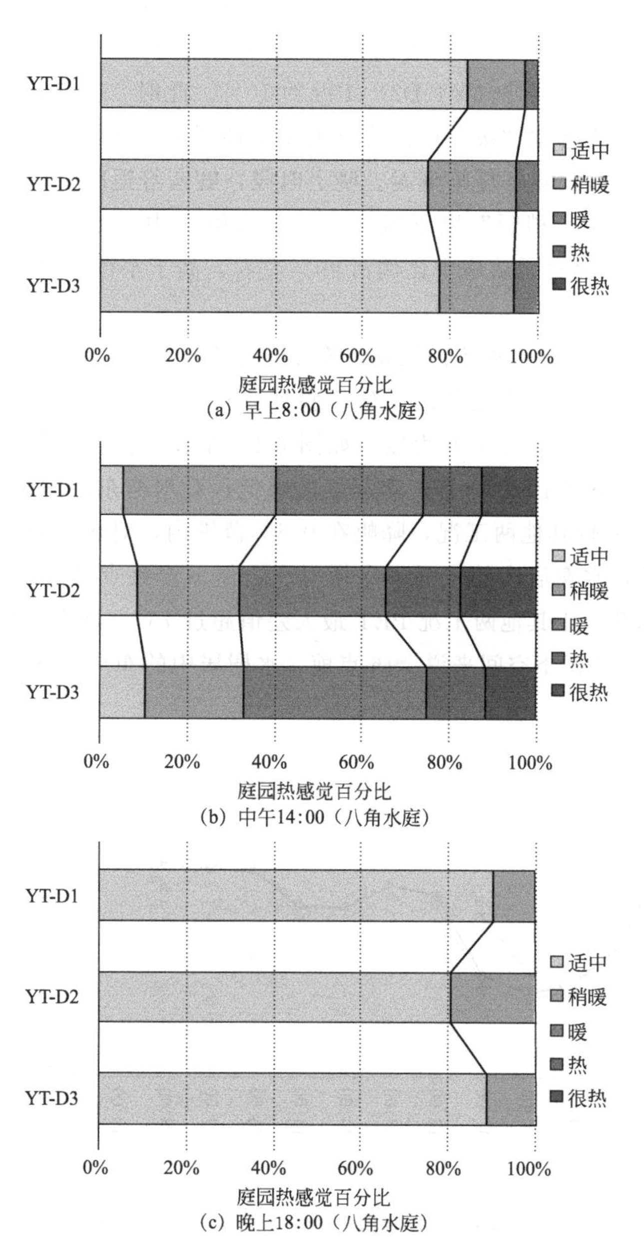

图6-14 余荫山房八角水庭不同景观建筑方位工况下庭园热感觉百分比

所示，水榭居北（YT-D2）的工况早、中、晚庭园热环境皆比其他两工况差。早上时段，各工况八角水庭皆在热感觉标尺“暖”以下范围内，庭园热环境舒适度较高。其中，水榭居中（YT-D1）的工况下热适中比例接近85%，比水榭居西（YT-D3）高近3%，比水榭居北（YT-D2）高近10%。中午时段，水榭居中（YT-D1）与水榭居西（YT-D3）两工况“暖”以下比例相近，约74%，高于水榭居北（YT-D2）工况约10%。此时二者差异主要在于，水榭居西工况下热感觉“暖”所占比例大于水榭居中工况下约8%，水榭居西比水榭居中使庭园热环境略偏暖。晚上时段，庭园舒适度较高，各工况庭园热感觉均保持在“稍暖”以下状态，其中水榭居中（YT-D1）与水榭居西（YT-D3）两工况庭园热适中比例占90%左右，高于水榭居北工况（YT-D2）近10%。

在此基础上对比三种不同景观建筑方位的工况下，八角水庭局部空间（树下、非树下）PET的变化情况，分析验证景观建筑方位的变化对八角水庭室外局部空间热环境的影响程度。如图6-15所示，水榭居中的布局方式使树下和非树下空间PET均有一定程度的降低。对水榭东边的树下空间来说，15点前，PET较其他两工况，降幅在0.6℃范围内，对热环境的改善程度不大；15点后，水榭居中的工况下水榭对东边树下观察点形成了良好的遮蔽，PET迅速降低，于其他两工况PET最大差值超过7℃，该空间热环境明显得到改善。对于非树下空间来说，16点前，水榭居中的布局方式下该空间PET

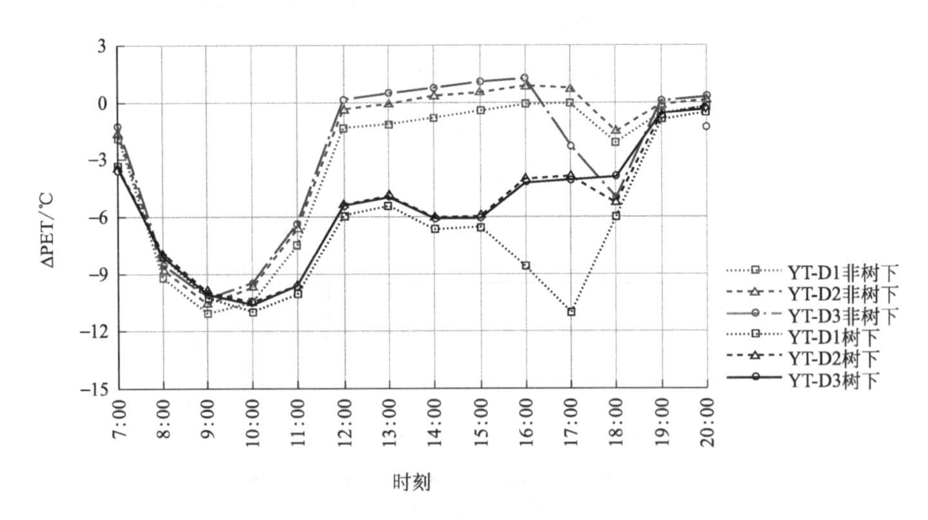

图6-15　余荫山房八角水庭不同景观建筑方位工况下庭园局部空间1.5m高度处PET与园外参照点差值比较

较其他两工况 PET 降幅在 1.6℃范围内；随着太阳逐渐偏北且高度角减小，16 点过后，水榭居西的布局方式下水榭为其西南边的非树下空间有效地遮挡了太阳西晒，该工况 PET 迅速降低，且低于其他两工况，工况间 PET 最大差异接近 3℃，出现于傍晚 18 点，由于此时太阳高度角已经比较低，太阳辐射相对较弱，庭园热环境已逐渐接近热舒适范围，故对热环境的改善作用不是很明显。

综上，改变景观建筑方位主要对庭园热环境空间分布产生影响。综合考虑庭园热环境、功能流线及景观视线，水榭居中的布局方式最优，水榭居西次之，水榭居北最差。

6.3 影响因素配置效果的综合评价

在单独分析影响因素的基础上，综合对比各影响因素对余荫山房八角水庭整体热环境的影响程度。利用 PET 逐时平均值描述不同工况下八角水庭整体热环境状况，如图 6-16 所示，郁闭度变化对庭园 PET 平均值影响最显著，水面积比例次之，景观建筑方位和乔木组织方式改变影响较小。

水体面积比例从 20%增至 40%，八角水庭 PET 平均降幅约 0.7℃，最大降幅 1.3℃；水体面积比例从 40%增至 60%，PET 平均降幅约 0.5℃，最大降幅 0.9℃。水体面积比例与 PET 呈负相关，水体面积比例增加可在午间(11：00～13：00) 将八角水庭整体热环境从“暖”调整至“稍暖”，但水面积增加，PET 成非等比降低，水面积比例 40%时，对八角水庭热环境的改善效果更高效。

7：00～20：00 时段内，郁闭度从 0.15 增加至 0.43，八角水庭 PET 平均降幅约 1.5℃，最大降幅 2.5℃；从 0.43 增加至 0.78，PET 平均降幅约 1.4℃，最大降幅 2.3℃。郁闭度与 PET 呈负相关，郁闭度增加可在午后(13：00～16：00) 将八角水庭整体热环境从“热”调整至“暖”，但郁闭度增加，PET 成非等比降低，郁闭度 0.43 时，对八角水庭热环境的改善效果更高效。

乔木组织方式改变，各工况间 PET 平均差异在 0.1～0.3℃。其中，乔木丛栽与孤植、行栽相比，丛栽使八角水庭上午时段 PET 平均值较低，降幅分别在 0.8℃、1.3℃范围内，最大降幅出现在 9 点，同时，丛栽使八角水庭下午时段 PET 平均值略高，差异分别在 0.8℃、0.7℃范围内，最大差异出现在 17 点。其他时段三者基本无差异。综合来看，大小乔木配合丛栽，使乔木相

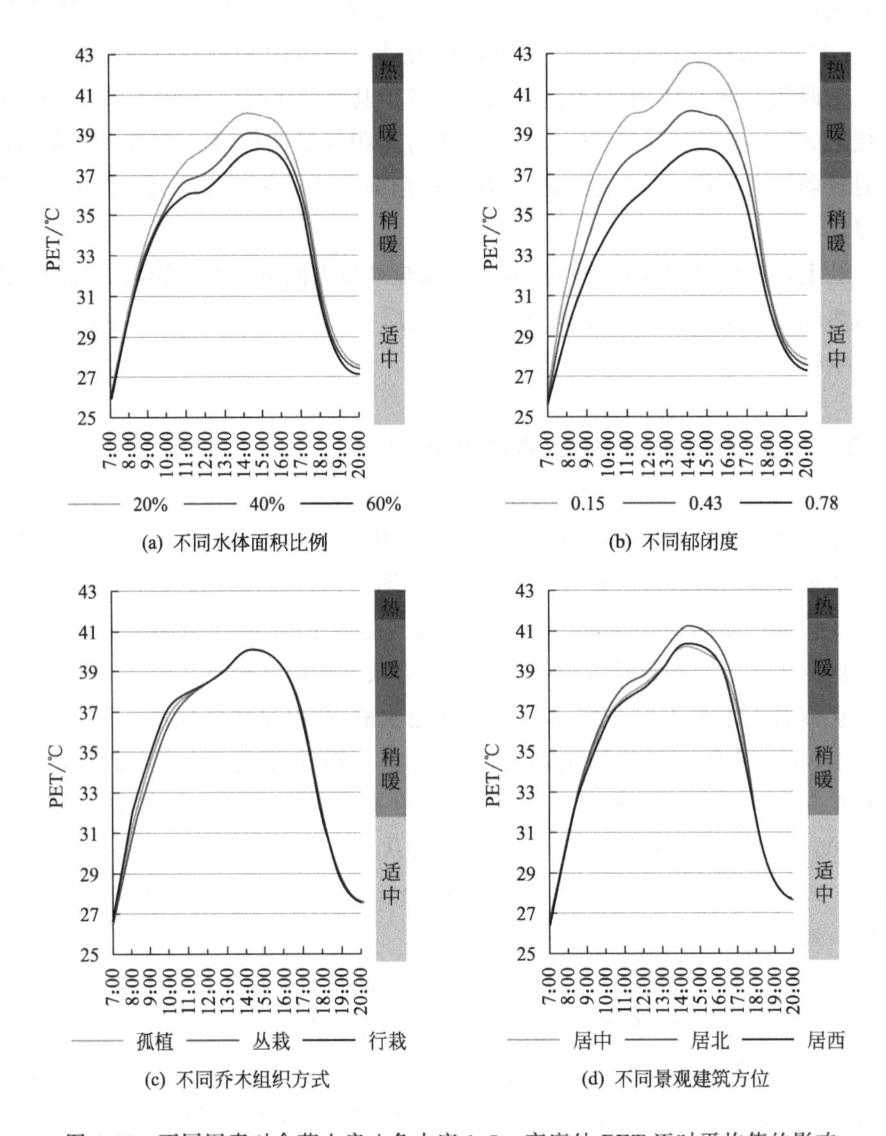

图 6-16 不同因素对余荫山房八角水庭 1.5m 高度处 PET 逐时平均值的影响

对均匀分散，能较好地遮蔽上午低角度太阳辐射，对上午时段庭园热环境改善效果最佳；庭西、庭北成排栽植大乔木的行栽和孤植，能较好地应对太阳西晒，在下午后半段对庭园热环境的调节作用略好。

景观建筑居中与居北相比，八角水庭 PET 平均降幅约 0.6℃，最大降幅 1.2℃；居西与居北相比，八角水庭 PET 平均降幅约 0.5℃，最大降幅 0.9℃；

居中与居西相比，PET 平均差异约 0.2℃，上午 7：00～9：00 和中午 15 点景观建筑居中庭园 PET 略低 0.3℃左右，其他时段二者无差异。综合来看，景观建筑居中对庭园热环境的改善效果最优，居西次之，居北最差。

单从改善庭园热环境角度来看，余荫山房八角水庭现状采用 0.43 的郁闭度、大小乔木配合丛栽的栽植方式以及景观建筑居中布置的景观要素水平，均能满足景观要素调节作用的高效发挥。现状水面积略小，占比约 20%，若水体比例提升至 40%能更高效发挥水体的调节作用。

6.4　本章小结

对以余荫山房为代表的岭南庭园进行景观要素配置量化模拟研究，证实了各景观要素对庭园近地面（1.5m 高度处）热环境有不同程度的调节作用。具体结论如下：

郁闭度变化能有效地降低庭园 PET，尤其能缓解午间的炎热，在影响因素中对庭园热环境的改善效果最佳。可在午后（13：00～16：00）将八角水庭整体热环境从“热”调整至“暖”，局部热环境调整至“稍暖”，但很难调整至热适中。PET 平均值在 7：00～20：00 时段内平均降幅 1.4～1.5℃，最大降幅 2.3～2.5℃；中午，超过“热”的区域依次减少 15%～20%。郁闭度与 PET 呈负相关，但非等比，郁闭度 0.43 时，对八角水庭热环境的改善效果更高效。

水面积比例变化对庭园热环境的影响仅次于郁闭度，能在午间（11：00～13：00）将八角水庭整体热环境从“暖”调整至“稍暖”。水面积比例每增加 20%，庭园 PET 平均值在 7：00～20：00 时段内平均降幅 0.5～0.7℃，最大降幅 0.9～1.3℃；中午，“热”以上比例依次减少 8%～10%。水面积比例与 PET 呈负相关，但非等比，水面积比例 40%时，对八角水庭热环境的改善效果更高效。同时，水体面积增加主要改善水体上方热环境状况，对其四周热环境的改善效果有限，增大水面积必然导致园林活动区域面积减小，因此水面积的增加一定要适量。

改变景观建筑方位对庭园热环境的影响不如郁闭度和水面积比例变化显著。工况间整体 PET 平均差异为 0.2～0.6℃，最大差异为 0.9～1.2℃。其中，水榭居中能给庭园空间带来更好的遮蔽效果，使园中热环境分布相对均匀，便于午间园中穿行。综合考虑庭园热环境、功能流线及景观视线，水榭居中的布局方式最优，水榭居西次之，水榭居北最差。

在四个影响因素中，乔木组织方式改变对庭园热环境整体影响微弱，但能使局部小气候发生改变，影响庭园热环境空间分布。其作用主要取决于局部郁闭度高低及乔木位置共同形成的遮阳效果及遮阳范围的差异。改变乔木组织方式，工况间 PET 平均差异在 0.1～0.3℃，部分时段工况间最大差异达 0.7～1.3℃。其中，大小乔木配合丛栽，能较好地遮蔽上午低角度太阳辐射，热适中比例高于其他两工况超过 10%；能缩小中午庭园空间差异性，使很热的空间相对分散，避免人在穿行过程中长时间处于不舒适状态，相较孤植和行栽的方式，乔木丛栽对庭园热环境改善效果最佳。

第7章

庭园空间要素优化布局模式与方法

人类活动短期内虽无法撼动宏观气象气候，但可通过合理的景观要素配置适应并改善场地微气候[177]。景观要素是相互影响、相互融合的，且因素间的交互作用对庭园环境亦会产生一定的影响，合理优化的庭园空间要素配置更有助于其高效发挥对微气候的改善调节作用。因此本章在前文研究基础上，重点探讨庭园空间要素优化布局模式问题，针对前文提出的两类具有代表性的庭园空间抽象模型（第4章），结合与庭园微气候密切相关的庭园空间要素及其对应的要素主要变量水平（第6章），运用正交试验设计法对庭园空间抽象模型进行分组试验，确定庭园影响因素及其交互作用对庭园热环境的影响程度及优劣排序，以庭园室外热环境评价指标（第5章）为筛选依据，确定庭园空间要素协同作用下的试验优选方案，提炼庭园空间的要素配置优选组合模式，总结庭园优化布局方法与策略。本章重点从设计方法层面展开研究，旨在增强庭园优化布局的可操作性，为实现基于气候适应性的小尺度园林空间要素配置的动态优化提供了工具方法，对高效发挥景观设计在绿色建筑室外环境设计中的作用具有现实意义。

7.1 正交试验设计介绍

7.1.1 基本概念

正交试验设计法产生于20世纪20年代，二战后得到发展，成为一种利用“正交表”来安排和分析多因素问题试验的数理统计方法，是遗传算法的一种特例[178]。该方法根据正交性从大量的全面试验中挑选出具有代表性的点作为样本进行试验分析，这些样本具有均衡分散和整齐可比的特点，是一种高效、快速、便捷的试验设计方法[179]。在一项试验中，用来衡量试验效果的特征量称之为试验指标，对试验指标可能产生影响的原因称为因素，因素在试验中所处的各种状态或所取的不同值称为水平[180]，这些因素与水平互相交织在一起，各因素的不同水平在正交试验中出现次数相等，任意两个因素间的不同水平的组合次数也相等。

正交试验设计主要有如下优点[180]：

(1) 省时　在复杂的多因素试验中，若采用全面试验法对各因素及因素间关系逐一进行试验分析，难免导致模拟试验次数过多，可操作性低。而采用正交试验法，可通过实施少量代表性较强的试验点获取整个试验区域内丰富的试验信息，得出全面的结论，有效减少试验次数，可操作性强。

(2) 高效　通过对试验结果进行统计分析，可以直接获得整个试验优化范围内较多有价值的优化成果，如：较优的方案组合、各因素对试验结果的影响程度及影响趋势等。

(3) 全面　正交试验结果在体现因素对试验指标影响作用的同时，亦能反映因素间的交互作用❶，即因素间的联合搭配对试验指标的影响作用，有助于得到相对完善的试验分析结果。

7.1.2　基本原理

以三因素三水平试验为例阐释正交试验设计法的基本原理。如图 7-1 所示，A、B、C 为试验的三个因素，每个因素各有三个水平 1、2、3，正方体中交叉点代表全面试验的 27 个试验点，红色点代表用正交试验法筛选出的代表性试验点，共 9 个。具体来看，从各个方向将正方体分为 3 个平面，每个平面的 9 个交叉点中都包含 3 个正交试验点；而每个平面有等间隔的行列线各3 条，其中各行列线的3 个交叉点中都恰有 1 个正交试验点。由此可见，正交试验筛选出的 9 个试验点均匀分布于三维空间中，相当于各因素各水平被同等看待。

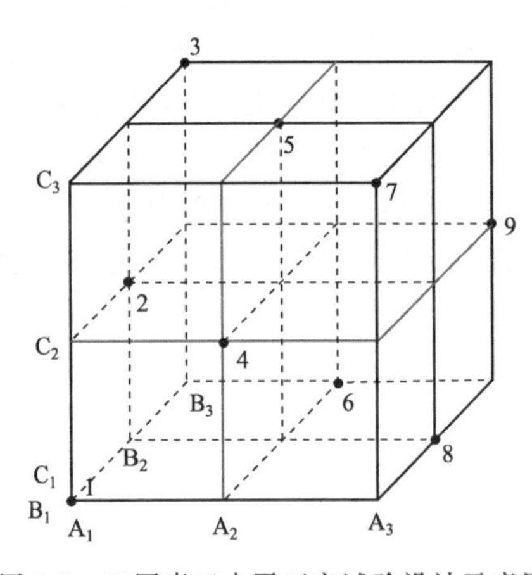

图 7-1　三因素三水平正交试验设计示意图
（图片来源：李云雁等《试验设计与数据处理》）

❶ 交互作用是试验设计中的一个重要概念，指因素间的联合搭配对试验指标的影响作用。在试验设计中因素间往往客观存在着或大或小的交互作用，它反映了因素之间互相促进或互相抑制的作用。

正交表是正交试验设计的基本工具，是日本著名的统计学家田口玄一根据均衡分布的思想，运用组合数学理论构造的一种数学表格[180]。一般常用的等水平正交表以 $L_a(b^c)$ 表示。其中 L 代表正交表；a 为正交表的行数，即试验次数；b 为正交表中同一列出现的不同数字个数，即因素水平数；c 为正交表的列数，即正交表最多允许安排的因素个数。上述三因素三水平正交试验设计记作 $L_9(3^4)$。

7.1.3　分析方法

正交试验的目的在于确定试验因素的重要性及其对试验指标的影响程度、因素的最优组合、指标与因素间的定量关系等。为了达到上述目的，常运用直观分析法、方差分析法对正交试验结果进行分析。

（1）直观分析法——确定因素主次及最优组合

直观分析法又称极差分析法，可以直观简便地分析试验结果。主要通过比较因素各水平对应的试验指标之和（K）及平均值（k），判断因素的优水平及最优组合；通过各因素的极差分析确定因素主次，因素极差 R 越大，表示该因素在试验范围内变化时，对试验指标数值的影响越大。常以“趋势图”的形式表示，有利于直观反映水平变化对指标的影响趋势。其不足在于极差分析法不能估计试验误差，因此，应用受到一定的限制。

（2）方差分析法——明晰因素的具体影响程度

方差是某偏差的平方和的均值，其大小用来反映数据的离散程度，是衡量试验条件稳定性的重要指标。正交试验中可以在极差分析法的结论基础上，借由方差分析对因素效应和交互效应的显著性作检验，有利于明晰影响试验指标的显著性因素及影响程度，分析各因素在何种水平上影响最显著，也可得出最优试验水平组合，多用于因素水平数较多的分析研究。

方差分析的一般公式为

$$S=\sum_{i=1}^{a}(y_i-\overline{y})^2=\sum_{i=1}^{a}y_i^2-\frac{1}{a}(\sum_{i=1}^{a}y_i)^2 \tag{7-1}$$

$$S_j=\frac{a}{b}\sum_{k=1}^{b}(\overline{y_{jk}}-\overline{y})^2=\frac{b}{a}\sum_{k=1}^{b}y_{jk}^2-\frac{1}{a}(\sum_{i=1}^{a}y_i)^2 \tag{7-2}$$

式中，S 为总偏差平方和；S_j 为列偏差平方和；y 为试验指标；i 为试验号；j 为列号；a 为试验次数；b 为水平数。

其中，总偏差平方和 S 表明试验数据的总波动，是所有试验数据与其总平均值的偏差平方和；列偏差平方和 S_j 是第 j 列中各水平对应试验指标平均值与总平均值的偏差平方和，表明该列水平变动所引起的试验数据的波动[180]。根据 S_j 所在列安排的表头内容，分别表示某因素或交互作用对试验的影响。此外，在正交设计的方差分析中，通常把空列的偏差平方和作为试验误差的偏差平方和，将其作为试验误差进行显著性检验时，能使检验结果更可靠。

7.2 正交试验方案设计

7.2.1 模型一

7.2.1.1 确定试验目标

模型一是前文所述“开敞式庭园”的抽象模型，属于建筑围闭度低、尺度相对较大的中型庭园，以观赏性功能为主，配置自然景观要素较多，故该模型试验主要考察景观要素配置对庭园热环境的影响作用。

7.2.1.2 选择因素水平

以热环境评价指标 PET 作为试验指标，考察郁闭度（A）、水体面积比例（B）、景观建筑方位（C）和乔木组织方式(D) 四个因素。通过统计现存及文献中传统岭南园林中开敞式庭园的数据，分别确定各因素的 3 个水平，具体统计结果见第 6 章，此处不再赘述。根据统计结果，建立模型一的正交试验因素水平表，如表 7-1、图 7-2 所示。

表 7-1 模型一正交试验因素水平表

因素水平	郁闭度(A)	水体面积比例(B)	景观建筑方位(C)	乔木组织方式(D)
1	0.15	20%	庭中	孤植
2	0.43	40%	庭北	丛栽
3	0.78	60%	庭西	行栽

7.2.1.3 编制试验方案

综合考虑因素自身影响及因素间交互作用，选用标准表 $L_{27}(3^{13})$ 编制模型一的试验方案，确定模拟工况，详见表 7-2，表中字母编号 A、B、C、D 及数字标号 1、2、3 分别对应表 7-1 因素水平表中各因素及水平。根据确定的试验方案表绘制模拟工况平面示意图，如图 7-3 所示，模型一共有 81 个全面试验方案，使用正交表设定的因素水平组合方式筛选后，只需对 27 个代表工况（黑色框选）进行模拟。

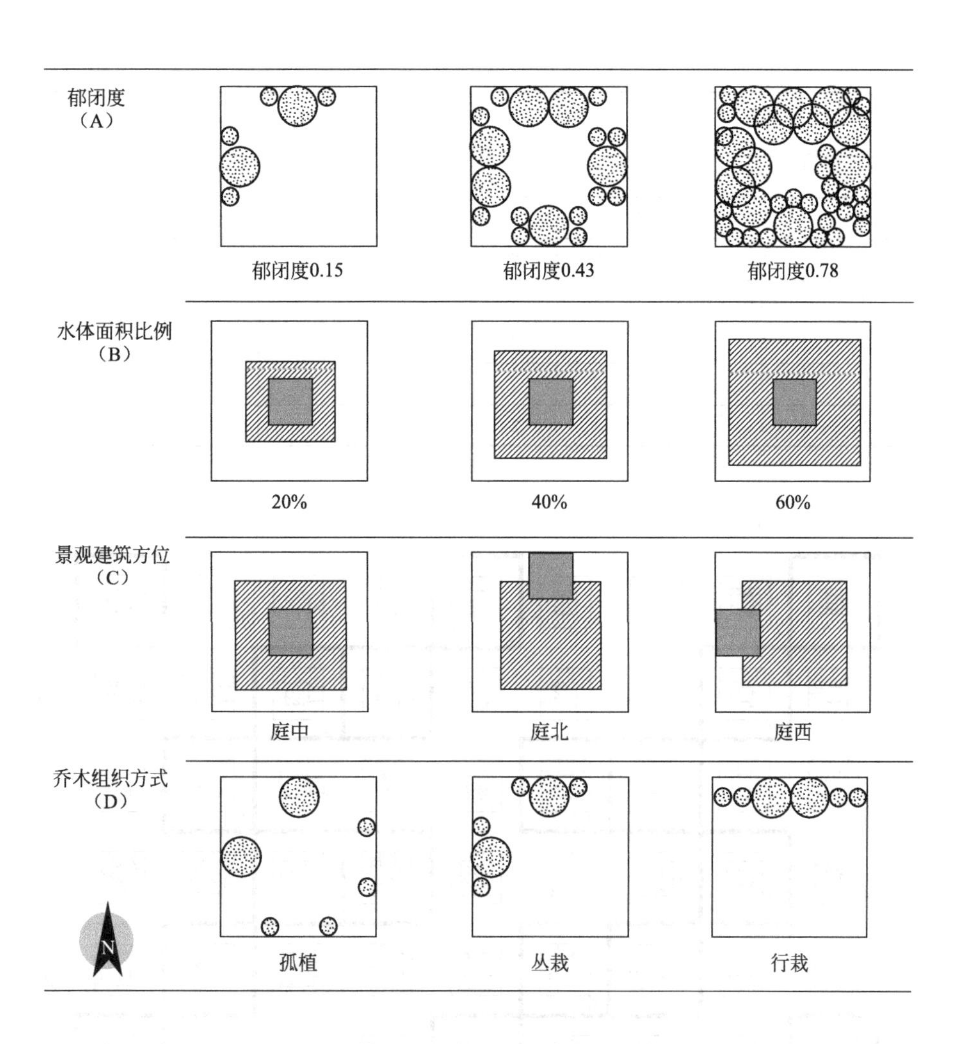

图 7-2　模型一正交试验因素水平示意图

表 7-2　庭园模型试验方案表（模型一、二、三通用）

试验号＼因素	A	B	C	D	试验号＼因素	A	B	C	D
1	1	1	1	1	8	1	3	2	1
2	1	1	2	2	9	1	3	3	2
3	1	1	3	3	10	2	1	1	2
4	1	2	1	2	11	2	1	2	3
5	1	2	2	3	12	2	1	3	1
6	1	2	3	1	13	2	2	1	3
7	1	3	1	3	14	2	2	2	1

续表

试验号 \ 因素	A	B	C	D	试验号 \ 因素	A	B	C	D
15	2	2	3	2	22	3	2	1	1
16	2	3	1	1	23	3	2	2	2
17	2	3	2	2	24	3	2	3	3
18	2	3	3	3	25	3	3	1	2
19	3	1	1	3	26	3	3	2	3
20	3	1	2	1	27	3	3	3	1
21	3	1	3	2					

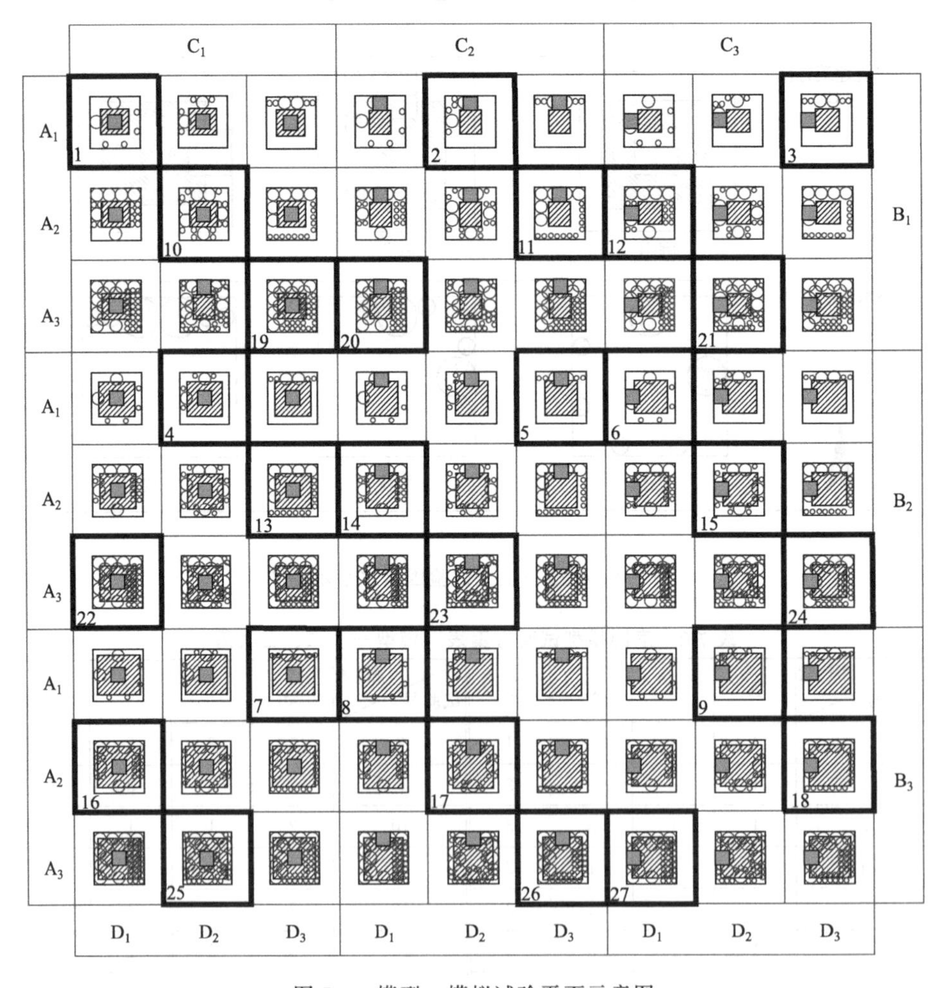

图 7-3 模型一模拟试验平面示意图

7.2.2 模型二

7.2.2.1 确定试验目标

模型二是前文所述的“围合式庭园”，属于建筑围闭度较高、尺度相对较小的小型庭园，无论是空间或是功能，都与周边建筑联系紧密，可视为建筑整体的一个组成部分，也因此其形态必然受制于建筑整体形态。同时由于空间较小，景观要素数量及配置方式受限，建筑对庭园遮阳、通风的影响都会随之增大，从而使热环境发生变化，故该模型试验除考察景观要素配置外，增加建筑空间因素，以探讨庭园空间布局对热环境的影响为主。

7.2.2.2 选择因素水平

同样以热环境评价指标 PET 为试验指标，主要考察郁闭度（A）、庭院空间比例（B）、围合建筑开口位置（C）及乔木组织方式(D）四个因素，根据对现存及文献中传统岭南园林的数据统计结果确定每个因素的三个常见水平。

以庭院进深、开间及围合建筑高度的比值作为庭院空间比例来描述庭园模型的空间体型，后续讨论“庭院空间比例”皆为“进深：开间：高度”。其中，高度均选用岭南民居常见一层建筑高度 7m。从广泛调研可以发现庭园主体建筑以三开间为主，从而决定了庭院开间变化不大，庭院空间比例的变化主要由庭院进深主导。经统计，围合式庭园案例中庭院平均开间约15m，庭院平面常见比例（进深：开间）在 0.3～1.8 范围内，将常见庭院空间比例分段求平均，并计算对应庭院进深为 8m、15m、23m。综上，庭院空间比例（进深：开间：高度）为 1：2：1、2：2：1、3：2：1，详见表 7-3。

表 7-3 “围合式”岭南庭园中庭院空间比例数据统计

常见庭院平面比例区间（进深：开间）	庭院平面比例区间对应百分比	庭院平面比例分段平均值	统一建筑高度/m	统一庭院开间/m	计算庭院进深/m	确定庭院空间比例（进深：开间：高度）
0.3～0.8	42.1%	0.5	7	15	8	1：2：1
0.8～1.3	26.3%	1.0	7	15	15	2：2：1
1.3～1.8	26.3%	1.5	7	15	23	3：2：1

在湿热气候地区，庭园中围合建筑开口情况代表着庭园的围闭程度，其位置及尺寸是影响小尺度庭园自然通风条件的决定性因素，通常庭院开口的大小与开口方向密切相关。经统计，围合式庭园中无水的情况下，庭院开口以东西南北四向及南北东三向最多，南东西三向次之，以此作为该因素的三种水平。以开口宽度与所在庭院边长之比作为各方向开口比例，统计该类型庭园各方向常见的开口比例，并计算各庭院空间比例水平对应的开口宽度，详见表 7-4。

表 7-4 无水的“围合式”岭南庭园各向开口比例统计及计算

开口方向	常见开口比例	庭院空间比例 1∶2∶1 时开口宽度/m	庭院空间比例 2∶2∶1 时开口宽度/m	庭院空间比例 3∶2∶1 时开口宽度/m
北(N)	0.42	6	6	6
南(S)	0.34	5	5	5
东(E)	0.27	2	4	6
西(W)	0.39	3	6	9

此外，其他因素的水平确定参见第 6 章，此处不再赘述。根据上述统计结果，建立模型二的正交试验因素水平表，如表 7-5、图 7-4 所示。

表 7-5 模型二正交试验因素水平表

因素水平	郁闭度(A)	庭院空间比例(B)	围合建筑开口位置(C)	乔木组织方式(D)
1	0.15	1∶2∶1	南-北-西	孤植
2	0.43	2∶2∶1	南-东-西	丛栽
3	0.78	3∶2∶1	南-北-东-西	行栽

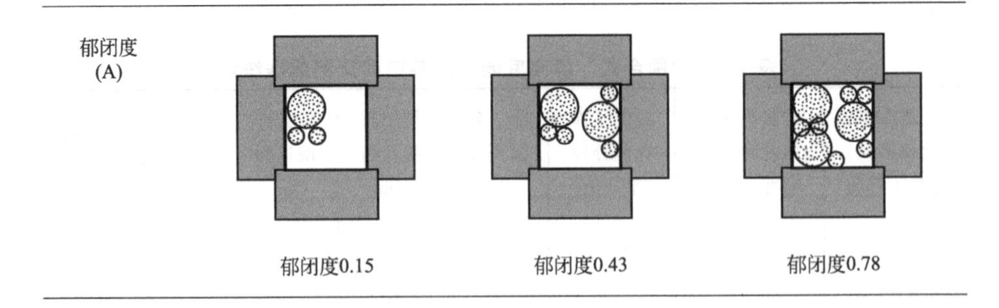

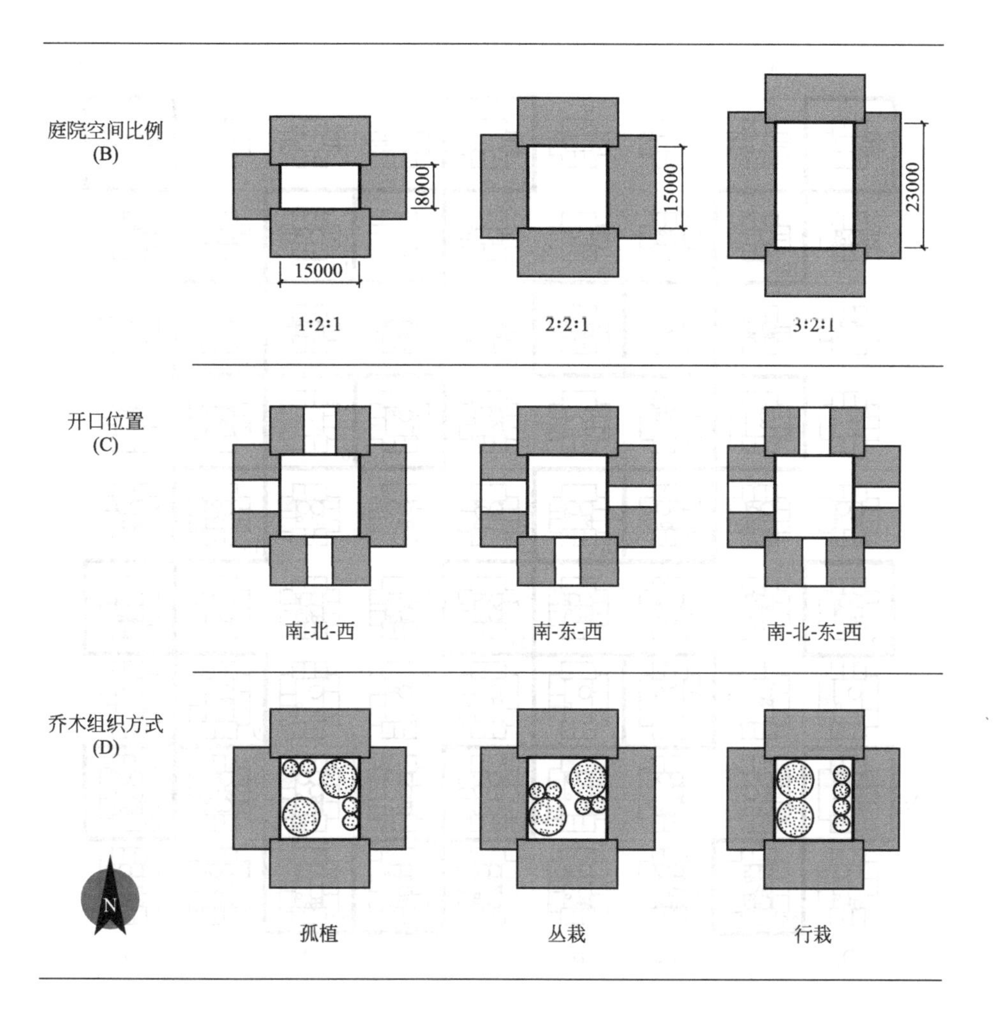

图 7-4　模型二正交试验因素水平示意图

7.2.2.3　编制试验方案

综合考虑因素间的交互作用，同样选用标准表 $L_{27}(3^{13})$ 编制模型二的试验方案，庭园模型二试验方案表同模型一，详见表 7-2，表头字母编号 A、B、C、D 及表中数字编号 1、2、3 分别对应表 7-5 中各因素及水平。根据确定的试验方案表绘制模拟工况平面示意图，如图 7-5 所示，同样只需对正交表筛选出的 27 个代表工况（黑色框选）进行模型二的模拟试验。

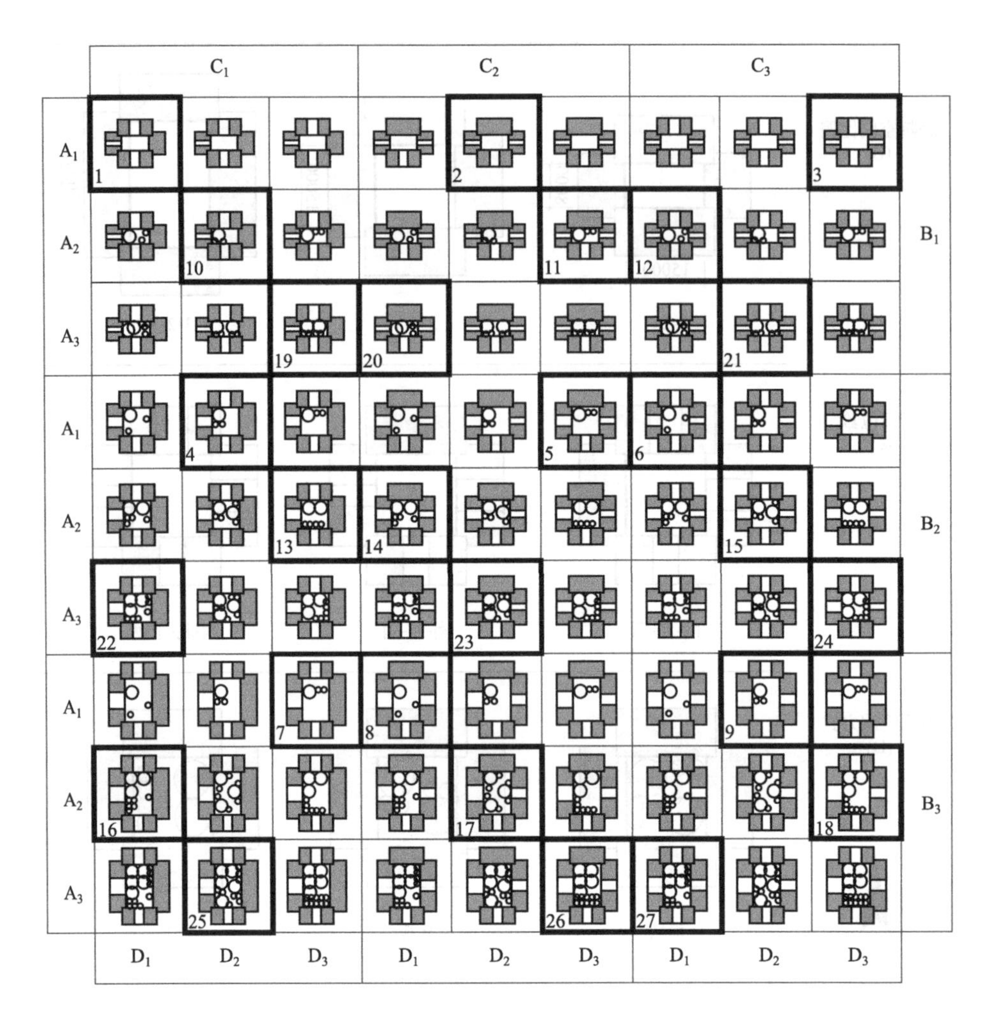

图 7-5　模型二正交试验平面示意图

7.3　试验影响因素分析

使用 ENVI-met 软件对通过正交试验法筛选出的模型一、模型二共 54 个方案进行数值模拟，并将模拟所得各气象参数导入 RayMan 模型综合计算 PET。考虑到本文以人体热舒适作为庭园热环境设计的主要依据，同时兼顾传统岭南庭园的原初功能及运用于当代建筑中的可能性，选取室外活动频率较高的早上时段 7：00～9：00、晚上时段 18：00～20：00 及热环境较恶劣的中午时段 12：00～14：00 作为重点关注时段，进行模拟结果分析。首先采用直观分析法分析各因素的主次影响及优水平，然后运用方差分析法对结果进行量化分析，确定因素及其交互作用对庭园 PET 影响的显著性及具体影响程度，评价各因素对热环境的贡献。

7.3.1 模型一

7.3.1.1 因素主次影响及优水平排序

采用直观分析法分析正交试验结果，计算各时段每个因素在每个水平下的庭园 PET 平均值，得到各因素极差，并绘制趋势图表达各因素与 PET 的关系，如图 7-6 所示。

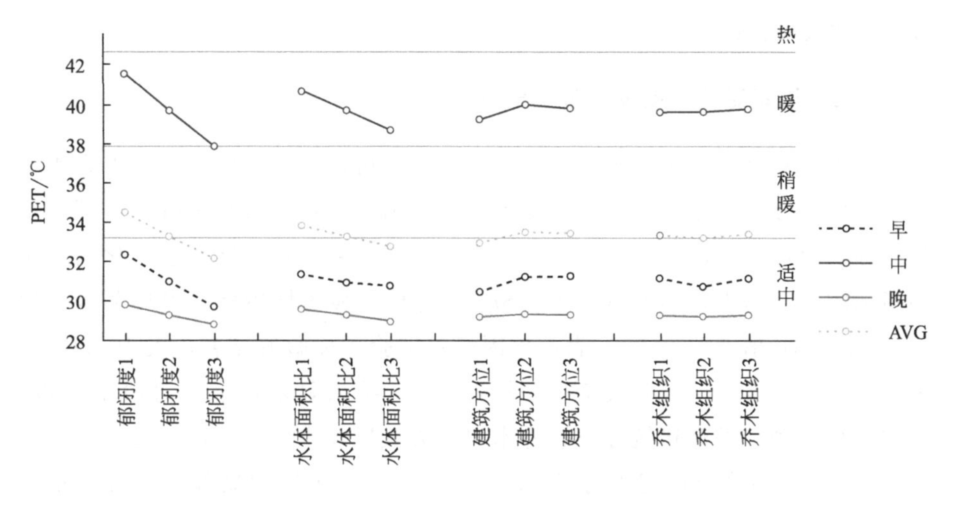

图 7-6　模型一各因素对庭园 PET 的影响

整体来看，改变因素水平使庭园 PET 各时段变化趋势基本一致，各因素在早上时段和中午时段对热环境影响较大，晚上时段影响相对较小，尤其是改变景观建筑方位及乔木组织方式两因素，在晚上基本起不到调节作用。分别对比早、中、晚时段各因素极差 R 可知，郁闭度变化对庭园 PET 影响最大，极差平均值约 2.4℃；水体面积比例影响次之，极差平均值约 1.1℃；景观建筑方位影响再次之，极差平均值约 0.6℃；乔木组织方式影响最小，极差平均值仅 0.2℃左右。

以减小试验指标 PET 为优选目标，比较各因素水平指标和 K_1、K_2、K_3，结合图 7-6 得出各因素优水平排序：郁闭度和水体面积比例皆与庭园

PET呈负相关，庭园PET随乔木数量增多、水面积增大而呈下降趋势。对于景观建筑方位，早上时段建筑居中最优，居北次之，居西最差；而中午时段和晚上时段建筑居中最优，居西次之，居北最差，其中，早、晚时段建筑居西、居北差异微小。可见，景观建筑居于庭中对庭园热环境调节作用始终最佳，这是由于景观建筑居于庭中时，能较好地应对多方位、多角度太阳辐射的影响，建筑形成的阴影总落于庭园内，对于庭园整体空间来说，各时段均能形成有效遮阳。而其他两种水平，均有部分时段建筑阴影落于庭园外，对庭园内空间来说，遮阳效果被削弱。考虑到中午时段太阳辐射最强烈，热环境问题更严峻，相较建筑居北而言，建筑居西更能在关键时段发挥作用，故综合来看，景观建筑方位水平优劣排序为：居中、居西、居北。乔木组织方式中午和晚上调节作用微小，早上时段对PET的影响相对明显，乔木丛栽的方式最优，其他两种栽植方式效果相近。

7.3.1.2 因素影响程度及显著性分析

采用方差分析法对影响因素进行显著性分析。其中，*F*值为各因素水平的平均偏差方与误差引起的平均偏差方的比值，表示因素水平改变对试验结果的影响超过试验误差所产生的影响大小，*F*值越大代表该因素变化引起试验指标的波动越大，影响越显著。*Sig*值为检验显著性指标，当显著水平取0.05时，*Sig*值小于0.05，表示该因素对试验指标影响显著，大于0.05则表明影响不显著[181]。由表7-6～表7-8分析结果显示：早上时段郁闭度、水体面积比例、景观建筑方位、乔木组织方式以及水体面积比例与景观建筑方位的交互作用的*Sig*值均小于0.05，对庭园PET影响显著，根据*F*值可知其对庭园PET影响的显著度依次为：郁闭度＞景观建筑方位＞水体面积比例＞乔木组织方式＞水体面积比例与景观建筑方位的交互作用。中午时段和晚上时段，因素中乔木组织方式影响不再显著，交互作用中只有郁闭度与水体面积比例的交互作用影响显著，显著度依次为：郁闭度＞水体面积比例＞景观建筑方位＞郁闭度与水体面积比例的交互作用。

表7-6　模型一早上时段方差分析结果

因变量:PET/℃

源	Ⅲ类平方和	df 自由度	均方	*F*	*Sig* 显著性
校正模型	38.578①	20	1.929	81.375	0.000
截距	25947.000	1	25947.000	1094639.063	0.000

续表

源	Ⅲ类平方和	df 自由度	均方	F	Sig 显著性
A(郁闭度)	30.427	2	15.213	641.813	0.000
B(水体面积比例)	1.496	2	0.748	31.547	0.001
C(景观建筑方位)	3.696	2	1.848	77.953	0.000
D(乔木组织方式)	1.216	2	0.608	25.641	0.001
A×B	0.391	4	0.098	4.125	0.061
A×C	0.178	4	0.044	1.875	0.234
B×C	1.176	4	0.294	12.398	0.005
误差	0.142	6	0.024		
总计	25985.720	27			
校正后的总变异	38.720	26			

① $R^2=0.996$（调整后的 $R^2=0.98$）

表 7-7　模型一中午时段方差分析结果

因变量:PET/℃

源	Ⅲ类平方和	df 自由度	均方	F	Sig 显著性
校正模型	80.732①	20	4.037	147.281	0.000
截距	42490.934	1	42490.934	1550344.878	0.000
A(郁闭度)	59.414	2	29.707	1083.905	0.000
B(水体面积比例)	17.014	2	8.507	310.392	0.000
C(景观建筑方位)	2.650	2	1.325	48.338	0.000
D(乔木组织方式)	0.074	2	0.037	1.351	0.328
A×B	1.155	4	0.289	10.534	0.007
A×C	0.126	4	0.031	1.149	0.418
B×C	0.299	4	0.075	2.730	0.131
误差	0.164	6	0.027		
总计	42571.830	27			
校正后的总变异	80.896	26			

① $R^2=0.998$（调整后的 $R^2=0.991$）

表 7-8 模型一晚上时段方差分析结果

因变量:PET/℃

源	Ⅲ类平方和	df 自由度	均方	F	Sig 显著性
校正模型	6.614①	20	0.331	148.817	0.000
截距	23103.113	1	23103.113	10396400.667	0.000
A(郁闭度)	4.227	2	2.114	951.167	0.000
B(水体面积比例)	2.067	2	1.034	465.167	0.000
C(景观建筑方位)	0.210	2	0.105	47.167	0.000
D(乔木组织方式)	0.023	2	0.011	5.167	0.050
A×B	0.066	4	0.016	7.417	0.017
A×C	0.010	4	0.003	1.167	0.412
B×C	0.010	4	0.003	1.167	0.412
误差	0.013	6	0.002		
总计	23109.740	27			
校正后的总变异	6.627	26			

① $R^2=0.998$ (调整后的 $R^2=0.991$)

在此基础上，进一步确定各因素及其交互作用对庭园 PET 的具体影响程度。引入贡献率[78]概念，即以各因素或交互作用的列偏差平方和占总偏差平方和的百分比衡量因素或交互作用对试验指标的具体影响程度，贡献率公式为：

$$\rho_j = \frac{S_j}{S} = \frac{S_j}{\sum_{j=1}^{13} S_j} \tag{7-3}$$

式中，ρ_j 为贡献率；S 为总偏差平方和；S_j 为列偏差平方和；j 为列号。

根据式(7-2) 和式(7-3)，计算模型一各因素及交互作用的偏方差平方和 S_j 及其贡献率 ρ_j。从表 7-11 计算结果可知，郁闭度对 PET 的影响程度始终最高，在早上时段贡献率高达 78.58%，晚上时段虽然郁闭度影响大幅减弱，但贡献率亦超过 60%；水体面积比例对 PET 的影响程度随时间变化不断增大，其早、中、晚贡献率依次为 3.86%、21.03%、31.19%；景观建筑方位的最大贡献率不足 10%，出现在早上时段，中午和晚上贡献率仅 3%左右；乔木组织方式对 PET 的影响程度于四种因素中最低，早上时段贡献率只有 3.14%，其他时段均不足 1%；郁闭度与水体面积比例的交互作用对 PET 的贡献率各时段均 1%左右；水体面积比例与景观建筑方位的交互作用的贡献率早上时段 3.04%，其他时段影响不大；此外其他交互作用忽略不计。各因素贡献率详见图 7-7。

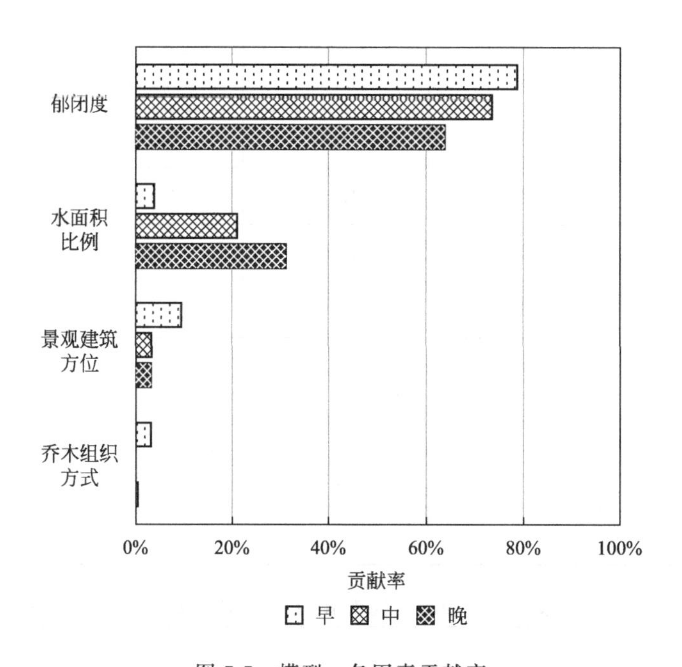

图 7-7　模型一各因素贡献率

总体来看，郁闭度和水体面积比例对开敞式庭园热环境起决定性作用，二者日间对庭园热环境的影响程度随时间产生变化，郁闭度作用逐渐减弱，而水体作用逐渐增强，但郁闭度仍起最主要作用。

7.3.1.3　因素交互作用最佳组合确定

确定具有显著交互作用的因素（A 和 B、B 和 C）之间的最佳组合，能为设计时选择合适的因素水平提供参考依据。分时段计算各因素水平组合对应的 3 个试验指标 PET 的平均值，并绘制交互作用计算表，如表 7-9、表 7-10 所示。表中的各行列号对应数值表示该因素水平组合对试验指标的平均作用，如 A_1B_1 代表郁闭度 0.15 与水面积比例 20%组合的所有试验结果的平均值。经比较分析，模型一中郁闭度（A）与水面积比例（B）的最佳组合，早上时段

为 A_3B_2，中午和晚上时段为 A_3B_3，最劣组合为 A_1B_1，另外组合 A_3B_i 和 $A_iB_3(i=1,2,3)$ 总是优于其他搭配；水体面积比例（B）与景观建筑方位（C）的最佳组合为 B_3C_1，最劣组合为 B_1C_2，另外组合 B_3C_i 和 $B_iC_1(i=1,2,3)$ 总是优于其他搭配。表 7-11 为模型一正交试验结果。

表 7-9 模型一因素 A、B 交互作用计算表

项目		A_1	A_2	A_3
早	B_1	32.63	31.47	29.87
	B_2	32.33	30.80	29.60
	B_3	31.97	30.67	29.67
中	B_1	42.63	40.80	38.50
	B_2	41.60	39.53	37.87
	B_3	40.27	38.60	37.23
晚	B_1	30.13	29.57	29.07
	B_2	29.80	29.20	28.77
	B_3	29.33	28.87	28.53

表 7-10 模型一因素 B、C 交互作用计算表

项目		B_1	B_2	B_3
早	C_1	30.77	30.53	30.13
	C_2	31.87	31.07	30.77
	C_3	31.33	31.13	31.40
中	C_1	40.13	39.20	38.40
	C_2	41.13	40.00	38.83
	C_3	40.67	39.80	38.87
晚	C_1	29.47	29.13	28.80
	C_2	29.70	29.37	28.97
	C_3	29.60	29.27	28.97

表 7-11　模型一正交试验结果

列号试验号	A	B	A×B	A×B	C	A×C	A×C	B×C	D	空	B×C	空	空	试验结果 PET/℃		
														早	中	晚
1	1	1	1	1	1	1	1	1	1	1	1	1	1	32.2	41.8	30
2	1	1	1	1	2	2	2	2	2	2	2	2	2	32.9	43.2	30.2
3	1	1	1	1	3	3	3	3	3	3	3	3	3	32.8	42.9	30.2
4	1	2	2	2	1	1	1	2	2	2	3	3	3	31.8	41.1	29.6
5	1	2	2	2	2	2	2	3	3	3	1	1	1	32.5	42	30
6	1	2	2	2	3	3	3	1	1	1	2	2	2	32.7	41.7	29.8
7	1	3	3	3	1	1	1	3	3	3	2	2	2	31.4	40	29.2
8	1	3	3	3	2	2	2	1	1	1	3	3	3	32.1	40.4	29.4
9	1	3	3	3	3	3	3	2	2	2	1	1	1	32.4	40.4	29.4
10	2	1	2	3	1	2	3	1	2	3	1	2	3	30.5	40.3	29.4
11	2	1	2	3	2	3	1	2	3	1	2	3	1	32.3	41.3	29.7
12	2	1	2	3	3	1	2	3	1	2	3	1	2	31.6	40.8	29.6
13	2	2	3	1	1	2	3	2	3	1	3	1	2	30.4	39	29.1
14	2	2	3	1	2	3	1	3	1	2	1	2	3	31.4	39.9	29.3
15	2	2	3	1	3	1	2	1	2	3	2	3	1	30.6	39.7	29.2
16	2	3	1	2	1	2	3	3	1	2	2	3	1	30.2	38.3	28.8
17	2	3	1	2	2	3	1	1	2	3	3	1	2	30.4	38.7	28.9
18	2	3	1	2	3	1	2	2	3	1	1	2	3	31.4	38.8	28.9
19	3	1	3	2	1	3	2	1	3	2	1	3	2	29.6	38.3	29
20	3	1	3	2	2	1	3	2	1	3	2	1	3	30.4	38.9	29.2
21	3	1	3	2	3	2	1	3	2	1	3	2	1	29.6	38.3	29
22	3	2	1	3	1	3	2	2	1	3	3	2	1	29.4	37.5	28.7
23	3	2	1	3	2	1	3	3	2	1	1	3	2	29.3	38.1	28.8
24	3	2	1	3	3	2	1	1	3	2	2	1	3	30.1	38	28.8
25	3	3	2	1	1	3	2	3	2	1	2	1	3	28.8	36.9	28.4
26	3	3	2	1	2	1	3	1	3	2	3	2	1	29.8	37.4	28.6
27	3	3	2	1	3	2	1	2	1	3	1	3	2	30.4	37.4	28.6

续表

列号试验号		A	B	A×B	A×B	C	A×C	A×C	B×C	D	空	B×C	空	空	试验结果 PET/℃		
															早	中	晚
早	K_1	290.80	281.90	278.70	279.30	274.30	278.50	279.60	278.00	280.40	278.80	279.70	278.80	279.00			
	K_2	278.80	278.20	280.40	278.60	281.10	278.70	278.90	281.40	276.30	279.80	279.40	279.10	278.70			
	K_3	267.40	276.90	277.90	279.10	281.60	279.80	278.50	277.60	280.30	278.40	277.90	279.10	279.30			
	k_1	32.31	31.32	30.97	31.03	30.48	30.94	31.07	30.89	31.16	30.98	31.08	30.98	31.00			
	k_2	30.98	30.91	31.16	30.96	31.23	30.97	30.99	31.27	30.70	31.09	31.04	31.01	30.97			
	k_3	29.71	30.77	30.88	31.01	31.29	31.09	30.94	30.84	31.14	30.93	30.88	31.01	31.03			
	R	2.60	0.56	0.28	0.06	0.81	0.14	0.12	0.42	0.46	0.16	0.20	0.00	0.07			
	S_j	30.43	1.50	0.36	0.03	3.70	0.11	0.07	0.97	1.22	0.12	0.21	0.01	0.02			
	ρ_j	78.58%	3.86%	0.94%	0.07%	9.54%	0.28%	0.18%	2.50%	3.14%	0.30%	0.53%	0.02%	0.05%			
中	K_1	373.50	365.80	357.30	358.20	353.20	356.60	356.50	356.30	356.70	356.30	357.00	356.50	356.70			
	K_2	356.80	357.00	358.90	356.10	359.90	356.90	357.60	357.60	356.70	357.40	358.00	357.10	357.20			
	K_3	340.80	348.30	354.90	356.80	358.00	357.60	357.00	357.20	357.70	357.40	356.10	357.50	357.20			
	k_1	41.50	40.64	39.70	39.80	39.24	39.62	39.61	39.59	39.63	39.59	39.67	39.61	39.63			
	k_2	39.64	39.67	39.88	39.57	39.99	39.66	39.73	39.73	39.63	39.71	39.78	39.68	39.69			
	k_3	37.87	38.70	39.43	39.64	39.78	39.73	39.67	39.69	39.74	39.71	39.57	39.72	39.69			
	R	3.63	1.94	0.44	0.23	0.74	0.11	0.12	0.14	0.11	0.12	0.21	0.11	0.06			
	S_j	59.41	17.01	0.90	0.25	2.65	0.06	0.07	0.10	0.07	0.09	0.20	0.06	0.02			
	ρ_j	73.44%	21.03%	1.11%	0.31%	3.28%	0.07%	0.08%	0.12%	0.09%	0.11%	0.25%	0.07%	0.02%			
晚	K_1	267.80	266.30	263.30	263.60	262.20	263.10	263.10	263.10	263.40	263.10	263.40	263.40	263.40			
	K_2	262.90	263.30	263.70	263.20	264.10	263.30	263.40	263.40	262.90	263.30	263.30	263.10	263.20			
	K_3	259.10	260.20	262.80	263.00	263.50	263.40	263.30	263.30	263.50	263.40	263.10	263.30	263.20			
	k_1	29.76	29.59	29.26	29.29	29.13	29.23	29.23	29.23	29.27	29.23	29.27	29.27	29.27			
	k_2	29.21	29.26	29.30	29.24	29.34	29.26	29.27	29.27	29.21	29.26	29.26	29.23	29.24			
	k_3	28.79	28.91	29.20	29.22	29.28	29.27	29.26	29.26	29.28	29.27	29.23	29.26	29.24			
	R	0.97	0.68	0.10	0.07	0.14	0.03	0.03	0.03	0.06	0.03	0.03	0.03	0.02			
	S_j	4.23	2.07	0.05	0.02	0.21	0.01	0.01	0.01	0.02	0.01	0.01	0.01	0.00			
	ρ_j	63.79%	31.19%	0.68%	0.31%	3.16%	0.08%	0.08%	0.08%	0.35%	0.08%	0.08%	0.08%	0.04%			

7.3.2　模型二

7.3.2.1　因素主次影响及优水平排序

同样先采用直观分析法对模型二正交试验结果进行分析，分析结果见表 7-16，结合图 7-8 各因素影响趋势图可知：各因素水平改变在中午时段对热环境影响最大，尤其是郁闭度，该时段极差超过 4℃；早上时段除郁闭度外，其他因素极差在 0.3℃以内，对热环境影响不大；晚上时段郁闭度极差为 0.43℃，其他因素均小于 0.2℃，改变各因素水平在晚上基本起不到调节作用。比较早、中、晚时段各因素极差 R 发现，郁闭度依旧是影响庭园 PET 的最主要因素，极差平均值约 2.3℃；庭院空间比例次之，极差平均值约 0.5℃；围合建筑开口位置和乔木组织方式影响较小，极差平均值仅 0.1℃左右。

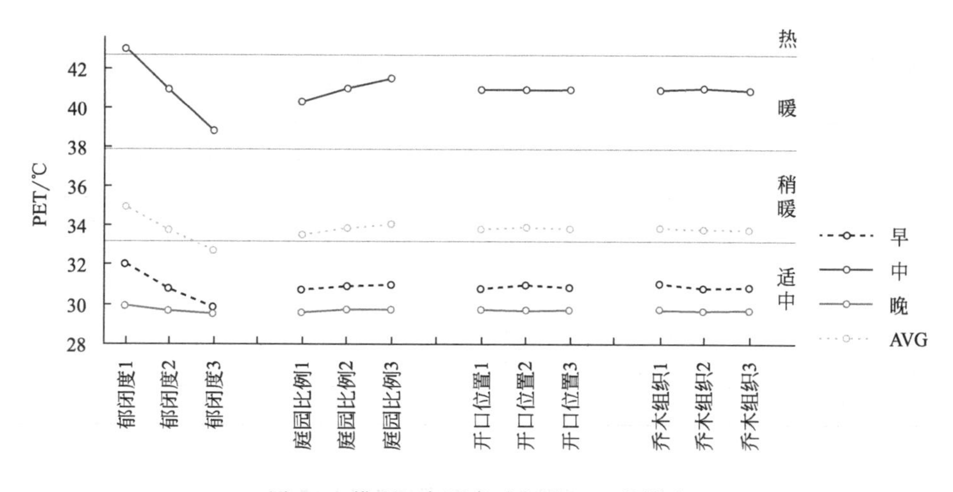

图 7-8　模型二各因素对庭园 PET 的影响

同样以减小试验指标 PET 为优选目标，比较各因素水平指标和 K_1、K_2、K_3，结合图 7-8 得出各因素优水平排序：庭园 PET 随郁闭度的增大呈下降趋势，郁闭度的改善作用 0.78＞0.43＞0.15，尤其早上和中午时段郁闭度增大对热环境改善效果明显。庭院空间比例与 PET 成正相关，即在院子开间不变的情况下，PET 随庭院进深增加呈上升趋势。这是由于在四周围合建筑高度不变的情况下，庭院进深越小，阴影率越高，园内热环境受太阳辐射影响小；反之，庭院进深越大，阴影率越低，园内热环境受太阳辐射影响大。庭院空间比例优劣排序为 1∶2∶1＞2∶2∶1＞3∶2∶1。另外，围合建筑开口位置改变对庭园 PET 基本无影响；乔木组织方式也只在早上时段对 PET 稍有影响，此时乔木丛栽略优于孤植、行栽。

7.3.2.2 因素影响程度及显著性分析

同样采用方差分析法对影响因素进行显著性分析，分析结果见表 7-12～表 7-14：早上时段只有郁闭度的 *Sig* 值小于 0.05，对庭园 PET 影响显著。中午时段和晚上时段，郁闭度、庭院空间比例及二者的交互作用 *Sig* 值均小于 0.05，对庭园 PET 影响显著，根据 *F* 值可知其对庭园 PET 影响的显著度依次为：郁闭度＞庭院空间比例＞郁闭度与庭院空间比例的交互作用。

表 7-12 模型二早上时段方差分析结果

因变量:PET/℃

源	Ⅲ类平方和	df 自由度	均方	*F*	*Sig* 显著性
校正的模型	22.972①	20	1.149	25.630	0.000
截距	25748.979	1	25748.979	574564.000	0.000
A(郁闭度)	21.676	2	10.838	241.843	0.000
B(庭院空间比例)	0.259	2	0.129	2.884	0.133
C(开口位置)	0.094	2	0.047	1.050	0.407
D(乔木组织方式)	0.316	2	0.158	3.529	0.097
A×B	0.413	4	0.103	2.302	0.173
A×D	0.128	4	0.032	0.715	0.611
B×D	0.086	4	0.021	0.479	0.751
误差	0.269	6	0.045		
总计	25772.220	27			
校正后的总变异	23.241	26			

① $R^2=0.988$（调整后的 $R^2=0.950$）

表 7-13 模型二中午时段方差分析结果

因变量:PET/℃

源	Ⅲ类平方和	df 自由度	均方	*F*	*Sig* 显著性
校正的模型	87.381①	20	4.369	357.467	0.000
截距	45198.596	1	45198.596	3698066.939	0.000
A(郁闭度)	78.543	2	39.271	3213.121	0.000
B(庭院空间比例)	6.796	2	3.398	278.030	0.000
C(开口位置)	0.014	2	0.007	0.576	0.591
D(乔木组织方式)	0.036	2	0.018	1.485	0.299
A×B	1.868	4	0.467	38.212	0.000
A×D	0.055	4	0.014	1.121	0.428

续表

源	Ⅲ类平方和	df 自由度	均方	F	Sig 显著性
B×D	0.068	4	0.017	1.394	0.340
误差	0.073	6	0.012		
总计	45286.050	27			
校正后的总变异	87.454	26			

① $R^2=0.999$（调整后的 $R^2=0.996$）

表 7-14 模型二晚上时段方差分析结果

因变量：PET/℃

源	Ⅲ类平方和	df 自由度	均方	F	Sig 显著性
校正的模型	1.105①	20	0.055	21.314	0.001
截距	23786.739	1	23786.739	9174885.143	0.000
A(郁闭度)	0.845	2	0.423	163.000	0.000
B(庭院空间比例)	0.183	2	0.091	35.286	0.000
C(开口位置)	0.010	2	0.005	1.857	0.236
D(乔木组织方式)	0.005	2	0.003	1.000	0.422
A×B	0.053	4	0.013	5.071	0.039
A×D	0.004	4	0.001	0.357	0.831
B×D	0.006	4	0.001	0.571	0.694
误差	0.016	6	0.003		
总计	23787.860	27			
校正后的总变异	1.121	26			

① $R^2=0.986$（调整后的 $R^2=0.940$）

在此基础上，计算模型二各因素及交互作用的偏方差平方和 S_j 及其贡献率 ρ_j，进一步确定因素及其交互作用对庭园 PET 的具体影响程度。由计算结果可知（表 7-16），郁闭度对 PET 的影响程度随时间的变化逐渐减小，其中早上时段高达 93.27%，中午时段 89.81%，晚上时段 75.41%；庭院空间比例对 PET 影响程度随时间变化不断增大，其贡献率早、中、晚依次为 1.11%、7.77%、16.33%；围合建筑开口位置贡献率均低于 1%，乔木组织方式也只在早上时段略微超过 1%，均可忽略不计。另外，郁闭度与庭院空间比例的交互作用是唯一显著的交互作用，其对 PET 影响程度亦随时间变化不断增大，早上时段贡献率为 1.77%，中午时段为 2.14%，晚上时段为 4.69%；此外其他交互作用可忽略不计。各因素贡献率详见图 7-9。

总体来看，郁闭度和庭院空间比例是调节无水的围合式庭园热环境的关键因素。随时间变化，庭院空间比例及郁闭度与庭院空间比例交互作用的影响逐渐增大，郁闭度的效用相应减弱，但郁闭度始终起决定性作用。

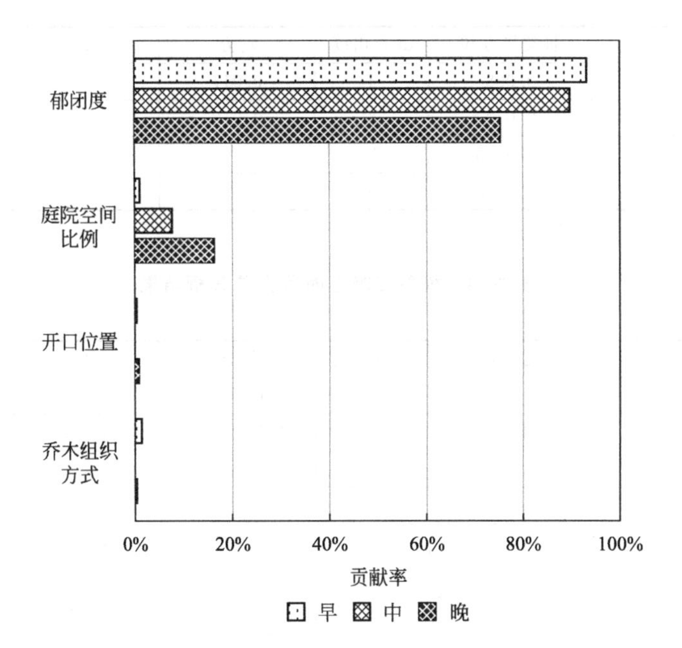

图 7-9 模型二各因素贡献率

7.3.2.3 因素交互作用最佳组合确定

采用与模型一同样的方法计算并绘制交互作用计算表（表 7-15），确定模型二中唯一具有显著交互作用的郁闭度（A）和庭院空间比例（B）的最佳组合。经比较分析，在模型二中因素 A、B 的最佳组合为 A_3B_1，最劣组合为 A_1B_3，另外组合 A_3B_i $(i=1,2,3)$ 总是优于其他搭配。

表 7-15 模型二因素 A、B 交互作用计算表

项目		A_1	A_2	A_3
早	B_1	31.93	30.80	29.50
	B_2	31.97	30.73	30.10
	B_3	32.17	30.83	29.90
中	B_1	42.83	39.97	38.00
	B_2	42.67	41.20	39.10
	B_3	43.50	41.60	39.37
晚	B_1	29.83	29.50	29.37
	B_2	29.87	29.77	29.53
	B_3	30.00	29.77	29.50

表 7-16　模型二正交试验结果

列号试验号	A	B	A×B	A×B	C	B×D	空	A×D	D	A×D	空	B×D	空	试验结果 PET/℃		
														早	中	晚
1	1	1	1	1	1	1	1	1	1	1	1	1	1	31.9	43.1	29.9
2	1	1	1	1	2	2	2	2	2	2	2	2	2	32.0	42.7	29.8
3	1	1	1	1	3	3	3	3	3	3	3	3	3	31.9	42.7	29.8
4	1	2	2	2	1	1	1	2	2	2	3	3	3	31.9	42.7	29.9
5	1	2	2	2	2	2	2	3	3	3	1	1	1	32.0	42.7	29.8
6	1	2	2	2	3	3	3	1	1	1	2	2	2	32.0	42.6	29.9
7	1	3	3	3	1	1	1	3	3	3	2	2	2	32.1	43.5	30.0
8	1	3	3	3	2	2	2	1	1	1	3	3	3	32.3	43.5	30.0
9	1	3	3	3	3	3	3	2	2	2	1	1	1	32.1	43.5	30.0
10	2	1	2	3	1	2	3	1	2	3	1	2	3	30.7	40.0	29.5
11	2	1	2	3	2	3	1	2	3	1	2	3	1	30.7	40.0	29.5
12	2	1	2	3	3	1	2	3	1	2	3	1	2	31.0	39.9	29.5
13	2	2	3	1	1	2	3	2	3	1	3	1	2	30.5	41.1	29.8
14	2	2	3	1	2	3	1	3	1	2	1	2	3	31.0	41.2	29.8
15	2	2	3	1	3	1	2	1	2	3	2	3	1	30.7	41.3	29.7
16	2	3	1	2	1	2	3	3	1	2	2	3	1	30.9	41.5	29.8
17	2	3	1	2	2	3	1	1	2	3	3	1	2	30.8	41.8	29.8
18	2	3	1	2	3	1	2	2	3	1	1	2	3	30.8	41.5	29.7
19	3	1	3	2	1	3	2	1	3	2	1	3	2	29.3	37.9	29.4
20	3	1	3	2	2	1	3	2	1	3	2	1	3	30.1	38.1	29.4
21	3	1	3	2	3	2	1	3	2	1	3	2	1	29.1	38.0	29.3
22	3	2	1	3	1	3	2	2	1	3	3	2	1	30.1	39.0	29.5
23	3	2	1	3	2	1	3	3	2	1	1	3	2	29.9	39.2	29.6
24	3	2	1	3	3	2	1	1	3	2	2	1	3	30.3	39.1	29.5
25	3	3	2	1	1	3	2	3	2	1	2	1	3	29.9	39.4	29.5
26	3	3	2	1	2	1	3	1	3	2	3	2	1	29.8	39.3	29.5
27	3	3	2	1	3	2	1	2	1	3	1	3	2	30.0	39.4	29.5

续表

列号试验号		A	B	A×B	A×B	C	B×D	空	A×D	D	A×D	空	B×D	空	试验结果 PET/℃		
															早	中	晚
早	K_1	288.20	276.70	278.60	277.70	277.30	278.20	277.80	277.80	279.30	277.10	277.70	278.60	277.30			
	K_2	277.10	278.40	278.00	276.90	278.60	277.80	278.10	278.20	277.10	278.30	278.70	277.60	277.60			
	K_3	268.50	278.70	277.20	279.20	277.90	277.80	277.90	277.80	277.40	278.40	277.40	277.60	278.90			
	k_1	32.02	30.74	30.96	30.86	30.81	30.91	30.87	30.87	31.03	30.79	30.86	30.96	30.81			
	k_2	30.79	30.93	30.89	30.77	30.96	30.87	30.90	30.91	30.79	30.92	30.97	30.84	30.84			
	k_3	29.83	30.97	30.80	31.02	30.88	30.87	30.88	30.87	30.82	30.93	30.82	30.84	30.99			
	R	2.19	0.22	0.16	0.26	0.14	0.04	0.03	0.04	0.24	0.14	0.14	0.11	0.18			
	S_j	21.68	0.26	0.11	0.30	0.09	0.01	0.01	0.01	0.32	0.12	0.10	0.07	0.16			
	ρ_j	93.27%	1.11%	0.47%	1.30%	0.40%	0.05%	0.02%	0.05%	1.36%	0.50%	0.44%	0.32%	0.69%			
中	K_1	387.00	362.40	370.60	370.20	368.20	368.60	368.80	368.60	368.30	368.40	368.50	368.70	368.40			
	K_2	368.30	368.90	366.00	366.80	368.50	368.00	367.90	368.00	368.60	367.80	368.20	367.80	368.10			
	K_3	349.40	373.40	368.10	367.70	368.00	368.10	368.00	368.10	367.80	368.50	368.00	368.20	368.20			
	k_1	43.00	40.27	41.18	41.13	40.91	40.96	40.98	40.96	40.92	40.93	40.94	40.97	40.93			
	k_2	40.92	40.99	40.67	40.76	40.94	40.89	40.88	40.89	40.96	40.87	40.91	40.87	40.90			
	k_3	38.82	41.49	40.90	40.86	40.89	40.90	40.89	40.90	40.87	40.94	40.89	40.91	40.91			
	R	4.18	1.22	0.51	0.38	0.06	0.07	0.10	0.07	0.09	0.08	0.06	0.10	0.03			
	S_j	78.54	6.80	1.18	0.69	0.01	0.02	0.05	0.02	0.04	0.03	0.01	0.05	0.01			
	ρ_j	89.81%	7.77%	1.35%	0.79%	0.02%	0.03%	0.06%	0.03%	0.04%	0.04%	0.02%	0.05%	0.01%			
晚	K_1	269.10	266.10	267.40	267.30	267.30	267.20	267.20	267.20	267.30	267.20	267.20	267.20	267.00			
	K_2	267.10	267.50	266.60	267.00	267.20	267.00	266.90	267.10	267.10	267.20	267.10	267.00	267.30			
	K_3	265.20	267.80	267.40	267.10	266.90	267.20	267.30	267.10	267.00	267.00	267.10	267.20	267.10			
	k_1	29.90	29.57	29.71	29.70	29.70	29.69	29.69	29.69	29.70	29.69	29.69	29.69	29.67			
	k_2	29.68	29.72	29.62	29.67	29.69	29.67	29.66	29.68	29.68	29.69	29.68	29.67	29.70			
	k_3	29.47	29.76	29.71	29.68	29.66	29.69	29.70	29.68	29.67	29.67	29.68	29.69	29.68			
	R	0.43	0.19	0.09	0.03	0.04	0.02	0.04	0.01	0.03	0.02	0.01	0.02	0.03			
	S_j	0.85	0.18	0.05	0.01	0.01	0.00	0.01	0.00	0.01	0.00	0.00	0.00	0.01			
	ρ_j	75.41%	16.33%	4.23%	0.46%	0.86%	0.26%	0.86%	0.07%	0.46%	0.26%	0.07%	0.26%	0.46%			

7.3.3　小结

综上，通过量化分析各影响因素对两种庭园模型热环境的影响程度，得到如下结论：

① 各种因素对两种庭园模型热环境的影响程度，在时序变化上具有一致性特征：中午时段因素变化给庭园 PET 带来的影响最大，即因素在中午时段发挥其对热环境调节的最大效用。

② 部分因素对两种庭园模型热环境的影响程度，在水平排序上呈现共性化特征：郁闭度影响最显著，单纯考虑热环境的情况下，郁闭度越高庭园热环境越好。同时，亦有部分因素对两种庭园模型热环境的影响程度，在水平排序上呈现个性化特征：以模型一为代表的开敞式庭园，景观建筑居中最优。以模型二为代表的围合式庭园，郁闭度取中间水平（郁闭度 0.43）能使乔木更好地发挥热环境调节作用的高效性；在满足使用要求的前提下，庭院空间比例取小为好；围合建筑四向开口优于三向。

③ 在庭园热环境最恶劣的中午时段，两种模型各因素贡献率排序如下：

模型一：郁闭度＞水体面积比例＞景观建筑方位＞乔木组织方式；

模型二：郁闭度＞庭院空间比例＞乔木组织方式＞围合建筑开口位置。

综合比较，在庭园自然景观要素中，乔木郁闭度的影响始终最大，乔木组织方式影响最小；在庭园建筑空间要素中，庭院空间比例影响最大，围合建筑开口位置影响较小。

④ 郁闭度、水体面积比例在模型中均会与其他因素产生显著的交互作用，对庭园热环境产生影响。

7.4　试验方案初步寻优

7.4.1　提出寻优方法

从上文对各模型影响因素的分析可知，各因素对庭园热环境的影响存在一定的时间差异性，想要得到优化的试验设计方案，需要权衡利弊进行多目标寻优。采用加权平均的方法将各模型中三个时段（早 7：00～9：00，中 12：00～14：00，晚 18：00～20：00）PET 转化为具有代表性的综合值，以此作为优选方案的判定依据，从室外热舒适角度评价庭园的优化配置方案。考虑到庭园运用于当代绿色建筑中的可能性，针对不同建筑功能高频使用的时间性差异设计两套权重标准，以便对庭园空间优劣进行更准确的分类评价：在以居住功能为主的建筑单体或院落式建筑组团中，庭园与传统岭南庭园的原初功能接近，除了连接通行功能外，还承载着纳凉、散步、休憩等室外活动功能，具有连续长时间使用的特征，尤其早晚使用频率较高，此类型记作 G_1 类，综合考虑早、中、晚权重设定为 35%、30%、35%；在办公、旅游、商业等日间使用频率较高的建筑中，庭园功能更偏重于调节室内环境及自身观赏性功能，一般白天使用频率较高，晚上略低，需要重点解决中午严峻的热环境问题，此类型记作 G_2 类，综合考虑早、中、晚权重设定为 40%、40%、20%。

7.4.2 初步寻优结果

依照两种权重标准，对两种模型的 54 组试验结果进行加权平均计算，并以 PET 从低到高进行排序，两种模型的寻优计算结果如表 7-17～表 7-20 所示。两种权重标准下，两种模型分别得到的最优方案及最劣方案相同，如图 7-10所示。

表 7-17　模型一寻优计算结果（G_1 类）

试验号	加权平均	早	中	晚	试验号	加权平均	早	中	晚
25	31.09	28.8	36.9	28.4	10	33.06	30.5	40.3	29.4
22	31.59	29.4	37.5	28.7	7	33.21	31.4	40	29.2
26	31.66	29.8	37.4	28.6	14	33.22	31.4	39.9	29.3
23	31.77	29.3	38.1	28.8	8	33.65	32.1	40.4	29.4
27	31.87	30.4	37.4	28.6	12	33.66	31.6	40.8	29.6
19	32.00	29.6	38.3	29	9	33.75	32.4	40.4	29.4
21	32.00	29.6	38.3	29	4	33.82	31.8	41.1	29.6
24	32.02	30.1	38	28.8	11	34.09	32.3	41.3	29.7
16	32.14	30.2	38.3	28.8	1	34.31	32.2	41.8	30
17	32.37	30.4	38.7	28.9	6	34.39	32.7	41.7	29.8
13	32.53	30.4	39	29.1	5	34.48	32.5	42	30
20	32.53	30.4	38.9	29.2	3	34.92	32.8	42.9	30.2
18	32.75	31.4	38.8	28.9	2	35.05	32.9	43.2	30.2
15	32.84	30.6	39.7	29.2					

表 7-18　模型一寻优计算结果（G_2 类）

试验号	加权平均	早	中	晚	试验号	加权平均	早	中	晚
25	31.96	28.8	36.9	28.4	10	34.20	30.5	40.3	29.4
22	32.50	29.4	37.5	28.7	14	34.38	31.4	39.9	29.3
26	32.60	29.8	37.4	28.6	7	34.40	31.4	40	29.2
23	32.72	29.3	38.1	28.8	8	34.88	32.1	40.4	29.4
27	32.84	30.4	37.4	28.6	12	34.88	31.6	40.8	29.6
19	32.96	29.6	38.3	29	9	35.00	32.4	40.4	29.4
21	32.96	29.6	38.3	29	4	35.08	31.8	41.1	29.6
24	33.00	30.1	38	28.8	11	35.38	32.3	41.3	29.7
16	33.16	30.2	38.3	28.8	1	35.60	32.2	41.8	30
17	33.42	30.4	38.7	28.9	6	35.72	32.7	41.7	29.8
20	33.56	30.4	38.9	29.2	5	35.80	32.5	42	30
13	33.58	30.4	39	29.1	3	36.32	32.8	42.9	30.2
18	33.86	31.4	38.8	28.9	2	36.48	32.9	43.2	30.2
15	33.96	30.6	39.7	29.2					

表 7-19　模型二寻优计算结果（G_1 类）

试验号	加权平均	早	中	晚	试验号	加权平均	早	中	晚
21	31.84	29.1	38.0	29.3	18	33.63	30.8	41.5	29.7
19	31.92	29.3	37.9	29.4	14	33.64	31.0	41.2	29.8
20	32.26	30.1	38.1	29.4	16	33.70	30.9	41.5	29.8
26	32.55	29.8	39.3	29.5	17	33.75	30.8	41.8	29.8
22	32.56	30.1	39.0	29.5	3	34.41	31.9	42.7	29.8
23	32.59	29.9	39.2	29.6	2	34.44	32.0	42.7	29.8
25	32.61	29.9	39.4	29.5	4	34.44	31.9	42.7	29.9
27	32.65	30.0	39.4	29.5	5	34.44	32.0	42.7	29.8
24	32.66	30.3	39.1	29.5	6	34.45	32.0	42.6	29.9
10	33.07	30.7	40.0	29.5	1	34.56	31.9	43.1	29.9
11	33.07	30.7	40.0	29.5	7	34.79	32.1	43.5	30.0
12	33.15	31.0	39.9	29.5	9	34.79	32.1	43.5	30.0
13	33.44	30.5	41.1	29.8	8	34.86	32.3	43.5	30.0
15	33.53	30.7	41.3	29.7					

表 7-20　模型二寻优计算结果（G_2 类）

试验号	加权平均	早	中	晚	试验号	加权平均	早	中	晚
21	32.70	29.1	38.0	29.3	14	34.84	31.0	41.2	29.8
19	32.76	29.3	37.9	29.4	18	34.86	30.8	41.5	29.7
20	33.16	30.1	38.1	29.4	16	34.92	30.9	41.5	29.8
22	33.54	30.1	39.0	29.5	17	35.00	30.8	41.8	29.8
26	33.54	29.8	39.3	29.5	3	35.80	31.9	42.7	29.8
23	33.56	29.9	39.2	29.6	6	35.82	32.0	42.6	29.9
25	33.62	29.9	39.4	29.5	4	35.82	31.9	42.7	29.9
27	33.66	30.0	39.4	29.5	2	35.84	32.0	42.7	29.8
24	33.66	30.3	39.1	29.5	5	35.84	32.0	42.7	29.8
10	34.18	30.7	40.0	29.5	1	35.98	31.9	43.1	29.9
11	34.18	30.7	40.0	29.5	7	36.24	32.1	43.5	30.0
12	34.26	31.0	39.9	29.5	9	36.24	32.1	43.5	30.0
13	34.60	30.5	41.1	29.8	8	36.32	32.3	43.5	30.0
15	34.74	30.7	41.3	29.7					

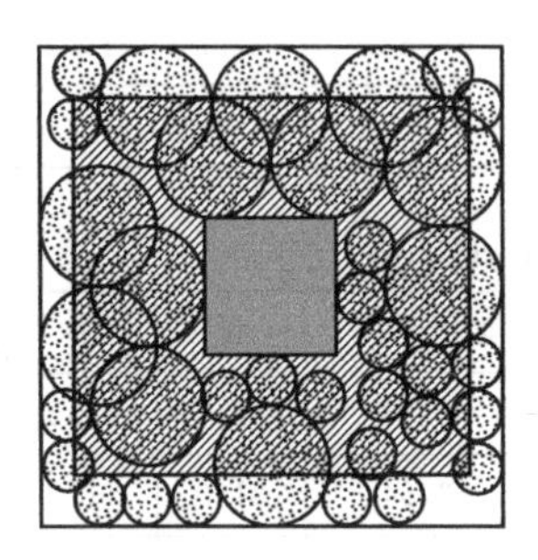

(a) 模型一最优方案

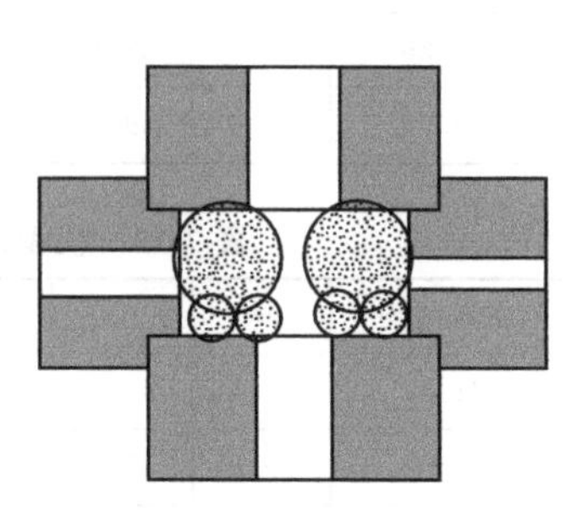

(b) 模型二最优方案

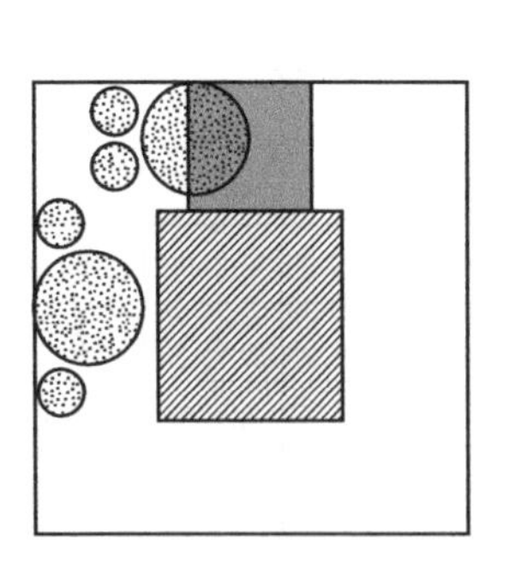

(c) 模型一最劣方案

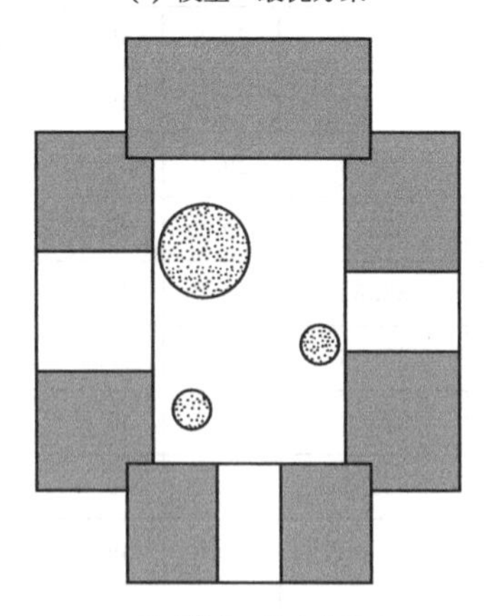

(d) 模型二最劣方案

图 7-10　两种模型方案寻优结果

模型一最优方案为方案25，即因素最优组合为“郁闭度0.78，水体面积比例60%，景观建筑居中，乔木丛栽”；最劣方案为方案2，即因素最劣组合为“郁闭度0.15，水体面积比例20%，景观建筑居北，乔木丛栽”。

模型二最优方案为方案21，即因素最优组合为“郁闭度0.78，庭院空间比例1∶2∶1，围合建筑东西南北四向开口，乔木丛栽”；最劣方案为方案8，即因素最劣组合为“郁闭度0.15，庭院空间比例3∶2∶1，围合建筑东西南三向开口，乔木孤植”。

7.5 庭园优化布局模式

前文将数值模拟软件、综合评价指标及数理统计方法的有机结合，对不同要素配置组合方式下的岭南庭园热环境进行的模拟与分析，是为探讨景观要素协同作用下的岭南庭园空间要素布局模式奠定基础。最终目的是将经验、原理转化为科学的、定量化的、具有可操作性的优化布局模式，并整合提炼优化布局方法和策略，解决基于气候适应性条件下，要素协同作用的庭园空间要素优化布局问题，帮助营造满足舒适条件的建筑室外环境，对直接指导小尺度园林景观设计、建筑室外环境设计均具有现实意义。

本节在庭园试验方案初步寻优的基础上，根据前文研究成果制订庭园优化设计目标，结合第5章确定的岭南庭园室外热环境评价标准，筛选并整理庭园优化设计方案，从中提炼庭园空间的要素配置优选组合模式，并对每种庭园空间要素搭配组合方式进行舒适度评级。灵活的庭园空间要素搭配优选组合，能够从气候适应性原则出发为室外环境设计提供多样化选择，以舒适度为前提为设计前期方案比选提供了定量化依据。

7.5.1 优化布局目标

协调庭园空间各要素之间的关系，整合庭园空间要素的协同作用，形成优化的庭园空间布局模式，有助于帮助环境设计适应于地域气候条件，实现经济节能与健康舒适双赢的效果。结合前文研究为庭园空间要素优化布局制订了舒适性、高效性、适应性三个目标。

7.5.1.1 舒适性

舒适性是可以用来评价与人们的活动、健康或幸福有关的热环境质量的一种重要标准。在人类赖以生存的条件范围内，冷热适度的状态（即在温度上保持中和）被称之为舒适，在此条件下，人体热调节机能的应变最小[27]。它往往受外部环境情况、个体活动状态及心理主观感受等多变量的共同影响，具有复杂性。结合地域气候，以营造人类舒适的居住环境为目标，探讨湿热气候地区的庭园优化设计策略，需要更多地关注正午时段的状况，探讨如何减轻炎热所带来的不舒适[33]。

7.5.1.2 高效性

从全局性和实效性角度来看，恰当的庭园布局模式和适宜的景观要素配置，有助于庭园在绿色建筑气候调节中高效发挥其效能，有效利用气候资源和地域特征，缩短夏季空调使用时间，减少冷却能耗，将传统庭园中的经验智慧直接转化为切实的建筑节能手段，实现传统庭园空间在当代绿色建筑中的应用价值。

各影响因素不同水平的组合方式会直接影响气候空间的协同作用及气候设计的实际效果，关系到能源节约的有效性。同时，有必要对庭园热环境各影响因素的主次影响及贡献程度进行量化分析，为设计前期的决策权重提供参考。

7.5.1.3 适应性

庭园优化设计的“适应性”目标，主要体现在两个方面。其一，对地域气候的适应，优化的庭园设计应具备对气候环境的应变力，不同的地域气候对应不同的庭园设计策略。其二，对建筑功能的适应性，不同建筑功能使用时间的差异性会影响优化设计的评判结果，将使用时段权重纳入考量范围，有助于适应不同建筑类型设计需求，满足建筑设计与方案评估的多样性要求，实现传统庭园空间在当代绿色建筑中的灵活应用。总之，庭园优化设计应在适应特定气候环境与建筑功能的前提下，平衡舒适性与高效性的动态优化结果，而非固有不变的某种空间布局与景观配置的最佳组合模式。

7.5.2 优化布局模式

由第 5 章研究结果可知，当热环境评价指标 PET≤33.2℃，岭南庭园夏季室外热环境能够保证热舒适，以此作为筛选优化设计方案的依据，兼顾舒适性、高效性、适应性目标，筛选出以模型一为代表的开敞式庭园满足热舒适的庭园方案共 24 种，见表 7-21、表 7-22，选出以模型二为代表的围合式庭园满足热舒适的庭园方案共 15 种，见表 7-23、表 7-24。在此基础上，提炼两类庭园空间的要素配置优选组合模式，并根据舒适程度，即 PET 数值高低，给每种方案评定优先级，可用于辅助园林景观设计，为前期设计方案提供便捷、有效的指导。

表 7-21　模型一满足热舒适的庭园方案排序（G_1 类）

试验号	加权平均	早	中	晚	试验号	加权平均	早	中	晚
25	31.09	28.8	36.9	28.4	16	32.14	30.2	38.3	28.8
22	31.59	29.4	37.5	28.7	17	32.37	30.4	38.7	28.9
26	31.66	29.8	37.4	28.6	13	32.53	30.4	39	29.1
23	31.77	29.3	38.1	28.8	20	32.53	30.4	38.9	29.2
27	31.87	30.4	37.4	28.6	18	32.75	31.4	38.8	28.9
19	32.00	29.6	38.3	29	15	32.84	30.6	39.7	29.2
21	32.00	29.6	38.3	29	10	33.06	30.5	40.3	29.4
24	32.02	30.1	38	28.8					

表 7-22　模型一满足热舒适的庭园方案排序（G_2 类）

试验号	加权平均	早	中	晚	试验号	加权平均	早	中	晚
25	31.96	28.8	36.9	28.4	19	32.96	29.6	38.3	29
22	32.50	29.4	37.5	28.7	21	32.96	29.6	38.3	29
26	32.60	29.8	37.4	28.6	24	33.00	30.1	38	28.8
23	32.72	29.3	38.1	28.8	16	33.16	30.2	38.3	28.8
27	32.84	30.4	37.4	28.6					

表 7-23　模型二满足热舒适的庭园方案排序（G_1 类）

试验号	加权平均	早	中	晚	试验号	加权平均	早	中	晚
21	31.84	29.1	38.0	29.3	25	32.61	29.9	39.4	29.5
19	31.92	29.3	37.9	29.4	27	32.65	30.0	39.4	29.5
20	32.26	30.1	38.1	29.4	24	32.66	30.3	39.1	29.5
26	32.55	29.8	39.3	29.5	10	33.07	30.7	40.0	29.5
22	32.56	30.1	39.0	29.5	11	33.07	30.7	40.0	29.5
23	32.59	29.9	39.2	29.6	12	33.15	31.0	39.9	29.5

表 7-24　模型二满足热舒适的庭园方案排序（G_2 类）

试验号	加权平均	早	中	晚	试验号	加权平均	早	中	晚
21	32.70	29.1	38.0	29.3	20	33.16	30.1	38.1	29.4
19	32.76	29.3	37.9	29.4					

7.5.2.1 开敞式庭园

当开敞式庭园为居住类（G_1 类）等功能时（即庭园空间连续使用时间较长且早晚使用频率较高），共有 15 种方案可达到庭园热舒适标准。其中，郁闭度为 0.78 的 9 个方案均能满足热舒适要求，为优选方案；郁闭度为 0.43 时，搭配面积比例 60％的水体、景观建筑居中设置或乔木丛栽三者满足其一皆可营造满足热舒适的庭园环境。另外，庭园郁闭度为 0.15 时无法满足热舒适要求。

当开敞式庭园为办公、游览、商业（G_2 类）等功能时（即庭园空间日间使用频率较高且更偏重于调节室内环境），共有 9 种方案可达到庭园热舒适标准。其中，郁闭度 0.43 的方案中，仅有一种组合方式可满足庭园室外热舒适要求，即“郁闭度 0.43，水体面积比例 60％，景观建筑居中设置，乔木孤植”；当郁闭度达到 0.78 时，可搭配面积比例 40％以上的水体，或将景观建筑居中、居西设置，或选择丛栽、行栽的乔木组织方式，均能满足热舒适要求。

满足热舒适的开敞式庭园要素配置优选组合模式及方案优先级排序见表 7-25。

表 7-25　开敞式庭园要素配置优选组合模式及方案优先级排序

郁闭度	水面积比例	景观建筑方位	乔木组织方式	G_1 优先级	G_2 优先级
0.43	20％	中	丛栽	★☆☆	—
	40％	中	行栽	★☆☆	—
		西	丛栽	★☆☆	—
	60％	中	孤植	★★☆	★☆☆
		北	丛栽	★★☆	—
		西	行栽	★☆☆	—
0.78	20％	中	行栽	★★☆	★☆☆
		北	孤植	★☆☆	—
		西	丛栽	★★☆	★☆☆
	40％	中	孤植	★★★	★★☆
		北	丛栽	★★☆	★★☆
		西	行栽	★★☆	★☆☆
	60％	中	丛栽	★★★	★★★
		北	行栽	★★★	★★☆
		西	孤植	★★☆	★☆☆

注：优先级为空表示该组合模式舒适性不达标，不属于优选模式。

7.5.2.2 围合式庭园

现实情况中，围合式庭园中庭院空间比例往往是受到用地限制或空间需要而确定，不能随意选择，故将该因素视为限制条件，针对三种庭院空间比例分别给出满足热舒适标准的优选方案。

当围合式庭园为居住类（G_1 类）功能时，共有 12 种方案可达到庭园热舒适标准。当庭院空间比例为 1∶2∶1 且配合种植郁闭度 0.43 以上的乔木，或庭院空间比例 2∶2∶1、3∶2∶1 且配合种植郁闭度 0.78 的乔木时，均能够满足庭园热舒适要求。

当围合式庭园为办公、游览、商业（G_2 类）等功能时，共有 3 种方案可达到庭园热舒适标准。在比例 1∶2∶1 的庭院中配置郁闭度 0.78 的乔木，均能满足热舒适要求；其他方案均难以满足热舒适要求。

满足热舒适的围合式庭园要素配置优选组合模式及方案优先级排序见表 7-26。

表 7-26　无水的围合式庭园要素配置优选组合模式及方案优先级排序

庭院空间比例	郁闭度	围合建筑开口位置	乔木组织方式	G_1 优先级	G_2 优先级
1∶2∶1	0.43	西南北	丛栽	★☆☆	—
		东西南	行栽	★☆☆	—
		东西南北	孤植	★☆☆	—
	0.78	西南北	行栽	★★★	★★★
		东西南	孤植	★★☆	★☆☆
		东西南北	丛栽	★★★	★★★
2∶2∶1	0.78	西南北	孤植	★★☆	—
		东西南	丛栽	★★☆	—
		东西南北	行栽	★★☆	—
3∶2∶1	0.78	西南北	丛栽	★★☆	—
		东西南	行栽	★★☆	—
		东西南北	孤植	★★☆	—

注：优先级为空表示该组合模式舒适性不达标，不属于优选模式。

7.6 优化布局方法策略

本章的研究意义不仅在于针对湿热气候区，科学地提出具有气候适应性的庭园空间布局与景观配置的优化组合模式，也是对庭园空间要素优化布局方法及应用的探究。庭园优化布局方法的建立，能增强庭园优化布局的可操作性，客观地指导庭园优化布局设计。同时，以舒适度为前提为设计前期的方案比选提供客观的定量化评价手段，为实现适应气候的小尺度园林空间要素的动态优化配置提供工具，对高效发挥庭园设计在绿色建筑室外环境中的调节作用具有现实意义。

综上，本节在舒适性、高效性、适应性目标的指导下，基于上述提出的两类庭园空间要素优化布局模式，整合提炼基于室外环境热舒适性的庭园优化布局方法，并总结提出庭园热环境优化布局策略。

7.6.1 优化布局方法

在进行景观方案设计时，若与本研究所处湿热气候环境相似，空间形式与抽象模型空间形态基本相仿，设计要素与抽象模型中因素及水平亦相近，可直接参考或套用7.5.2得到的“开敞式庭园”与“围合式庭园”空间优化布局模式(表7-25、表7-26)。根据庭园功能，选择合适的布局模式类型，综合考虑舒适性、高效性及适应性目标，权衡生态、经济及社会综合效益，选择最适用的空间要素布局方案。

若景观方案设计中，庭园空间与抽象模型差异较大，可参考本研究庭园空间要素优化布局的基本流程（图7-11)，制订合适的优化布局方案，具体步骤如下：

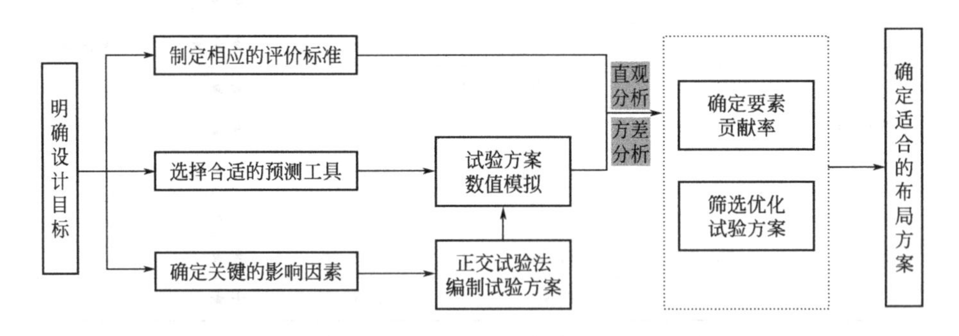

图7-11　庭园空间要素优化布局基本流程示意图

（1）明确设计目标，制定相应的评价标准。评价标准是衡量界定设计方案优劣的标尺，直接决定着最终选取的优化方案的适用性。以本研究为例，设计目标是“针对湿热气候区，提出满足室外环境热舒适的庭园空间布局与景观配置的优化组合模式”。因此，以生理等效温度PET为评价指标，确定了“PET≤33.2℃即满足夏季庭园室外热环境舒适”这一评价标准。

(2) 选择精度合适的预测工具。适合的预测工具，是后续流程顺利开展的先决条件，精度太低会影响预测的准确性，而精度过高往往影响计算的高效性。将实测案例与预测模拟数据进行比对，需对预测工具进行适用性校验，确保对布局方案模拟预测结果的准确性。以本研究为例，选取三维城市微气候环境模拟软件 ENVI-met 作为预测工具，选用 1m×1m 的网格，通过实测与模拟比对，证实了该软件对小尺度园林空间模拟的适用性。

(3) 确定考察指标及影响指标的关键因素。选择能够反映设计结果理想与否的指标作为试验考察指标；选择布局方案中，与设计目标相关性较强的设计要素作为指标的关键影响因素。明晰设计要素与试验指标之间的作用原理，有助于分析、判断所得优化方案的可信性。以本研究为例，选择与室外热环境密切相关的 PET 作为试验考察指标，选择郁闭度、乔木组织方式、水体面积比例、景观建筑方位、庭院空间比例、围合建筑开口方向等决定庭园布局的重要因素作为关键影响因素。

(4) 选择合适的正交试验表，编制试验方案。根据关键影响因素水平数及因素间的交互作用，以尽量减少试验次数为标准，选择适合的正交试验表，高效地获得较多有价值的优化成果，并根据试验表编制各影响因素组合的试验方案。以本研究为例，各模型均具有四个影响因素，每个因素有三个水平，综合考虑因素间的交互作用，选择正交试验设计标准表 $L_{27}(3^{13})$，来编制每个模型的 27 组试验方案。

(5) 利用预测工具进行试验方案数值模拟。将编制试验方案分别建立模型，设置合适的模拟边界条件，利用预测工具进行数值模拟。以本研究为例，每个模型有 27 组试验方案，由于研究重点关注气候问题最严峻的高温高湿的夏季，故选择广州地区夏季典型气象日参数作为主要初始边界条件，进行庭园模型的热环境模拟。

(6) 运用直观分析法和方差分析法，确定设计要素影响程度。对模拟结果进行分析，利用直观分析法，确定因素主次及最优组合；利用方差分析法，明晰因素的具体影响程度。以本研究为例，通过综合比较，在庭园自然景观要素中，乔木郁闭度的影响始终最大，乔木组织方式影响最小；在庭园建筑空间要素中，庭院空间比例影响最大，围合建筑开口位置影响较小。

(7) 利用评价标准筛选试验方案，综合考虑其他设计条件，最终确定适合的布局方案。以最初制定的评价标准筛选符合设计目标的试验方案，满足标准的试验方案往往不止一个，具有多样性。根据其他设计限定条件，灵活选择最适合的布局方案。

通过上述方法制订出的设计方案，应是在满足适应特定气候环境与建筑功能的前提下，平衡舒适性与高效性的动态优化结果。该方法不仅适用于小尺度园林景观设计，也对建筑室外环境设计具有指导意义，为实现辅助地域化绿色建筑规划设计提供切实可行的定量化设计工具。

7.6.2 优化布局策略

进一步针对湿热地区的庭园室外空间优化布局及景观要素合理配置的方法进行系统的总结归纳，提炼适用于湿热地区的庭园气候适应性设计策略。

7.6.2.1 庭园空间布局策略

从热舒适角度来讲，湿热地区在夏季尤其需要通过合理的建筑遮阳设计和自然通风组织，来缓解高温高湿带来的不舒适问题。有效的遮阳是控制太阳辐射得热的最直接的办法，从源头避免引起热环境不舒适的最有效途径。而提高空气流动速度有助于室内外空间的通风散热，是在温度升高时调节环境舒适度的有利手段。有效遮阳和自然通风是获得室内外热舒适及降低空调设备能耗必不可少且简单有效的设计方法。

从庭园空间布局角度来看，庭院空间比例、围合建筑遮挡情况、庭园开口大小及方位均会对遮阳、通风的效果产生一定的影响。在进行庭园空间布局时，应综合考虑日照、通风等各个方面的因素，根据当地的气候条件确定影响室内外物理环境的主导因素，以确定合理的建筑布局模式。

（1）庭院空间比例（进深：开间：高度）

对周围建筑紧凑、围闭度较高的庭园来说，庭院空间比例与微气候存在着密切关系。宽敞的庭园布局有利于湿热气候的通风降温；而适当缩小庭园南北向距离，有利于建筑与景观之间的互相遮挡，对庭园的遮阳效果显著。总体来看，南北窄、东西宽的庭院空间比例对夏季控制太阳辐射以及利用自然通风，获得舒适庭园微气候环境，有一定优势。综合前文庭院空间比例的优水平排序及各因素优化组合方案，在用地允许的情况下，庭院空间比例（进深：开间：高度）应尽量满足在2：2：1以内，这样既有助于平衡通风与遮阳的作用，同时也更有利于优化方案的多样化选择。

（2）建筑高度

在满足建筑功能需要的情况下，尽量保证南低北高的建筑格局，如此有利于兼顾夏季通风及冬季防风，尤其有效地增加夏季自然通风，能够较好地应对岭南地域气候。同时，尽量避免南北向围合建筑皆高的情况出现。因为南北向围合建筑过高时，最前面一排建筑对来流风形成阻挡，导致庭园中自然通风条件变差，影响夏季庭园的通风散热，对热环境不利。

(3) 庭园开口

风压通风的效果与进出风口的大小、开口位置密切相关。庭园开口位置及尺寸，直接影响进风量，是小尺度庭园自然通风条件的决定性因素。当处于正压区的开口与主导风向越接近 90°，开口面积越大，通风量越大，风压通风效果就越好。

岭南庭园各朝向常见的开口比例（庭院开口宽度与所在庭园边长的比值）在 0.3～0.4 左右。当庭园有水时，湿度必然增加，在高温高湿的夏季往往使人体产生不适，通过增大上风向的庭园开口比例，可以增加进风量，有效地提高空气流动速度，增加人体皮肤表面的汗液蒸发率，缓解因为皮肤潮湿带来的不舒适感。考虑到南向园墙或建筑对白天尤其是午间遮阳作用较明显，故一般优先增大庭园东向开口，常见开口比例约 0.5。

一般情况下，庭园四周皆有开口对庭园通风最为有利，过厅、景窗、月洞门等皆可成为有效的通风口。若由于场地条件或建筑布局等原因，使庭园四向开口受限，也应尽量保证在夏季风向上（东南-西北）形成顺畅风道，如，南-北-东、南-北-西三向开口。在保证了主导风向上庭园开口比例的情况下，调整庭园开口位置不会破坏庭园热环境的稳定。

(4) 组合布局

对于东西并排或错列式布局的双庭组合来说，若其中一个庭园的景观配置改变得当，对于改善庭园遮阳、通风效果有利。常利用增加两庭的景观布局疏密差异，如提高单个庭园的郁闭度，来增大两庭温差，形成热压差，从而加速庭园（尤其是两庭交界处）空气流动。需注意，一般情况下，增加上风向庭园郁闭度，使热压通风与风压通风方向一致，加速空气流动，且有助于冷却来流风向的热空气。同时，增大其中一庭的郁闭度，往往能给相邻庭（尤其是近两庭交界处）起到局部遮阳作用。

7.6.2.2　景观要素配置策略

在进行庭园景观配置时，同样应当综合考虑对日照、通风的影响，合理的景观配置能给场地提供良好遮阳，促进自然通风，有效地改善热环境，对构建舒适宜人的微气候环境具有积极作用。

(1) 绿化配置

已有研究证实，与遮阳棚和太阳伞相比，树荫是最佳的遮阳形式[182]。一方面植被可以提供大面积树荫，在庭园改善热环境中起关键性作用。另一方面，茂密的植被会对空气流动产生一定阻碍作用，同时增大蒸发作用，从而提高了湿度。此外，过于疏散的枝叶透光性强，无法有效抵挡阳光，反而不利于废气的排放，带来不良影响。因此，结合地域气候特征，绿化布置应权衡利弊，寻求可以遮阳但不挡风的配置方式。

乔木、灌木和草地是最常见的绿化类型。其中，灌木丛不仅会对风力构成阻挡，同时也会增加该地区的湿度，却无法形成较好的遮阳效果。从热环境角度来看，在湿热地区的设计中应该尽量减少这种植被的布置，尤其是在迎风面。草地能够通过蒸腾作用，降低近地面空气温度，对风的阻力也很小，可以构成良好的通风条件，但无法起到遮阳作用。乔木是对环境降温效果最为突出的景观植物，其叶面积指数、郁闭度及不同的乔木组织方式共同决定了乔木对微气候的调节效果。绿化的合理配置，对改善场地微气候至关重要。

针对湿热气候区的乔木布局来看，已有研究证实，为了给微气候带来实质性的改善，植物叶面积指数 LAI 应不小于 3[157]。前文研究结果表明，庭园郁闭度越大，庭园整体 PET 越低，郁闭度应尽量不低于 0.43。应注意，郁闭度过大对庭园的空气流动、水体的蒸发散热有一定程度的影响，也不利于树下低矮的花木植被的生长，因此，郁闭度增大的同时，要充分考虑其他影响因素的综合作用效果，适当的郁闭度即可高效发挥遮阳作用。

大小乔木在不同时段的遮阳效果不同，大乔木午间遮阳效果明显优于小乔木，而小乔木对低角度太阳辐射能发挥较好的遮蔽作用。主要空间以大小乔木组合丛栽的方式为益，此方式不仅有利于丰富空间层次，而且乔木成群栽植可以更好遮蔽不同角度的太阳辐射，对树下空间热环境的调节效果明显优于单棵乔木，同时也在空间上保证了室外热环境的均匀性。从安全的角度来看，经常面临暴风雨威胁的湿热地区，丛栽的乔木组织方式，能形成树木的小群落，抗风能力更强，对抵御台风的侵袭十分重要。

在“既遮阳又不挡风”的绿化配置原则下，乔木的栽植位置也应遵循一定规律，在时间上保证室外微气候环境的均好性。从优化风环境来看，栽植大乔木于庭北，小乔木于庭南，可兼顾夏季通风及冬季防风。结合庭园热环境优化，应将小乔木栽植于庭园东侧，遮蔽早上低角度的太阳辐射；将大乔木栽植于庭园西侧，有效阻挡太阳西晒；将大小乔木配合栽植于庭园南侧，且大乔木偏西、小乔木偏东，既为夏季通风形成良好的风道，又可保证中午时段的遮阳效果，保证一日内均有较好的热环境。

另外，需注意合理利用乔木与其他因素在共同形成庭园微气候过程中产生的交互作用，能够帮助调节热环境。如，在条件允许的情况下，考虑高郁闭度与大水面的配合，或高郁闭度与小比例庭院的配合均能发挥较好的交互作用，对改善庭园热环境有利。尽量避免郁闭度低与水体面积小，或郁闭度低与庭院空间比例大的情况同时出现。

（2）水体设置

水体作为重要的岭南园林要素之一，不仅仅是景观营造的需要，在庭园微气候环境的形成中也发挥着重要作用。水体作为一种特殊的下垫面形式，能大幅改善下垫面热辐射状况，对近地面降温效果显著，合理加以利用还能促进局部空间空气流动，同时水体的存在必然带来相对湿度的升高，对于高温高湿的湿热气候区来说，亦是影响热舒适的重要原因，故综合考虑水体的降温与增湿作用，对场地内水体进行合理布局，对高效地发挥水体对室内外热环境的改善效果亦十分重要。

前文研究结果表明，在空间布局允许的情况下，配置水体有利于改善庭园整体微气候环境，水体面积越大，庭园 PET 下降越多，室外整体热环境舒适度越高，但局部空间降温幅度并非随水体面积增大而等比增加。需特别注意的是水体的降温作用主要针对其上方近水面空间，对周围区域改善效果相对微弱，这意味着大部分舒适空间使用者无法靠近或到达，而在增加水体面积的同时，也必然导致使用者活动范围的缩小。故在庭园设置水体时需慎重权衡利弊，根据使用需求分情况讨论，适当地增加水面大小改善周边热环境，使之更高效地发挥调节作用。室外空间以观赏功能或调节室内气候为主的庭园，环境降温为最主要目的，可考虑布局大面积水体。室外空间以使用为主的庭园，需衡量以牺牲活动空间为代价换取的庭园微气候环境的改善效果如何，一般在热环境接近的情况下，应尽可能减少水体面积，给使用者提供更多的活动空间。此外，动态水增加水面与空气的接触面积，相比静态水更加有利于日间降温；将水面蒸发降温与自然通风相结合，对降低室内外温度有利；水体与乔木的交互作用显著，证明水面与绿化相结合的水绿生态系统对调节室内外微气候环境的效果更佳。

（3）景观建筑方位

景观建筑常出现在以自然景观为主的开敞式庭园中，多为提供观景空间而设，兼具休闲娱乐功能，一面或多面开敞通透，朝向良好的庭园景观。同时景观建筑自身往往也是庭园景观的组成部分，常配合自然景观要素形成特定主题的组景效果。景观建筑的方位不仅决定观赏点的位置，还影响庭园组景的效果。改变景观建筑方位能给庭园室内外热环境带来影响，其根因在于景观要素与建筑共同形成的庭园布局对太阳辐射的应对效果。在保证庭园功能使用和流线组织的前提下，尽量将景观建筑居于庭中设置，既能增加多角度、多朝向观景的可能性，也可在时间上累积获得最多的有效遮阳，对庭园室外热环境的改善效果最佳。如果景观建筑需要沿庭园周边布置，应优先考虑设于庭西，为园内争取更多的有效遮阳面积。同时，应综合考虑结合外围建筑遮阳及绿化遮阳。

庭园中景观建筑常常结合水体设置，合理利用水体与景观建筑在共同形成庭园微气候过程中产生的交互作用，对调节热环境有利。其中，以大面积水体配合居中设置的景观建筑对调节庭园微气候环境的交互作用最佳，小面积水体配合居北设置的景观建筑交互作用最差。另外，当水体规模较大时，宜将水体置于景观建筑上风向，如此有利于夏季风白天流入时，将经过水面降温的凉空气带入室内，起到室内降温作用。

综上，在进行庭园空间布局时，设计师需要斟酌特定地点的气候环境因素，并结合使用功能需求，综合考虑建筑布局及景观要素对热环境遮阳、通风的影响。合理地设置庭院空间比例，恰当地处理不同朝向上的建筑高度及开口位置，同时在适合的位置安置景观建筑，选择适宜的树种及适当的郁闭度，配合恰当的乔木栽植方式与位置。在保证使用者活动范围的前提下，设置适当面积的水体，完成庭园组景的同时，利用各要素共同发挥改善微气候舒适度的作用。

7.7 本章小结

本章在前文研究工作的基础上，首先利用正交试验设计法，以室外热环境综合指标 PET 作为试验指标，引入贡献率概念，量化分析影响因素对两类庭园空间模型热环境的影响程度。

对于开敞式庭园来说，郁闭度对室外热环境的影响作用始终最大，早上时段贡献率接近 80%，晚上时段虽然郁闭度影响大幅减弱，但贡献率亦超过 60%；水体面积比例在晚上贡献率最高，达到 31.19%；景观建筑方位的最大贡献率不足 10%，出现在早上时段；乔木组织方式影响最弱，早上时段贡献率最大，亦只有约 3%。另外，郁闭度与水体面积比例的交互作用的贡献率各时段均约 1%；水体面积比例与景观建筑方位的交互作用的贡献率只在早上时段显著，约 3%；

对于围合式庭园来说，只有郁闭度、庭院空间比例和二者的交互作用对庭园热环境的影响显著。其中，郁闭度的影响作用始终最大，早上和中午贡献率为90%左右，晚上时段约75%；庭院空间比例的最大贡献率约16%，出现在晚上；二者交互作用的最大贡献率亦在晚上，为4.69%。

在庭园热环境最恶劣的中午时段，开敞式庭园（模型一）：郁闭度>水体面积比例>景观建筑方位>乔木组织方式；围合式庭园（模型二）：郁闭度>庭院空间比例>乔木组织方式>围合建筑开口位置。综合比较，在庭园自然景观要素中，乔木郁闭度的影响始终最大，乔木组织方式影响最小；在庭园建筑空间要素中，庭院空间比例影响最大，围合建筑开口位置影响较小。

其次，针对庭园不同使用功能，考虑各时段权重，对两类庭园模型进行要素协同作用下的方案寻优，分别获得最优方案。具体如下：开敞式庭园（模型一）最优方案“郁闭度0.78，水体面积比例60%，景观建筑居中，乔木丛栽”；围合式庭园（模型二）最优方案“郁闭度0.78，庭院空间比例1∶2∶1，围合建筑东西南北四向开口，乔木丛栽”。

进一步，以舒适性、高效性、适应性为优化设计目标，以室外热环境舒适性为评价标准，确定“开敞式庭园”和“围合式庭园”两类庭空间要素优化布局模式及方案优先级。两类庭空间优化设计方案及优先级详见表7-25、表7-26。经过动态模拟和定量化筛选，针对“开敞式”和“围合式”两类庭园分别提出适用于不同功能类型空间且满足热舒适要求的庭园要素配置优选组合模式，可灵活选择搭配方式，满足多样化设计需求，为前期园林景观方案设计提供了便捷、有效的指导。

在此基础上，整合提炼基于室外环境热舒适性的庭园优化布局方法，并总结提出适用于湿热地区的庭园室外热环境优化布局策略。能直接科学地指导庭园优化布局设计，并以舒适度为前提为设计前期的方案比选提供客观的定量化评价手段，为实现适应气候的小尺度园林空间要素的动态优化配置提供工具，对高效发挥庭园设计在绿色建筑室外环境中的调节作用具有现实意义。

庭园空间要素优化布局基本流程图，见图7-11。

庭园优化布局策略，具体如下：

（1）庭园空间布局方面

① 庭院空间比例（进深∶开间∶高度）应尽量满足在2∶2∶1以内。

② 建筑格局尽量保证南低北高，避免南北皆高。

③ 尽量保证在夏季风向上（东南-西北）形成顺畅风道；岭南庭园各朝向常见的开口比例（庭院开口宽度与所在庭院边长的比值）在0.3～0.4；应优先增大庭院东向开口，常见开口比例约0.5。

④ 增加东西并排或错列式布局的双庭组合的景观布局疏密差异，有利于改善庭园遮阳、通风效果。

（2）景观要素配置方面

① 庭园郁闭度应尽量不低于 0.43，同时综合考虑遮阳、挡风作用，适当增大郁闭度可高效发挥改善热环境作用。

② 大小乔木在不同时段的遮阳效果不同，大乔木午间遮阳效果明显优于小乔木，而小乔木对低角度太阳辐射能发挥较好的遮蔽作用。主要空间以大小乔木组合丛栽的方式为益，能更好丰富空间层次，应对多方位、多角度太阳辐射，且抗风作用较好。

③ 遵循“既遮阳又不挡风”的绿化配置原则，应将小乔木栽植于庭园东侧，遮蔽早上低角度的太阳辐射；将大乔木栽植于庭园西侧、北侧，有效阻挡太阳西晒；将大小乔木配合栽植于庭园南侧，且大乔木偏西、小乔木偏东，既为夏季通风形成良好的风道，又可保证中午时段的遮阳效果，保证一日内均有较好的热环境。

④ 水体面积增加对改善庭园热环境有利，但主要对其上方近水面空间有改善效果，需兼顾其高效性及活动范围大小需求，分情况适量增加水体面积。

⑤ 在保证庭园功能使用和流线组织的前提下，尽量将景观建筑居于庭中设置。如果景观建筑需要沿庭园周边布置，应优先考虑设于庭西，为园内争取更多的有效遮阳面积。

⑥ 合理利用水体与乔木、水体与景观建筑在共同形成庭园微气候过程中产生的交互作用，对调节室内外微气候环境的效果更佳。

第8章

应用展望与未来发展

8.1 主要研究结论

回归本书的研究初衷，在于对我国传统岭南庭园生态智慧的创新性继承。研究立足于岭南地区湿热气候，重点围绕传统岭南庭园夏季室外环境微气候热舒适性问题展开探索。通过现场实测、问卷调查、数值模拟及数理统计方法的有机结合，充分发掘传统岭南庭园顺应气候的思想，将传统经验与原理转化为具有可操作性的设计指导方法，并为小尺度园林空间要素的动态优化配置提供可视化工具。研究在厘清庭园空间要素与室外热环境的定量化关系、建立岭南庭园室外热环境评价标准的基础上，重点探讨景观要素协同作用下的典型岭南庭园空间要素布局模式，探索基于气候适应性的岭南庭园优化布局新方法，并提炼适用于湿热地区的庭园空间要素优化布局策略。能够为小尺度园林空间设计及建筑室外环境设计提供科学的指导，对营造适应于气候条件的建筑室外舒适环境，实现经济节能与健康舒适双赢的可持续发展目标具有现实意义。

具体研究工作及主要结论如下：

① 岭南庭园具有精明的气候适应性特征，研究岭南庭园气候适应性问题，对地域性现代建筑创作具有现实意义。

本书通过对史料文献的解读及实测结果的分析，共同验证了传统岭南庭园确实具有精明的气候适应性特征，并梳理了岭南庭园气候适应性特征的成因及发展。指出岭南庭园从民居演化而来的过程中，便传承了民居适应地域气候环境的特征，优良的择地选址、恰当的庭园布局、合理的景观配置、巧妙的构造装饰等共同营造了适应地域气候的庭园舒适环境，塑造了独特的岭南庭园风格，形成了特有的建筑特点及景观特色，体现着岭南文化的务实性特征，是传统岭南庭园气候适应性特征在传统造园思想及营造经验方面的表达。岭南庭园的气候适应性特征已被学界认可并加以利用，对地域性现代建筑创作具有现实意义。

② 提出以“围闭度”为划分标准的典型庭园空间分类。

庭园对气候的适应，归根结底是为了满足舒适的空间使用需求。使用需求的差异性，导致空间尺度、建筑布局及景观配置方式皆有所不同，组合出的庭园空间形态及热环境亦有所差异。根据庭园空间的差异性，分类讨论庭园的气候适应性及热舒适营造问题，才能真正解决空间环境热舒适问题。

“围闭度”与遮阳、通风的关联性，导致其差异必然对庭园热环境产生影响。鉴于“围闭度”与庭园空间尺度和布局均密切相关，以此为标准可抽象出两类具有代表性的庭园空间形态：开敞式庭园是围闭度较低（小于 0.5），空间开朗，规模尺度相对较大，建筑与园林并列布局，功能相对独立，偏向于“园”的空间类型；围合式庭园是围闭度较高（大于 0.5），空间紧凑，规模尺度相对较小，建筑绕庭式布局，与起居功能联系密切，偏向于“院”的空间类型。

③ 确定岭南庭园夏季室外环境热舒适 PET 阈值，建立岭南庭园夏季室外热环境评价标准。

由于受到气候、环境、功能以及热适应等多种因素的影响，使得人体对热环境的感知没有统一标准，从而导致热舒适评价模型具有一定的局限性，只适用于特定的环境条件，故需要重新建立一套对岭南庭园室外热环境适用的评价标准。

本研究对现存传统岭南庭园典型案例（余荫山房、可园、清晖园、梁园群星草堂）进行现场热环境测试及人体热舒适问卷调查，在对测试数据进行统计分析的基础上，运用线性回归法，将 945 位受测者的生理等效温度（PET）与热感觉投票（TSV）相关联，获得岭南庭园夏季室外不同热感觉对应的 PET 阈值范围，并用热舒适投票百分比拟合曲线对所得阈值范围进行校验，最终建立岭南庭园夏季热舒适评价标准。即当夏季岭南庭园室外热环境 PET≤33.2 时，能保证人体处于热适中状态，室外热环境能够达到舒适，PET 中性温度为 30.9℃。岭南庭园室外热环境评价标准的建立，为定量化评估园林设计优劣提供了评价工具，为实现通过技术的手段量化园林设计提供了可行性。

④ 三维城市微气候环境模拟软件 ENVI-met 适用于湿热地区小尺度园林

空间。

本书通过逐时对比四座现存传统岭南庭园空气温度实测值与模拟值，首次校验三维城市微气候环境模拟软件 ENVI-met 在小尺度庭园内的适用性。结果证实四座庭园模拟值变化趋势与实测值基本一致；由于测试时段内天气状况不稳定（主要是云量变化），导致模拟值略偏高，各点日间平均空气温度模拟值与实测值差异在 1℃范围内。模拟与实测的吻合度相对较好，模拟预测的根均方差 RMSE 约 0.96℃，一致性指数 d 约 0.99。验证了 ENVI-met 软件可适用于小尺度园林的模拟。

⑤ 分析庭园空间要素与微气候效应之间的关联性，证实改变要素配置对庭园热环境的调节作用存在差异性。

以理论分析结合实证研究，厘清庭园空间要素与微气候的关联机制，定量化研究要素配置对庭园微气候调节的重要性。深入研究庭园空间要素的优化配置，既有利于指导设计师进行合理的景观设计、营造舒适的室内外环境，又有助于对后续获得优化方案、策略的可行性进行评估和判断。

a. 从原理剖析建筑布局（整体布局、气候空间）及景观要素（植被、水体）与庭园微气候中的关联机制。庭园设计是建筑和环境的系统性整合，二者共同营造舒适的庭园环境。岭南独特的布局方式(南低北高、前疏后密、连房广厦等）与气候空间的适当配合（庭院、天井、冷巷等），能更有效地发挥对庭园室内外空间通风和遮阳的作用，成为改善庭园室内外热环境的重要手段。但当天井的尺度过大时，对空间微气候调节作用消失，需适当配置自然景观要素形成庭园，共同发挥调节庭园微气候的效用。植被和水体作为重要的庭园自然景观要素，主要通过降温、调湿及影响风速，来帮助调节微气候。其中，树木的遮阳效果受树木的规模和类型、郁闭度、树冠密度、组织方式等因素影响；水体的微气候效应受水体面积、深度、形状、布局及水面遮阳情况等因素的影响。同时，景观要素调节气候的效能是复合的，综合考虑当地气候特点，优化景观要素配置，有利于景观要素更好地发挥改善庭园热环境的功效。

b. 以典型“庭”空间的代表案例余荫山房为研究对象，进行景观要素量变模拟，进一步定量分析不同的景观要素水平对庭园室外热环境舒适度的影响差异，初步确定影响庭园微气候的关键景观设计要素及水平。具体结论如下：

(a) 景观设计要素对庭园热环境影响。郁闭度与 PET 呈负相关，郁闭度增加能使开敞式庭园 PET 平均值依次降低 1.4～1.5℃，午间超过“热”的区域依次减少 15%～20%；水体面积比例与 PET 呈负相关，水体面积比例增加使开敞式庭园 PET 平均值依次降低 0.5～0.7℃，午间超过“热”的区域依次减少 8%～10%；乔木组织方式变化能给开敞式庭园 PET 平均值带来 0.1～0.3℃的影响。改变景观建筑能给开敞式庭园 PET 平均值带来 0.2～0.6℃的影响。

(b) 景观设计要素的水平排序。郁闭度对缓解庭园午间炎热最有效，郁闭度与 PET 非等比关系，郁闭度 0.43 对庭园热环境的改善效果更高效；水体面积比例与 PET 非等比关系，开敞式庭园空间水体面积比例在 40%时，对庭园热环境的改善效果更高效；大小乔木配合丛栽对庭园热环境改善效果优于孤植和行栽。另外，开敞式庭园中，综合考虑庭园热环境、功能流线及景观视线，水榭居中的布局方式最优，水榭居西次之，水榭居北最差。

⑥ 引入贡献率概念，量化各要素在不同时段对两类典型庭园微气候效应的影响程度。

利用正交试验设计法，以室外热环境综合指标 PET 作为试验指标，引入贡献率概念，量化分析设计要素对两类庭园空间模型热环境的影响程度。

对于开敞式庭园来说，郁闭度对室外热环境的影响作用始终最大，早上时段贡献率接近 80%，晚上时段虽然郁闭度影响大幅减弱，但贡献率亦超过 60%；水体面积比例在晚上贡献率最高，达到 31.19%；景观建筑方位的最大贡献率不足 10%，出现在早上时段；乔木组织方式早上时段贡献率最大，亦只有约 3%。对于围合式庭园来说，郁闭度的影响作用始终最大，早上和中午贡献 90%左右，晚上时段约 75%；庭院空间比例晚上贡献率最高，约为 16%。此外，郁闭度、水面积比例在模型中均会与其他因素产生显著的交互作用，贡献率一般在 1%～7%范围内。

在庭园热环境最恶劣的中午时段，开敞式庭园（模型一）：郁闭度＞水体面积比例＞景观建筑方位＞乔木组织方式；围合式庭园（模型二）：郁闭度＞庭院空间比例＞乔木组织方式＞围合建筑开口位置。综合比较，在庭园自然景观要素中，乔木郁闭度的影响始终最大，乔木组织方式影响最小；在庭园建筑空间要素中，庭院空间比例影响最大，围合建筑开口位置影响较小。

⑦ 针对“开敞式”和“围合式”两类典型庭园空间，提出具有气候适应性的庭园空间要素配置多样化组合模式。

在正交试验的基础上，以“室外热环境 PET≤33.2℃时，能满足庭园夏季室外热环境舒适度”为标准，兼顾舒适性、高效性、适应性目标，筛选优化布局方案。获得“开敞式庭园”满足热舒适的庭园方案共 24 种；获得“围合式庭园”满足热舒适的庭园方案共 15 种。在此基础上，确定“开敞式”和“围合式”两类庭园空间的要素配置优选组合模式，并依据舒适程度，为每种方案评定优先级，详见表 7-25、表 7-26。基于气候适应性的庭园空间要素布局优化组合模式的提出，可直接用于辅助园林景观设计，为设计师在园林空间布局时提供灵活的选择搭配方式，满足多样化设计需求，为前期设计方案提供了便捷、有效的指导。

当开敞式庭园为居住类（G_1 类）等功能时（即庭园空间连续使用时间较长且早晚使用频率较高），郁闭度为 0.78 时，均为优选方案；郁闭度为 0.43 时，需搭配面积比例 60％的水体、景观建筑居中设置、乔木丛栽，三者择其一即可满足热舒适。另外，庭园郁闭度为 0.15 时无法满足热舒适要求。

当开敞式庭园为办公、游览、商业（G_2 类）等功能时（即庭园空间日间使用频率较高且更偏重于调节室内环境），郁闭度 0.43 的方案中，仅有一种组合方式可满足庭园室外热舒适要求，即“郁闭度 0.43，水体面积比例 60％，景观建筑居中设置，乔木孤植”。当郁闭度达到 0.78 时，可搭配面积比例 40％以上的水体，或将景观建筑居中、居西设置，或选择丛栽、行栽的乔木组织方式，均能满足热舒适要求。

当围合式庭园为居住类（G_1 类）功能时，庭院空间比例为 1∶2∶1 且配合种植郁闭度 0.43 以上的乔木，或庭院空间比例 2∶2∶1、3∶2∶1 配合种植郁闭度 0.78 的乔木时，均能够满足庭园热舒适要求。

当围合式庭园为办公、游览、商业（G_2 类）等功能时，在比例 1∶2∶1 的庭院中配置郁闭度为 0.78 的乔木，均能满足热舒适要求；其他方案均难以满足热舒适要求。

另外，空间允许的情况下，适量增设水体可以带来更多庭园布局及景观配置的优化组合，增强设计方案的可选择性。

⑧ 整合基于气候适应性的岭南庭园优化布局方法。

在提出两类庭园空间要素优化布局模式的基础上，整合提炼基于气候适应性的庭园优化布局方法，增强庭园优化布局方法的可操作性与可推广性，对实现基于气候适应性的庭园空间景观配置动态优化，高效发挥庭园景观设计在绿色建筑中的作用具有现实意义。

在进行景观方案设计时，若设计条件与本研究相似，可直接参考或套用7.5.2得到的“开敞式庭园”与“围合式庭园”空间优化布局模式。若方案设计条件与抽象模型差异较大，可参考本研究庭园空间要素优化布局的基本流程(图7-11)，制订合适的优化布局方案，具体步骤如下：

a. 明确设计目标，制定相应的评价标准。

b. 选择精度合适的预测工具。

c. 确定考察指标及影响指标的关键因素。

d. 选择合适的正交试验表，编制试验方案。

e. 利用预测工具进行试验方案数值模拟。

f. 运用直观分析法和方差分析法，确定设计要素影响程度。

g. 利用评价标准筛选试验方案，综合考虑其他设计条件，最终确定适合的布局方案。

⑨ 总结提出岭南庭园气候适应性设计策略。

在庭园空间要素布局模式与方法的指导下，从庭园空间布局与景观要素配置两方面提出如下庭园气候适应性设计策略。

a. 庭园空间布局方面。

● 庭院空间比例（进深：开间：高度）应尽量满足在2：2：1以内。

● 建筑格局尽量保证南低北高，避免南北皆高。

● 尽量保证在夏季风向上（东南-西北）形成顺畅风道；岭南庭园各朝向常见的开口比例在0.3～0.4；应优先增大庭园东向开口，常见开口比例约0.5左右。

● 增加东西并排或错列式布局的双庭组合的景观布局疏密差异，有利于改善庭园遮阳、通风效果。

b. 景观要素配置方面。

● 庭园郁闭度应尽量不低于0.43，综合考虑遮阳、挡风作用，适当增大郁闭度可高效发挥改善热环境作用。

● 大小乔木在不同时段的遮阳效果不同，二者合理的配合栽植，更有利于全天候有效遮阳。主要空间以大小乔木组合丛栽的方式为益，能更好丰富空间层次，应对多方位、多角度太阳辐射，且抗风作用较好。

● 遵循“既遮阳又不挡风”的绿化配置原则，应将小乔木栽植于庭园东侧，遮蔽早上低角度的太阳辐射；将大乔木栽植于庭园西侧、北侧，有效阻挡太阳西晒；将大小乔木配合栽植于庭园南侧，且大乔木偏西、小乔木偏东，既为夏季通风形成良好的风道，又可保证中午时段的遮阳效果，保证一日内均有较好的热环境。

● 水体面积增加对改善庭园热环境有利，但主要对其上方近水面空间有改善效果，需兼顾其高效性及活动范围大小需求，分情况适量增加水体面积。

● 在保证庭园功能使用的前提下，尽量将景观建筑居于庭中设置；若景观建筑需要沿庭园周边布置，应优先考虑设于庭西，为园内争取更多的有效遮阳面积。

● 合理利用水体与乔木、水体与景观建筑在共同形成庭园微气候过程中产生的交互作用，对调节室内外微气候环境的效果更佳。

本研究为营造要素协同作用下舒适的庭园微气候，提供了指导性布局模式与可行性策略方法；为实现小尺度园林空间要素配置的动态优化，建立了整体性预测与分析工具；为庭园在当代绿色建筑中的拓展应用，提供了切实可行的设计参考及评价依据。研究成果可直接指导湿热地区庭园景观空间设计，是对湿热地区气候适应性设计理论体系的完善，是对湿热地区室外热环境评价模型的重要补充，亦是对模拟软件 ENVI-met 应用领域的拓展。

8.2 未来研究展望

① 进一步完善庭园室外热环境评价体系。由于高温高湿的夏季是湿热地区典型气候的代表，故本书在庭园室外环境热舒适 PET 阈值范围的确定过程中，重点针对夏季进行现场实测及问卷调查。后续研究应增大样本量，增补其他三个季节的庭园室外环境热舒适 PET 阈值范围，构建相对完整的适用于湿热地区的庭园室外热环境评价体系。

② 景观要素配置与庭园空间布局共同影响庭园热环境，庭园空间组合布局具有多样性、复杂性，本书重点探讨了单个“庭”空间的景观配置问题，在未来的研究工作中，还需要对各种庭园组合布局形式下的景观要素配置展开深入研究，进一步完善研究结果。

③ 对影响庭园微气候的景观设计要素，仍存在需进一步优化的部分。为便于模拟工作的展开，本书模拟直接选用 ENVI-met 植被模块中茂密乔木（DM）模型，仅对乔木高度修改。在实际环境中，树种的差异会带来不同的遮阳、通风效果，需针对不同地区，选择特定的树种建立模型。另外，关于水

体形态与位置、不同材质的地面铺装以及地形等要素的影响有待在后续研究中增补，以期将庭园优化模型更好地推广和应用。

④ 检验庭园优化设计方法在绿色建筑规划设计中的可行性，进一步探究将该方法推广到其他气候区的可行性，尝试建构基于气候适应性的园林景观配置优化设计方法体系。

参考文献

[1] 陈杰，梁耀昌，黄国庆．岭南建筑与绿色建筑——基于气候适应性的岭南建筑生态绿色本质［J］．南方建筑．2013（03）：22-25.

[2] 奇普·沙利文．庭园与气候［M］．沈浮，王志姗，译．北京：中国建筑工业出版社，2005.

[3] 楼庆西．中国古建筑二十讲［M］．北京：三联书店，2001.

[4] 美国绿色建筑委员会．绿色建筑评估体系［M］．2版．北京：中国建筑工业出版社，2000.

[5] 侯幼彬．中国建筑美学［M］．哈尔滨：黑龙江技术出版社，1997.

[6] 夏昌世，莫伯治．漫谈岭南庭园［J］．建筑学报，1963（03）：11-14.

[7] 夏昌世，莫伯治．岭南庭园［M］．北京：中国建筑工业出版社，2008.

[8] 陆琦．岭南造园与审美［M］．北京：中国建筑工业出版社，2005.

[9] 高彬．广州园林自然要素研究［D］．广州：华南理工大学，2008.

[10] 文震亨．长物志图说　卷二　花木［M］．济南：山东画报出版社，2004.

[11] 郑献甫．补学轩诗集　卷八//沈云龙．近代史料丛刊续编［M］．台湾：文海出版社有限公司，1975.

[12] 肖毅强．岭南园林发展研究［D］．广州：华南理工大学，1992.

[13] Landsburg H. Physical Climatology［M］. New York：Gray Printing，1947.

[14] Meerow A W，Black R J. Enviroscaping to Conserve Energy：Guide to Microclimate Modification［M］. University of Florida Cooperative Extension Service，Institute of Food and Agriculture Sciences，EDIS，1993.

[15] Santamouris M，Asimakopoulos D. Passive cooling of buildings［M］. London：Routledge，1996.

[16] 王欢．北京传统庭园空间中微气候营造初探［D］．北京林业大学，2013.

[17] IPCC 第三次评估报告中文版［R］．2001.

[18] 王振．夏热冬冷地区基于城市微气候的街区层峡气候适应性设计策略研究［D］．武汉：华中科技大学，2008.

[19] 林广思．回顾与展望——中国 LA 学科教育研讨（2）［J］．中国园林．2005（10）：73-78.

[20] Nakano J，Tanabe S I. Thermal Comfort and Adaptation in Semi-Outdoor Environments［J］. Ashrae Transactions，2004，110（2）：543-553.

[21] Mayer H，Höppe P. Thermal comfort of man in different urban environments［J］. Theoretical and Applied Climatology. 1987，38（1）：43-49.

[22] Matzarakis A，Mayer H，Iziomon M G. Applications of a universal thermal index：physiological equivalent temperature［J］. International Journal of Biometeorology. 1999，43（2）：76-84.

[23] VDI（1998）Methods for the human-biometeorological evaluation of climate and air quality

for urban and regional planning [S]. Part I: Climate. VDI guideline 3787. Part 2. Beuth, Berlin.

[24] Howard L. The climate of London, deduced from Meteorological observations, made at different places in the neighbourhood of the metropolis [M]. London: W. Philips, 1918.

[25] 伊恩・伦诺克斯・麦克哈格. 设计结合自然 [M]. 黄经纬, 译. 天津: 天津大学出版社, 2006.

[26] Oke T R. Boundary Layer Climates [M]. London: Routledge, 1988.

[27] 莫里斯 E. N, 马克斯 T. A. 建筑物・气候・能量 [M]. 陈士驎, 译. 北京: 中国建筑工业出版社, 1990.

[28] Matiasovsky P. Daily characteristics of air temperature and solar irradiation-input data for modelling of thermal behaviour of buildings [J]. Atmospheric Environment. 1996, 30 (3): 537-542.

[29] Hough M. 都市和自然作用 [M]. 洪得娟, 颜家芝, 李丽雪, 译. 台北: 田园城市文化事业有限公司, 1998.

[30] Golany G S. Urban design morphology and thermal performance [J]. Atmospheric Environment. 1996, 30 (3): 455-465.

[31] Yannas S. Toward more sustainable cities [J]. Solar Energy. 2001, 70 (3): 281-294.

[32] Emmanuel M R. An Urban Approach to Climate-Sensitive Design: Strategies For the Tropics [M]. London: Spon Press, 2005.

[33] 巴鲁克・吉沃尼. 建筑设计和城市设计中的气候因素 [M]. 汪芳, 等译. 北京: 中国建筑工业出版社, 2011.

[34] 埃维特・埃雷尔, 戴维・珀尔穆特, 特里・威廉森. 城市小气候 [M]. 叶齐茂, 倪晓晖, 译. 北京: 中国建筑工业出版社, 2014.

[35] Hoyano A. Climatological uses of plants for solar control and the effects on the thermal environment of a building [J]. Energy & Buildings. 1988, 11 (88): 181-199.

[36] Koch-Nielsen H. Stay cool: a design guide for the built environment in hot climates [M]. London: Routledge, 2002.

[37] Brown R. Design with Microclimate: The Secret to Comfortable Outdoor Space [M]. Washington: Island Press, 2010.

[38] Nikolopoulou M, Baker N, Steemers K. Thermal comfort in outdoor urban spaces: understanding the human parameter [J]. Solar Energy. 2001, 70 (3): 227-235.

[39] Nikolopoulou M, Lykoudis S. Thermal comfort in outdoor urban spaces: Analysis across different European countries [J]. Building and Environment. 2006, 41 (11): 1455-1470.

[40] Spagnolo J, de Dear R. A field study of thermal comfort in outdoor and semi-outdoor environments in subtropical Sydney Australia [J]. Building and Environment. 2003, 38 (5): 721-738.

[41] Knez I, Thorsson S. Influences of culture and environmental attitude on thermal, emotional and perceptual evaluations of a public square [J]. International Journal of Biometeorology. 2006, 50 (5): 258-268.

[42] Knez I, Thorsson S. Thermal, emotional and perceptual evaluations of a park: Cross-cultural and environmental attitude comparisons [J]. Building and Environment. 2008, 43 (9): 1483-1490.

[43] Lin T, Matzarakis A. Tourism climate and thermal comfort in Sun Moon Lake, Taiwan [J]. International Journal of Biometeorology. 2008, 52 (4): 281-290.

[44] Lin T, Matzarakis A, Hwang R. Shading effect on long-term outdoor thermal comfort [J]. Building and Environment. 2010, 45 (1): 213-221.

[45] Cheng V, Ng E, Chan C, et al. Outdoor thermal comfort study in a sub-tropical climate: a longitudinal study based in Hong Kong [J]. International Journal of Biometeorology. 2012, 56 (1): 43-56.

[46] Yang W, Wong N H, Jusuf S K. Thermal comfort in outdoor urban spaces in Singapore [J]. Building and Environment. 2012.

[47] Olgyay V, Olgyay A. Design with climate: a bioclimatic approach to architectural regionalism [M]. Princeton: Princeton University Press. 1963.

[48] Givoni B. Man, climate and architecture, Second Edition [M]. London: Applied Science Publishers. 1976.

[49] Koenigsberger O H, Ingersoll T G, Mayhew A, Szokolay S V. Manual of tropical housing and building [M]. London: Longman, 1974.

[50] Arens E, Gonazlez R, Berglund L, McNall P E, Zeren L. A new bioclimatic chart for passive solar design [C]. Amherst, Massachusetts: Publication Office of the American Section of the International Solar Energy Society, 1980.

[51] Watson D, Labs K. Climatic design: energy-efficient building principles and practices [M]. New York: McGraw-Hill Book Company, 1983.

[52] Evans J M. Evaluating comfort with varying temperatures: a graphic design tool [J]. Energy and Buildings. 2003, 35 (1): 87-93.

[53] Bruse M, Fleer H. Simulating surface-plant-air interactions inside urban environments with a three dimensional numerical model [J]. Environmental Modelling & Software. 1998, 13 (3): 373-384.

[54] 夏昌世. 园林述要 [M]. 广州：华南理工大学出版社，1995.

[55] 曾昭奋. 莫伯治文集 [M]. 广州：广东科技出版社，2003.

[56] 陆琦. 岭南园林艺术：中英文本 [M]. 张本慎，李颖，译. 北京：中国建筑工业出版社，2004.

[57] 陆琦. 岭南私家园林 [M]. 北京：清华大学出版社，2013.

[58] 刘庭风. 广东园林 [M]. 上海：同济大学出版社，2003.

[59] 刘庭风. 广州园林 [M]. 上海：同济大学出版社，2003.

[60] 周琳洁. 广东近代园林史 [M]. 北京：中国建筑工业出版社，2011.

[61] 陈泽泓. 岭南建筑志 [M]. 广州：广东人民出版社，1999.

[62] 唐孝祥. 近代岭南建筑美学研究 [M]. 北京：中国建筑工业出版社，2004.

[63] 林其标. 亚热带建筑：气候、环境、建筑 [M]. 广州：广东科技出版社，1997.

[64] 谭刚，朱颖心，江亿，等. 住区生态环境与节能效果综合评价研究 [A]. 全国暖通空调制冷

2000年学术年会论文集［C］. 北京，2000：503-506.
［65］ 王鹏. 建筑适应气候——兼论乡土建筑及其气候策略［D］. 北京：清华大学，2001.
［66］ 杨柳. 建筑气候分析与设计策略研究［D］. 西安：西安建筑科技大学，2003.
［67］ 徐小东. 基于生物气候条件的绿色城市设计生态策略研究［D］. 南京：东南大学，2005.
［68］ 茅艳. 人体热舒适气候适应性研究［D］. 西安：西安建筑科技大学，2007.
［69］ 任超，吴恩荣. 城市环境气候图：可持续城市规划辅助信息系统工具［M］. 北京：中国建筑工业出版社，2012.
［70］ 郑洁. 夏热冬冷地区居住小区户外空间气候适应性设计策略研究［D］. 武汉：华中科技大学，2005.
［71］ 陈飞. 建筑与气候［D］. 上海：同济大学，2007.
［72］ 黄媛. 夏热冬冷地区基于节能的气候适应性街区城市设计方法论研究［D］. 武汉：华中科技大学，2010.
［73］ 张乾. 聚落空间特征与气候适应性的关联研究［D］. 武汉：华中科技大学，2012.
［74］ 孟庆林，李琼. 城市微气候国际（地区）合作研究的进展与展望［J］. 南方建筑，2010，（01）：4-7.
［75］ 高云飞. 岭南传统村落微气候环境研究［D］. 广州：华南理工大学，2007.
［76］ 李坤明. 珠江三角洲地区典型村落热环境研究［D］. 广州：华南理工大学，2013.
［77］ 曾志辉. 广府传统民居通风方法及其现代建筑应用［D］. 广州：华南理工大学，2010.
［78］ 杜晓寒. 广州生活性街谷热环境设计策略研究［D］. 广州：华南理工大学，2014.
［79］ 王频. 湿热地区城市中央商务区的热环境优化研究［D］. 广州：华南理工大学，2015.
［80］ 肖毅强，刘穗杰. 岭南传统建筑气候空间的尺度研究［J］. 生态城市与绿色建筑，2015（02）：73-79.
［81］ 陈杰锋. 潮汕传统村落街巷与民居空间系统的自然通风组织研究［D］. 广州：华南理工大学，2014.
［82］ 林瀚坤. 适应湿热气候的广州竹筒屋空间模型研究［D］. 广州：华南理工大学，2012.
［83］ 何元钊. 广州近代公共建筑的外廊热缓冲空间研究［D］. 广州：华南理工大学，2012.
［84］ 殷实. 基于气候适应性的岭南传统骑楼街空间尺度研究［D］. 广州：华南理工大学，2015.
［85］ 童寯. 造园史纲［M］. 北京：中国建筑工业出版社，1983.
［86］ （美）约翰·O. 西蒙兹. 景观设计学——场地规划与设计手册［M］. 第三版. 俞孔坚，王志芳，孙鹏，译. 北京：中国建筑工业出版社，2000.
［87］ 吴延鹏，狄洪发，江亿. 绿色植物对室外微气候环境影响的研究进展［A］. 全国暖通空调制冷2000年学术年会论文集［C］. 北京，2000：507-511.
［88］ 王丹妮，狄洪发. 园林绿化与人居环境［J］. 中国园林，1998，（04）：9-12.
［89］ 林波荣. 绿化对室外热环境影响的研究［D］. 北京：清华大学，2004.
［90］ 赵彩君. 城市风景园林应对当代气候变化的理念和手法研究［D］. 北京：北京林业大学，2010.
［91］ 倪小漪. 基于园林微气候的缅甸文轩禅园设计［D］. 北京：清华大学，2012.
［92］ 郝熙凯，高配涛. 微气候在景观设计中的应用前景探究［J］. 中国轻工教育，2013（02）：34-36.

[93] 陈睿智，董靓. 国外微气候舒适度研究简述及启示［J］. 中国园林，2009（11）：81-83.
[94] 陈睿智，董靓. 湿热气候区风景园林微气候舒适度评价研究［J］. 建筑科学，2013（08）：28-33.
[95] 陈睿智，董靓，马黎进. 湿热气候区旅游建筑景观对微气候舒适度影响及改善研究［J］. 建筑学报，2013（S2）：93-96.
[96] 陈睿智，董靓. 基于游憩行为的湿热地区景区夏季微气候舒适度阈值研究——以成都杜甫草堂为例［J］. 风景园林，2015（06）：55-59.
[97] 董芦笛，樊亚妮，刘加平. 绿色基础设施的传统智慧：气候适宜性传统聚落环境空间单元模式分析［J］. 中国园林，2013（03）：27-30.
[98] 刘滨谊，张德顺，张琳，等. 上海城市开敞空间小气候适应性设计基础调查研究［J］. 中国园林，2014（12）：17-22.
[99] 张琳，刘滨谊，林俊. 城市滨水带风景园林小气候适应性设计初探［J］. 中国城市林业，2014（04）：36-39.
[100] 刘滨谊，林俊. 城市滨水带环境小气候与空间断面关系研究——以上海苏州河滨水带为例［J］. 风景园林，2015（06）：46-54.
[101] 赵晓龙，李国杰，赵文茹. 风景园林规划设计优化城市微气候综述［J］. 低温建筑技术，2014（10）：35-37.
[102] 陈卓伦. 绿化体系对湿热地区建筑组团室外热环境影响研究［D］. 广州：华南理工大学，2010.
[103] 杨小山. 广州地区微尺度室外热环境测试研究［D］. 广州：华南理工大学，2009.
[104] 杨小山. 室外微气候对建筑空调能耗影响的模拟方法研究［D］. 广州：华南理工大学，2012.
[105] 方小山. 亚热带湿热地区郊野公园气候适应性规划设计策略研究［D］. 广州：华南理工大学，2014.
[106] 邓其生. 庭园与环境保护［J］. 广东园林，1981（03）：1-4.
[107] 刘管平. 岭南古典园林［J］. 广东园林，1985（03）：1-11.
[108] 刘管平. 岭南园林的特征［J］. 广东园林，2009（S1）：8.
[109] 陆元鼎，魏彦钧. 粤中古庭园［Z］. 中国四川成都：1999.
[110] 汤国华. 东莞“可园”热环境设计特色［J］. 广东园林，1995（04）：33-37.
[111] 汤国华. 岭南湿热气候与传统建筑［M］. 北京：中国建筑工业出版社，2005.
[112] 林广思. 岭南早期现代园林理论与实践初探［J］. 新建筑，2012（04）：94-98.
[113] 冯嘉成. 余荫山房庭园空间气候适应性的模拟与策略分析［D］. 广州：华南理工大学，2015.
[114] 邓其生. 番禺余荫山房布局特色［J］. 中国园林，1993（01）：40-43.
[115] 邓其生. 东莞可园［A］. 建筑历史与理论（第三、四辑）［C］. 北京：中国建筑学会建筑史学分会，1982：164-175.
[116] 张嘉谟. 可轩跋// 杨宝霖. 东莞可园张氏诗文集［M］. 广州：广东人民出版社，2008.
[117] 张敬修. 可楼记// 杨宝霖. 东莞可园张氏诗文集［M］. 广州：广东人民出版社，2008.
[118] 居巢. 张德甫廉访可园杂咏（十五首）// 杨宝霖. 东莞可园张氏诗文集［M］. 广州：广东人民出版社，2008.
[119] 李文烜，沈康. 体验清晖园——岭南庭园空间与视线的比较研究［J］. 华中建筑，2009

(08): 244-248.

[120] 梅策迎. 由私家园林到城市公共空间——广东顺德清晖园的前世今生 [J] . 古建园林技术. 2011 (04): 45-47.

[121] 谢纯，潘振皓. 佛山梁氏庭园组群的意境表达研究 [J] . 中国园林，2014 (08): 55-58.

[122] 吉沃尼 . 人 · 气候 · 建筑 [M] . 陈士驎，译. 北京市：中国建筑工业出版社，1982.

[123] 张晴原，Huang J. 中国建筑用标准气象数据库 [M] . 北京：机械工业出版社，2004.

[124] Lahme E, Bruse M. Microclimatic Effects of a Small Urban Park in a Densely Buildup Area: Meassurements and Model Simulations [Z] . Lodz, Poland: 2003 Meassurements.

[125] Samaali M, Courault D, Bruse M, et al. Analysis of a 3D boundary layer model at local scale: Validation on soybean surface radiative measurements [J] . Atmospheric Research, 2007, 85 (02): 183-198.

[126] Chow W T L, Pope R L, Martin C A, et al. Observing and modeling the nocturnal park cool island of an arid city: horizontal and vertical impacts [J] . Theoretical and Applied Climatology, 2011, 103 (01): 197-211.

[127] Krüger E L, Minella F O, Rasia F. Impact of urban geometry on outdoor thermal comfort and air quality from field measurements in Curitiba, Brazil [J] . Building and Environment. 2011, 46 (03): 621-634.

[128] Ng E, Chen L, Wang Y, et al. A study on the cooling effects of greening in a high-density city: an experience from Hong Kong [J] . Building and Environment, 2012, 47: 256-271.

[129] Huttner S. Further development and application of the 3D microclimate simulation ENVI-met [D] . Mainz: Johannes Gutenberg-Universität in Mainz, 2012.

[130] Peng L, Jim C. Green-Roof Effects on Neighborhood Microclimate and Human Thermal Sensation [J] . Energies, 2013, 6 (02): 598-618.

[131] 詹慧娟. 基于 ENVI-met 模型的三维植被温度场的时空变化分析 [D] . 北京：北京林业大学，2014.

[132] Yang S, Lin T. An integrated outdoor spaces design procedure to relieve heat stress in hot and humid regions [J] . Building and Environment, 2016, 99: 149-160.

[133] 薛思寒，冯嘉成，肖毅强. 岭南名园余荫山房庭园空间的热环境模拟分析 [J] . 中国园林，2016 (01): 23-27.

[134] WILLMOTT C J. Some comments on the evaluation of model performance [J] . Bulletin of the American Meteorological Society, 1982, 63 (11): 1309-1313.

[135] 王晓兵，陈燕萍，许宇翔，等. 基于长期监测的广州地区土壤温度推荐值 [J] . 广东电力，2011 (06): 10-13.

[136] （清）阮元 .（道光）广东通志：卷二百二十九：古迹署十四：清道光二年刻本 .

[137] 丁仁长. 番禺县续志：民国二十年刊本影印 [M] . 台湾：成文出版社，1967: 568.

[138] （清）张维屏. 张南山全集 3：松心诗录：卷九 [M] . 广州：广东高等教育出版社，1994.

[139] 何镜堂. 一代建筑大师夏昌世教授 [J] . 南方建筑，2010 (02): 8-13.

[140] 彭长歆. 地域主义与现实主义：夏昌世的现代建筑构想 [J] . 南方建筑，2010 (02): 36-41.

[141] 林广思. 岭南现代风景园林奠基人——夏昌世 [J] . 中国园林，2014 (08): 108-111.

[142] 杨颋. 夏老师. 夏工——关于夏昌世的访谈录 [J]. 南方建筑，2010(02)：60-63.
[143] 刘管平. 岭南园林 [M]. 广州：华南理工大学出版社，2013.
[144] 林广臻. 刘管平的学术思想体系研究 [D]. 广州：华南理工大学，2012.
[145] 刘管平. 关于园林建筑小品 [J]. 建筑师，1981(02)：83-108.
[146] 陆元鼎，马秀之，邓其生. 广东民居 [J]. 建筑学报，1981(09)：29-36.
[147] 陆元鼎. 粤东庭园 [Z].
[148] 谢纯. 广州园林建筑研究 [D]. 广州：华南理工大学，1988.
[149] 冷瑞华. 岭南建筑庭园环境水文化研究 [D]. 华南理工大学，1995.
[150] 孟丹. 岭南园林与岭南文化 [D]. 广州：华南理工大学，1997.
[151] 陆琦. 岭南造园艺术研究 [D]. 广州：华南理工大学，2002.
[152] 惠星宇. 广府地区传统村落冷巷院落空间系统气候适应性研究 [D]. 广州：华南理工大学，2016.
[153] 刘管平. 论庭园景观与意境表达 [J]. 新建筑，1984(04)：29-38.
[154] 杨士弘. 广州市绿化树木降温增湿功能 [M]. 地理论丛，1989.
[155] Shashua-Bar L, Tsiros I X, Hoffman M E. A modeling study for evaluating passive cooling scenarios in urban streets. with trees. Case study: Athens, Greece [J]. Building and Environment. 2010(06): 2798-2807.
[156] 李英汉，王俊坚，陈雪，等. 深圳市居住区绿地植物冠层格局对微气候的影响 [J]. 应用生态学报. 2011(02)：343-349.
[157] 李飞. 园林植物景观设计对微气候环境改善的研究 [D]. 成都：西南交通大学，2013.
[158] 林波荣，朱颖心，李晓锋. 不同绿化对室外热环境影响的数值模拟研究 [Z]. 南京：2004.
[159] Shashua-Bar L, Pearlmutter D, Erell E. The influence of trees and grass on outdoor thermal comfort in a hot-arid environment [J]. International Journal of Climatology. 2011, 31(10): 1498-1506.
[160] 陈宏，李保峰，周雪帆. 水体与城市微气候调节作用研究——以武汉为例 [J]. 建设科技，2011(22)：72-73.
[161] 傅抱璞. 我国不同自然条件下的水域气候效应 [J]. 地理学报，1997(05)：246-253.
[162] Saaroni H, Ziv B. The impact of a small lake on heat stress in a Mediterranean urban park: The case of TelAviv, Israel [J]. International Journal of Biome teorology, 2003, 47(03): 156-165.
[163] Xu J, Wei Q, Huang X, et al. Evaluation of human thermal comfort near urban waterbody during summer [J]. Building andEnvironment, 2010, 45(4): 1072-1080.
[164] 贺启滨，高嘉明，董国朝，等. 基于 WBGT 和 SET* 指标的城市 CBD 热环境分析 [C]. 国际绿色建筑与建筑节能大会. 2013.
[165] 杨凯，唐敏，刘源，等. 上海中心城区河流及水体周边小气候效应分析 [J]. 华东师范大学学报：自然科学版，2004(03)：105-114.
[166] 李书严，轩春怡，李伟，等. 城市中水体的微气候效应研究 [J]. 大气科学，2008(03)：552-560.
[167] 张新春. 沈阳市亲水住宅小区热环境的研究 [D]. 沈阳：沈阳建筑大学，2011.

[168] 张磊，孟庆林，舒立帆. 室外热环境研究中景观水体动态热平衡模型及其数值模拟分析 [J]. 建筑科学，2007 (10)：58-61.

[169] 轩春怡. 城市水体布局变化对局部大气环境的影响效应研究 [D]. 兰州：兰州大学，2011.

[170] 王可睿. 景观水体对居住小区室外热环境影响研究 [D]. 广州：华南理工大学，2016.

[171] 张宁波. 典型围合式建筑室内外空气环境特征的研究 [D]. 上海：东华大学，2014.

[172] 李晓峰，张志勤，林波荣，等. 围合式住宅小区微气候的实验研究 [J]. 清华大学学报（自然科学版），2003，12：1638-1641.

[173] 李允鉌. 华夏意匠 [M]. 天津：天津大学出版社，2005：312.

[174] Matzarakis A，Rutz F，Mayer H. Modelling radiation fluxes in simple and complex environments—application of the RayMan model [J]. International Journal of Biometeorology. 2007，51 (4)： 323-334.

[175] 宋程鹏. 岭南四大名园植物配置对比研究 [D]. 华南理工大学，2014.

[176] 杨发. 岭南古典园林的植物景观配置研究 [D]. 华南理工大学，2014.

[177] 陈睿智. 湿热地区旅游景区微气候舒适度研究 [D]. 成都：西南交通大学，2013.

[178] 吴浩扬，常炳国，朱长纯. 遗传算法的一种特例——正交试验设计法 [J]. 软件学报. 2001，1： 20-25.

[179] 何少华，文竹青，娄涛. 试验设计与数据处理 [M]. 长沙： 国防科技大学出版社，2002.

[180] 任露泉. 试验优化设计与分析 [M]. 2版. 北京：高等教育出版社，2003.

[181] 王政，魏莉. 利用 SPSS 软件实现药学实验中正交设计的方差分析 [J]. 数理医药学杂志，2014 (1).

[182] 唐鸣放，张恒坤，赵万民. 户外公共空间遮阳分析 [J]. 重庆建筑大学学报，2008 (03)：5-8.